Numerische und experimentelle Analyse der Filtration von Rußpartikeln

Dissertation

zur Erlangung des akademischen Grades
Doktor-Ingenieur (Dr.-Ing.)

vorgelegt dem

Zentrum für Ingenieurwissenschaften
der Martin-Luther-Universität Halle-Wittenberg
als organisatorische Grundeinheit für Forschung und Lehre im Range einer Fakultät
(§ 75 Abs. 1 HSG LSA, § 1 Abs. 1 Grundordnung)

von

Dipl. Math. Helmut Schomburg
geboren am 09.01.1979 in Aurich

Hauptreferent: Prof. Dr.-Ing. habil. M. Sommerfeld
Korreferent: Prof. Dr.-Ing. habil. S. Schütz

Leonberg, den 17.05.2010

Bibliografische Information der Deutschen Nationalbibliothek
Die Deutsche Nationalbibliothek verzeichnet diese Publikation in der Deutschen Nationalbibliografie; detaillierte bibliografische Daten sind im Internet über
http://dnb.d-nb.de abrufbar.

ISBN 978-3-86853-741-3

Sternstr. 18, 80538 München
Tel.: 089/66060798
www.dr.hut-verlag.de

1. Auflage 2010

Danksagung

Die vorliegende Arbeit entstand während meiner Tätigkeit als Doktorand bei der Robert Bosch GmbH und am Lehrstuhl für Mechanische Verfahrenstechnik an der Martin-Luther-Universität Halle-Wittenberg. Thematisch gliederte sich diese Arbeit in das vom Bundesministerium für Bildung und Forschung geförderte Projekt „Thermochemisch resistentes Cordierit für Dieselpartikelfilter" ein.

Ganz besonders gilt mein Dank Herrn Prof. Dr. M. Sommerfeld für die wissenschaftliche Betreuung mit den entscheidenden Anregungen und Herrn Prof. Dr. S. Schütz für die freundliche Übernahme des Korreferats.

Dr. Burkhard Michaelis danke ich für die Unterstützung dieser Arbeit bei der Robert Bosch GmbH. Der intensive Austausch mit meinem Kollegen Gerd Teike stellt einen wesentlichen Baustein dieser Arbeit dar und deshalb gebührt Ihm mein herzlicher Dank. Für die unermüdliche gemeinsame Konzeption des 3D-Berechnungscodes bedanke ich mich bei Mathias Dietzel vom Lehrstuhl für Mechanische Verfahrenstechnik an der Martin-Luther-Universität Halle-Wittenberg.

Darüber hinaus hat bei der Robert Bosch GmbH eine Vielzahl von Beteiligten zum Gelingen dieser Arbeit beigetragen, bei denen ich mich recht herzlich dafür bedanken möchte. Dazu gehört neben Dr. Christine Engel und Dr. Andreas Mattern, die als Projektleiter die experimentellen Untersuchungen und die Rechnerausstattung ermöglicht haben, auch Stefan Werner, der im Rahmen seiner Diplomarbeit die Konstruktion und den Aufbau von Teilen des Prüfstands unterstützt hat. Des Weiteren hat Sebastian Langer innerhalb seines Praktikums das Berechnungsprogramm beharrlich optimiert und erweitert.

Für den regen (Quer-) Austausch möchte ich mich bei meinen Freunden und Kollegen Dr. Hendrik Bödeker, Markus Friedrich, Dr. Ronny Leonhardt, Oliver Schmidt und Mathias Weickert bedanken. Ohne den stetigen Ansporn wären viele Dinge unerledigt geblieben.

Nicht zuletzt danke ich meinen Eltern und meiner Schwester für die ständige Unterstützung und den Rückhalt gerade in schwierigen Phasen der letzten Jahre.

Leonberg, den 17.05.2010 Helmut Schomburg

Inhaltsverzeichnis

Nomenklatur

Lateinische Symbole

a	Abstand	m
$\boldsymbol{a}$	Beschleunigung	m/s^2
b_{G}, b_{K}	Gebiets- und Kanalbreite	m
c	Anzahlkonzentration	$1/m^3$
c_{BT}	Beiwert des Basset-Terms	-
c_{BP}, c_{CPC}	Anzahlkonzentration am Bypass und CPC	$1/m^3$
c_s	Isotherme Schallgeschwindigkeit	m/s
$\tilde{c}_s$	Normierte Gitter-Schallgeschwindigkeit	-
c_{V}	Beiwert der virtuellen Masse	-
c_{W}	Widerstandsbeiwert	-
d_{F}	Faserdurchmesser	m
d_{h}	Hydraulischer Durchmesser	m
d_{SL}	Kantenlänge einer Sieböffnung	m
d_{P}	Partikeldurchmesser	m
$d_{\mathrm{P,50}}$	Median der Partikelgrößenverteilung	m
d_{Probe}	Probendurchmesser	m
e	Elementarladung	C
$f\,(t, \boldsymbol{x}, \boldsymbol{\xi})$	Verteilungsfunktion	kg/m^3
$f^{(\mathrm{eq})}$	Gleichgewichtsverteilung	kg/m^3
$\boldsymbol{g}$	Erdbeschleunigung	m/s^2
h_{G}, h_{K}	Gebiets- und Kanalhöhe	m
k_{B}	Boltzmann-Konstante	J/K
k_{h}	Hydrodynamischer Faktor	-
l_{AL}, l_{EL}	Aus- und Einlauflänge	m
l_{G}, l_{K}	Gebiets- und Kanallänge	m
l_{Pore}	Porenlänge	m
l_{V}	Länge der Verengung	m
m	Masse	kg
$\dot{m}_{\mathrm{P}}$	Partikelmassenstrom	kg/s
n	Drehzahl	rad/s
$\boldsymbol{n}$	Normalenvektor	-
p	Druck	Pa

Lateinische Symbole

$\boldsymbol{p}$	Impuls	kgm/s
p_{A}	Abscheidewahrscheinlichkeit	-
$\boldsymbol{s}$	Baumtraversierung	-
$s_{n+1\to n}$, $s_{n\to n+1}$	Skalierungsfaktoren	-
$\boldsymbol{v} = (v_1, v_2, v_3)$	(Makroskopische) Strömungsgeschwindigkeit	m/s
$\boldsymbol{v}_\infty$	Anströmgeschwindigkeit	m/s
$\boldsymbol{v}_{\mathrm{EL}}$	Einlassgeschwindigkeit	m/s
$\boldsymbol{v}_{\mathrm{SL}}$	Mittlere sieblochbezogene Strömungsgeschwindigkeit	m/s
$\boldsymbol{x} = (x_1, x_2, x_3)$	Ortsvariable	m
$\boldsymbol{x}_{\mathrm{SP}}$	Staupunkt	m
A	Fläche	m^2
A_{H}	Hamaker-Konstante	J
A_{Probe}	Probenfläche	m^2
$A_{\mathrm{SL,ges}}$	Gesamtfläche der Sieböffnungen	m^2
D_{P}	Partikel-Diffusionskoeffizient	m^2/s
E	Einheitsmatrix	-
$\boldsymbol{E}$	Elektrische Feldstärke	V/m
$\boldsymbol{F} = (F_1, F_2, F_3)$	Kraft	N
$\boldsymbol{F}_{\mathrm{B}}$	Kraft durch Brownsche Bewegung	N
$\boldsymbol{F}_{\mathrm{BT}}$	Basset-Kraft	N
$\boldsymbol{F}_{\mathrm{BI}}$	Bildkraft	N
$\boldsymbol{F}_{\mathrm{D}}$	Druckkraft	N
$\boldsymbol{F}_{\mathrm{GA}}$	Gewichts- und Auftriebskraft	N
$\boldsymbol{F}_{\mathrm{M}}$	Magnus-Kraft	N
$\boldsymbol{F}_{\mathrm{SM}}$	Saffmann-Kraft	N
$\boldsymbol{F}_{\mathrm{V}}$	Kraft durch virtuelle Masse	N
$\boldsymbol{F}_{\mathrm{VDW}}$	Van der Waals Kraft	N
$\boldsymbol{F}_{\mathrm{W}}$	Widerstandskraft	N
K, $\boldsymbol{K}$	Permeabilität	m^2
L	Charakteristische Länge	m
N	Anzahl	-
N_{AP}	Anzahl angelagerter Partikel	-
N_e	Anzahl der Elementarladungen	-
N_{SL}	Anzahl der Sieblöcher	-
P	Aufenthaltswahrscheinlichkeit	-
T	Temperatur	K
V	Volumen	m^3

Lateinische Symbole

$\boldsymbol{V}$	Charakteristische Geschwindigkeit	m/s
V_{F}	Faservolumen	m^3
$\dot{V}$	Volumenstrom	m^3/s
$\dot{V}_{\mathrm{SL}}$	Volumenstrom durch ein Siebloch	m^3/s
$\dot{V}_{\mathrm{Probe}}$	Volumenstrom durch die Probe	m^3/s
W	Baumwurzel	-

Griechische Symbole

$\alpha_i^{\mathrm{D}d\mathrm{Q}k}$, $\beta_i^{\mathrm{D}d\mathrm{Q}k}$	Faktoren	-
α_{K}	Seitenverhältnis des Rechteckkanals	-
α_{RV}	Verdünnungsfaktor des Rotationsverdünners	-
α_{ZM}	Verdünnungsfaktor der Zumischung	-
ε	Porosität	-
ε_0	Dielektrische Feldkonstante	As/Vm
$\varepsilon_{\mathrm{FP}}$	Porosität einer Faserpackung	-
$\varepsilon_{\mathrm{Probe,eff}}$	Effektive Probenporosität	-
φ	Feststoffanteil	-
γ	Proportionalitätsfaktor	-
η	Filtrationseffizienz	-
λ	Mittlere freie Weglänge	m
μ	Dynamische Viskosität	$\mathrm{Ns/m}^2$
ν	Kinematische Viskosität	m^2/s
ϑ	Relaxationsparameter	1/s
$\boldsymbol{\theta}$	Wahrscheinlichkeitsvektor	-
ρ	Dichte	$\mathrm{kg/m}^3$
ρ_{A}	Partikelanzahldichte	1/m
ρ_{EL}	Partikelanzahldichte am Einlass	1/m
ρ_{P}	Partikeldichte	$\mathrm{kg/m}^3$
ρ_{U}	Partikelanzahldichte über den Faserumfang	1/m
τ	Relaxationszeit	s
τ_{K}	Kollisionszeit	s
τ_{P}	Partikelrelaxationszeit	s
$\boldsymbol{\xi} = (\xi_1, \xi_2, \xi_3)$	Mikroskopische Strömungsgeschwindigkeit	-
ζ	Verlustziffer	-
Δp	Druckdifferenz	Pa
Δt	Zeitschrittweite	s
Δx	Gitterschrittweite	m
$\Delta \boldsymbol{x}_{\mathrm{B}}$	Diffusiver Transport	m

Griechische Symbole

Ω_P	Rotationsgeschwindigkeit eines Partikels	1/s

Kalligraphische Symbole

χ	Indikatorfunktion
$\mathcal{H}$	Hamilton-Funktion
$\mathcal{O}$	Größenordnung
$\mathcal{Q}$	Kollisionsoperator

Tiefgestellte Indizes

eff	Effektiv
ex	Analytisch
exp	Experimentell
f	Fluid
ges	Gesamt
h	Hydraulisch
rel	Relativ
s	Solid
AL	Auslass
EL	Einlass
F	Faser
LB	Lattice-Boltzmann
P	Partikel
R	Ruß
SL	Siebloch
U	Umfang

Dimensionslose Kennzahlen

In	Interzeptions-Zahl
In_F	Faser-Interzeptions-Zahl
In_SL	Sieblochbezogene Interzeptions-Zahl
Kn	Knudsen-Zahl
Kn_P	Partikel-Knudsen-Zahl
Ma	Mach-Zahl
Pe	Péclet-Zahl
Pe_F	Faser-Péclet-Zahl
Pe_SL	Sieblochbezogene Péclet-Zahl

Dimensionslose Kennzahlen

Re	Reynolds-Zahl
Re_F	Faser-Reynolds-Zahl
Re_h	Hydraulische Reynolds-Zahl
Re_K	Kanal-Reynolds-Zahl
Re_P	Partikel-Reynolds-Zahl
Re_R	Rotations-Reynolds-Zahl
Re_S	Scher-Reynolds-Zahl
Re_{SL}	Sieblochbezogene Reynolds-Zahl
St	Stokes-Zahl
St_F	Faser-Stokes-Zahl
St_K	Kollisions-Stokes-Zahl
St_{SL}	Sieblochbezogene Stokes-Zahl

Mathematische Operatoren und Funktionen

$\mathbb{N}$	Natürliche Zahlen
$\mathbb{R}$	Reelle Zahlen

Bezeichnungen und Abkürzungen

BBO	Basset, Boussinesq und Oseen
BCCA	Body Centered Cubic Array
CAST	Combustion Aerosol Standard
CPC	Condensation Particle Counter
Cun	Cunningham-Korrektur
D	Diffusion
DdQk	Diskretisierungsschema
E	Experiment
F	Faser
FIB	Focused Ion Beam
FP	Faserpackung
FÜ	Feiner (Gitter-) Übergang
GÜ	Grober (Gitter-) Übergang
I	Interzeption
LBM	Lattice-Boltzmann-Methode
M	(Semi-empirisches/heuristisches) Modell
MFC	Mass Flow Controller
Nkw	Nutzkraftwagen
NSL	Navier-Stokes-Löser

Bezeichnungen und Abkürzungen

O	Oberfläche
P	Potentialströmung
Pkw	Personenkraftwagen
PS	Poröses Substrat
REM	Rasterelektronenmikroskop
RV	Rotationsverdünner
RWF	Rückwirkung abgeschiedener Partikel auf das Fluid
RWP	Rückwirkung abgeschiedener Partikel auf Partikel
S	Simulation
SCCA	Simple Centered Cubic Array
SMPS	Scanning Mobility Particle Sizer
T	Trägheit

Kapitel 1

Einleitung

1.1 Motivation

Verbrennungsmotoren sind heute ein wesentlicher Bestandteil der mobilen Gesellschaft. Vor dem Hintergrund steigender Anforderungen an die Umweltverträglichkeit und Leistungsdichte ist das Interesse in der industriellen Forschung und Entwicklung sehr hoch, die physikalischen Zusammenhänge u. a. bei der Verbrennung und Abgasnachbehandlung genau zu verstehen. Die Mehrzahl der heute eingesetzten Verbrennungsmaschinen wird mit Benzin oder Dieselkraftstoff betrieben. Dieselmotoren finden dabei nicht nur in Nkw eine breite Anwendung, sondern werden seit den letzten fünfzehn Jahren aufgrund von deutlichen Verbesserungen bzgl. Leistung, Ansprechverhalten und Verbrauch vermehrt in Pkw eingesetzt [130]. Neben diesen positiven Aspekten gibt es im Vergleich zu Benzinmotoren jedoch auch Nachteile, wie die höheren Herstellungskosten und erhöhte Rußpartikelemission.

Die emittierten Rußpartikel führen zu gesundheitlichen Risiken, wie Brown et al. [15], Oberdorster et al. [90] oder auch Sydbom [122] gezeigt haben. Die Rußpartikel können wegen ihrer geringen Größe ungehindert in die Lunge bzw. über die Blutbahn in andere Organe eindringen und dort Ursache für Krebserkrankungen sein. Neben den unmittelbar gesundheitsschädlichen Auswirkungen zeigen Untersuchungen zudem den negativen Einfluss von (Diesel-) Rußpartikeln auf das Klima. Hierzu gibt es entsprechende Analysen durch Hansen und Nazarenko [42], Hobbs und McCormick [51], Jacob [54] oder Koch [65]. Diese Probleme sind vom Gesetzgeber sowohl in der Europäischen Union als auch in anderen Ländern, wie insbesondere den USA [29], erkannt worden und deshalb auch in Vorschriften für (Partikel-) Grenzwerte umgesetzt worden [30, 31].

Damit Fahrzeuge mit Dieselmotoren die aktuellen und zukünftigen Abgasvorschriften einhalten können, ist die Optimierung des Verbrennungsprozesses erforderlich. Insgesamt handelt es sich bei der innermotorischen Verbrennung um einen komplexen Vorgang, bei dem viele Einflussfaktoren die Menge der entstandenen Partikel beeinflussen. Als Beispiel soll an dieser Stelle das Verhältnis von Luft und Kraftstoff dienen. Befindet sich im Brennraum mehr Luft als zur vollständigen Verbrennung des Kraftstoffs erforderlich ist, entstehen im Vergleich zu einem Kraftstoffüberschuss weniger Rußpartikel. Es werden in diesem Betriebspunkt jedoch auch mehr Stickoxide emittiert. Umgekehrt führt die Reduzierung der Entstehung von Stickoxiden zu einer erhöhten Produktion von Rußpartikeln und einem gesteigerten Kraftstoffverbrauch des Motors. Bis vor ein paar Jahren konnte zwischen diesen konkurrierenden Zielen ein Kompromiss gefunden werden, sodass die jeweiligen Grenzwerte eingehalten werden konnten. Dieser Zielkonflikt kann jedoch bzgl. der aktuellen Grenzwerte für Stickoxide bzw. Rußpartikel mit dem heutigen Stand der Technik nur noch durch den Einsatz von Rußpartikelfiltern oder Katalysatoren aufgelöst werden, wie in den Arbeiten von Becker et al. [5] und Peck [99] ausgeführt wird.

In Rußpartikelfiltern kommen unterschiedliche Konstruktionsprinzipien wie z. B. Waben- oder Wickelfilter und verschiedene poröse Materialien wie z. B. Keramiken oder Sintermetalle zum Einsatz. Nach Becker et al. [5] steigen mit zunehmender Rußbeladung des Filters der Kraftstoffverbrauch und Abgasgegendruck, wodurch letztendlich der Motor beschädigt werden kann. Aus diesen Gründen wird abhängig von der Betriebsweise des Motors nach 500 – 1.000 km eine Regeneration des Filters eingeleitet, während der die Rußpartikel zu Kohlendioxid oxidiert werden. Unmittelbar nach der Regeneration werden jedoch nicht alle Partikel durch den Filter aus dem Abgas entfernt.

Hiermit ergeben sich zwei zentrale Anforderungen an einen Rußpartikelfilter. Einerseits muss zu jedem Zeitpunkt die Filtrationseffizienz möglichst hoch sein. Andererseits darf der Gegendruck, der durch den beladenen Filter erzeugt wird, nicht zu groß sein. Diese Ziele spielen bei der Auslegung eines Filters eine zentrale Rolle, wobei beide Größen maßgeblich von den Eigenschaften des Filtersubstrats beeinflusst werden. Die Zusammenhänge zwischen Einfluss- und Zielgrößen sind jedoch nicht vollständig verstanden und deshalb ist die Analyse dieser Zusammenhänge Gegenstand industrieller Forschung.

1.2 Rußpartikelentstehung und -problematik

Bei der vollständigen Verbrennung von Kraftstoff, der hauptsächlich aus Kohlenwasserstoffen besteht, entstehen lediglich Kohlendioxid und Wasser. Bei der unvollständigen Verbrennung bilden sich u. a. Kohlenstoffmonoxid, Kohlenwasserstoffe, Stickoxide und Rußpartikel. Die Bildung von Rußpartikeln beim Verbrennungsprozess steht im Mittelpunkt zahlreicher Untersuchungen. Einen guten Einblick in die

Thematik geben die Arbeiten von Bockhorn [12] oder auch Merker [84]. Ein detailliert beschriebenes Modell des Entstehungsprozesses lässt sich in den Arbeiten von Homann [52] oder auch Warnatz [132] finden. Demnach werden bei der Verbrennung von Kraftstoff im Wesentlichen Acetylen und anschließend aromatische Ringe erzeugt, die wiederum für die Bildung polyzyklischer aromatischer Kohlenwasserstoffe verantwortlich sind. Diese Kohlenwasserstoffe wirken dabei als Keime für die ersten Rußpartikel mit einem Durchmesser von 1 bis 2 nm. Aus ihnen bilden sich durch Oberflächenwachstum und Koagulation die so genannten Primärpartikel mit einem Durchmesser von 10 bis 40 nm. Aus diesen Primärpartikeln kommen die Rußagglomerate zustande, die i. a. einen Mobilitätsdurchmesser zwischen 20 nm und 400 nm besitzen. Dies wird durch Harris und Maricq in [45] oder auch Mathis et al. in [78] festgestellt.

1.3 Charakterisierung von Filtersubstraten und Rußanlagerungen

Filtersubstrate, Faser- und Kugelpackungen können durch die Porosität ε und Permeabilität $\boldsymbol{K}$ charakterisiert werden. Die Porosität ist dabei über den Hohlraumanteil des Substrats oder der Packung definiert:

$$\varepsilon = \frac{V_\mathrm{f}}{V_\mathrm{f} + V_\mathrm{s}}. \tag{1.1}$$

In dieser Notation bezeichnet V_f das durchströmbare Fluid- und V_s das nicht durchströmbare Solidvolumen eines Referenzgebiets. Bei der Permeabilität $\boldsymbol{K}$ handelt es sich im allgemeinen Fall um einen Tensor zweiter Stufe, der für kleine Reynolds-Zahlen $\mathrm{Re} = \bar{\boldsymbol{v}}L/\nu$ durch das Gesetz von Darcy beschrieben wird:

$$\bar{\boldsymbol{v}} = -\frac{\boldsymbol{K}\nabla p}{\mu}. \tag{1.2}$$

Hierbei bezeichnet $\bar{\boldsymbol{v}}$ die auf den freien Querschnitt bezogene Geschwindigkeit $\boldsymbol{v}$, ∇p den Druckgradienten, μ bzw. ν die dynamische bzw. kinematische Viskosität und L eine charakteristische Länge. Die rein geometrisch bestimmbare Porosität charakterisiert Packungen i. a. nicht vollständig. So können zwei Packungen zwar die gleiche Porosität aufweisen, aber völlig verschiedene Eigenschaften bzgl. der Durchströmbarkeit haben. Zur Illustration eines Extremfalls sind in Abbildung 1.1 zwei Faserpackungen dargestellt, wobei die Fasern quer zur Hauptströmungsrichtung ausgerichtet sind. Die beiden Packungen haben zwar die gleiche Porosität, weisen aber verschiedene Werte für die Permeabilität $\boldsymbol{K}$ auf. Während die Packung in Abbildung 1.1(b) nicht durchströmt werden kann und damit alle Komponenten von $\boldsymbol{K}$

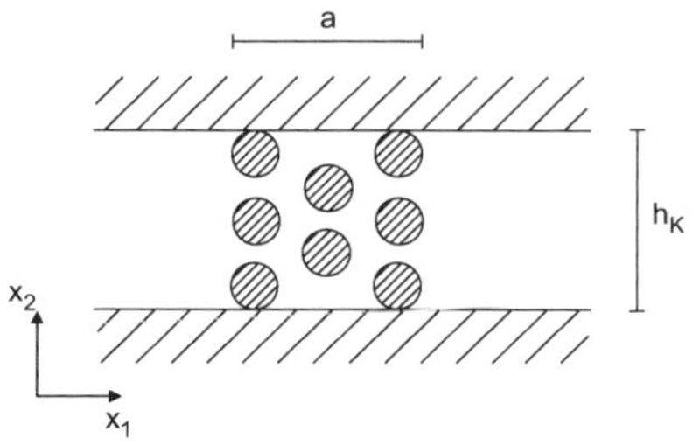

(a) Permeabilität $0 < K < \infty$.

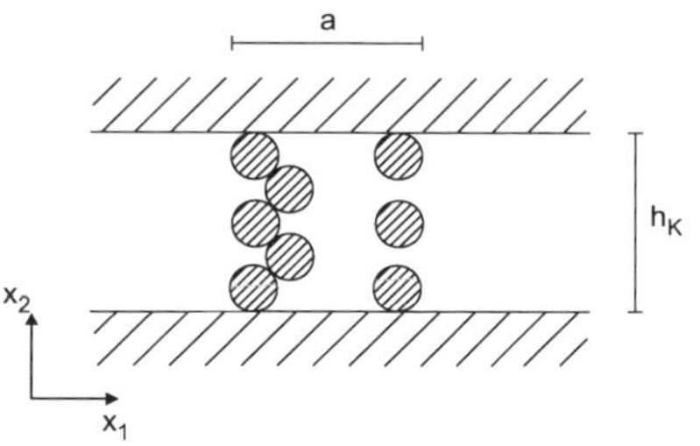

(b) Permeabilität $K = 0$.

Abbildung 1.1: Zwei verschiedene Anordnungen von Faserpackungen mit gleicher Porosität und unterschiedlicher Permeabilität.

null sind, lässt die Anordnung der Fasern in Abbildung 1.1(a) eine Durchströmung zu und die Komponenten der Permeabilität $\boldsymbol{K}$ sind größer null.

1.4 Rußabscheidung in Keramikfiltern

Als Beispiel für einen Rußpartikelfilter dient an dieser Stelle ein keramischer Wabenfilter aus Cordierit. Der Keramikgrundkörper ist in Abbildung 1.2(a) dargestellt und besteht aus parallelen Kanälen, die wechselseitig verschlossen sind. Der Wabenkörper ist mit der Stirnseite der partikelbeladenen Strömung im Abgasstrang ausgesetzt. Durch das Gehäuse, das den Filter umschließt, ist eine Umströmung des Filters ausgeschlossen. Das Aerosol wird daher in diejenigen Kanäle des Filters geleitet, die anströmseitig nicht durch Kanalpfropfen verschlossen sind, wie Abbildung 1.2(b) zeigt. Die rußpartikelbeladene Strömung wird dabei durch die porösen Kanalwände in die umliegenden Kanäle geführt, weil die Eintrittskanäle abströmseitig verschlossen sind. Hierbei lagern sich die Rußpartikel in und auf den porösen Kanalwänden ab. Das Abgas wird von Rußpartikeln gereinigt und verlässt den Filter.

Der Filtrationsvorgang von Rußpartikeln in einer keramischen Filterwand wird anhand einer schematischen Darstellung der Filtrationseffizienz und des Gegendrucks in Abbildung 1.3 veranschaulicht. Die Beladung der Filterwand mit Partikeln kann in drei Bereiche unterteilt werden, wobei die Filtrationseffizienz und der Druckverlust für die unterschiedlichen Regimes der Filtration jeweils typische Verläufe aufweisen, die für verschiedene poröse Materialien gültig sind:

Tiefenfiltration: Zu Beginn der Beladung (Bereich A in Abbildung 1.3) lagern sich Partikel in den Poren des Substrats an. In diesem Regime werden nicht alle

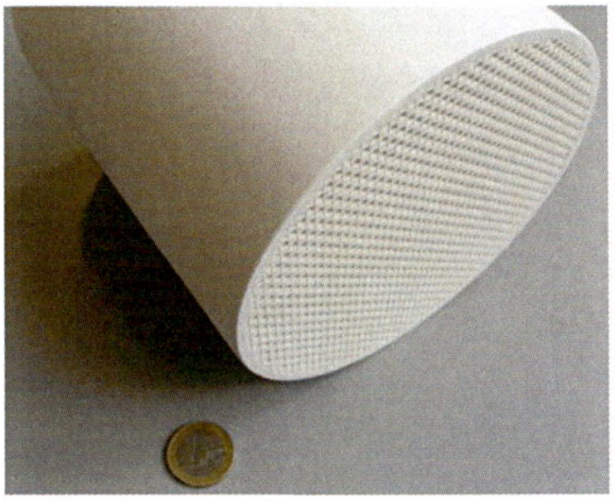

(a) Beispiel für einen Wabenkörper, Quelle: [104].

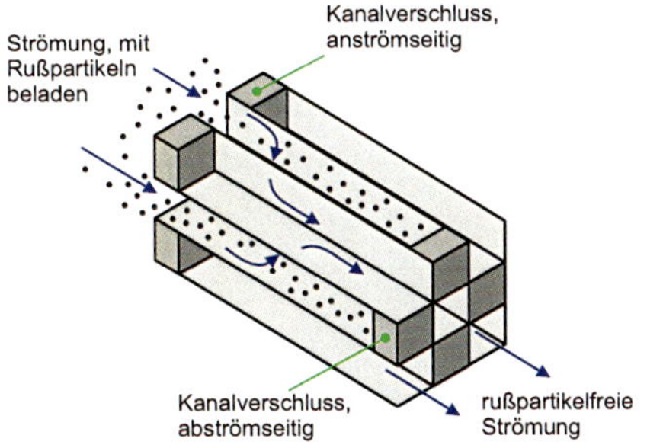

(b) Schematische Funktionsweise eines Filters mit wechselseitig verschlossenen Kanälen und zwangsgeführter Durchströmung der porösen Kanalwände, Quelle: [64].

Abbildung 1.2: Keramischer Rußpartikelfilter und Filtrationsfunktion.

Partikel gefiltert und der Abscheidegrad liegt i. a. deutlich unter 100 %. Der Druckverlust steigt nur leicht an.

Übergang: Mit ansteigender Rußbeladung (Bereich B in Abbildung 1.3) füllen sich die Poren zunehmend mit Rußpartikeln an. Eine größer werdende Anzahl von Poren erreicht dabei ihren maximalen Füllgrad. Die Filtrationseffizienz und der Druckverlust steigen wesentlich stärker als bei der vorangegangenen Tiefenfiltration an.

Oberflächenfiltration: Nachdem alle anströmseitigen Poren durch abgeschiedene Partikel verschlossen sind, wächst auf der Keramikwand eine Partikelschicht auf. In diesem Regime werden alle ankommenden Partikel an den bereits angelagerten Partikeln abgeschieden (Bereich C in Abbildung 1.3). Der Druckverlust steigt linear mit zunehmender Dicke der Rußschicht an.

Die Filtrationseffizienz und der Gegendruck sind in der Regel konkurrierende Ziele. Filtersubstrate mit einer niedrigen Porosität und kleinen Poren erreichen bei der Beladung i. a. deutlich früher einen hohen Abscheidegrad als Substrate mit hoher Porosität und großen Poren. Allerdings vergrößert sich auch der Druckverlust entsprechend.

Die Eigenschaften des Filtersubstrats beeinflussen damit die Funktion des Filters maßgeblich. Aus diesem Grund ist es bei der Auslegung von Dieselpartikelfiltern notwendig, die Partikelabscheidung im Substrat genau zu verstehen.

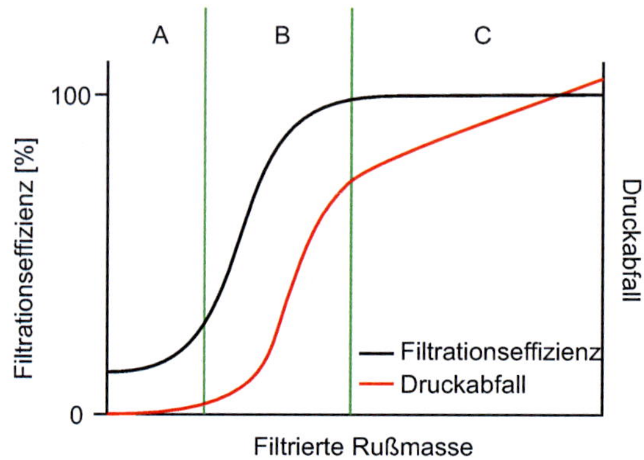

Abbildung 1.3: Schematische Entwicklung der Filtrationseffizienz und des Druckverlusts mit der Rußbeladung.

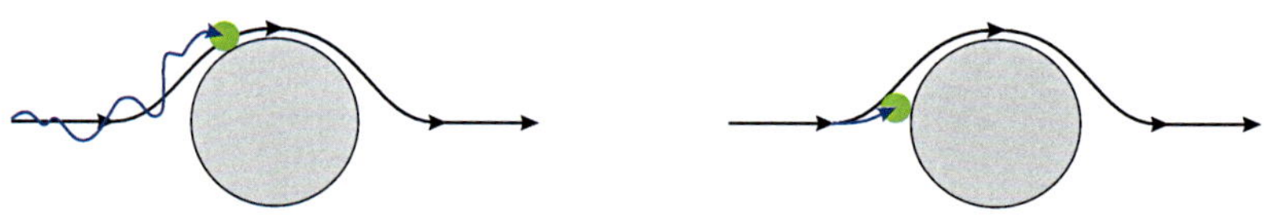

(a) Diffusionsabscheidung.

(b) Trägheitsabscheidung.

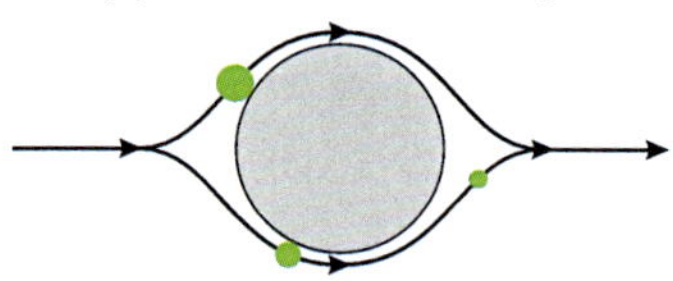

(c) Interzeptionsabscheidung.

Abbildung 1.4: Abscheidemechanismen am Beispiel der Faserumströmung.

1.5 Abscheidemechanismen

Bei der Partikelanlagerung in Filtern treten die Diffusions-, Trägheits- und Interzeptionsabscheidung auf. In Abbildung 1.4 sind diese Abscheidemechanismen am Beispiel der Beladung einer Faser mit Partikeln illustriert und werden nachfolgend beschrieben. Aufgrund von Diffusionsprozessen bewegen sich Partikel zu einem bestimmten Grad zufällig in eine beliebige Richtung (Brownsche Bewegung). Verlässt ein Partikel deshalb die zum Aufgabeort gehörenden Stromlinie und kommt es dann zum Partikel-Wand Kontakt, spricht man von Diffusionsabscheidung (Abbildung 1.4(a)). Weicht ein Partikel aufgrund seiner Trägheit von der zum Aufgabeort gehörende Stromlinie ab, wird eine unmittelbar folgende Anlagerung auch als Trägheitsabscheidung bezeichnet (Abbildung 1.4(b)). Der Sperreffekt (Abbildung

1.4(c)) tritt immer dann auf, wenn der Abstand der Partikelbahnlinie zu einem Hindernis unter den Partikelradius fällt, d. h. es zu einem Partikel-Wand Kontakt kommt. Grundsätzlich ist die Interzeption immer für die Partikelanlagerung verantwortlich. Gerade in der praktischen Anwendung lässt sich dieser Effekt nicht von der Diffusions- oder Trägheitsabscheidung trennen.

1.6 Herausforderungen bei der Untersuchung der Rußfiltration

Die numerische und experimentelle Analyse der Filtration von Rußpartikeln erfordert die Überwindung von zahlreichen Hürden. Im Mittelpunkt stehen hierbei die so genannte Mehrskalenproblematik, der stark eingeschränkte experimentelle Zugang zu den kleinsten Skalen und die hohe Streuung der Einflussgrößen. Nachfolgend werden diese Herausforderungen für die experimentelle und numerische Herangehensweise beschrieben. Eine gezielte Untersuchung der Rußfiltration ist nur möglich, wenn diese Herausforderungen überwunden werden.

1.6.1 Experimentelle Analysen

Eine der Hürden bei der Betrachtung einer partikelbeladenen Porendurchströmung liegt in der komplexen Struktur des zugrunde liegenden Keramiksubstrats und der Rußpartikel. In Abbildung 1.5(a) ist eine REM-Aufnahme einer typischen Porenstruktur, wie sie in Cordieritfiltern vorzufinden ist, visualisiert. I. a. unterliegen die Werte für die Porosität, den mittleren Porendurchmesser und die Permeabilität selbst innerhalb einer Charge hohen Streuungen. Die Auswahl einer repräsentativen Porenstruktur ist daher mit einer hohen Unsicherheit behaftet.

Die Bereitstellung eines Rußpartikelaerosols unter definierten Randbedingungen stellt ebenfalls eine Hürde dar. Die Eigenschaften von Rußpartikeln wie z. B. Partikelgröße unterliegen einer hohen Streuung. Die komplexe Struktur von Rußagglomeraten ist in Abbildung 1.5(b) erkennbar. Der Aufwand zur experimentellen Erfassung oder direkten Abbildung dieser Agglomerate in Simulationen ist sehr hoch und erfordert eine alternative Herangehensweise.

Ein weiteres Problem ist der stark eingeschränkte experimentelle Zugang zu den vorliegenden kleinen Skalen. Oft sind nur globale Größen wie Filtrationseffizienz und Druckabfall in Bezug auf den gesamten Probenkörper bzw. die Kanalwände verfügbar. Aussagen über lokale und zeitlich aufgelöste Phänomene, z. B. bei der Anlagerung von Partikeln in Poren, sind durch Experimente nur eingeschränkt oder

(a) REM-Aufnahme einer komplexen Porenstruktur eines aufgebrochenen keramischen Substrats, Quelle: [104].

(b) Angelagerte Rußagglomerate mit einem mittleren Durchmesser von 126 nm.

Abbildung 1.5: Porenstruktur und Rußagglomerate.

mit sehr hohem Aufwand zu generieren. Die in den Poren aufgewachsenen Partikelstrukturen sind aufgrund ihrer mechanischen Instabilität schwer zugänglich.

1.6.2 Numerische Analysen

Für die Unterstützung der Filterauslegung mit Hilfe der Simulation ist es von Interesse, den Abscheideprozess in Filtersubstraten vollständig abbilden zu können. Hierzu gehört insbesondere, dass die Rückwirkung angelagerter Partikel auf die Strömung berücksichtigt wird. Wendet man allerdings die für die Partikelanlagerung benötigte Auflösung von einigen Nanometern auf das gesamte Berechnungsgebiet an, so resultiert selbst für nicht-äquidistante und adaptive Gitter ein Speicher- und Rechenzeitbedarf, der die heutigen Kapazitäten bei weitem übersteigt. Hier bietet es sich an, separate Simulationen auf den verschiedenen Längenskalen in Abbildung 1.6 mit unterschiedlichen Auflösungen Δx durchzuführen.

Wandskala: In einem Wandausschnitt eines Cordieritfilters wie in Abbildung 1.6(a) können durch eine Auflösung von $\Delta x \in \mathcal{O}(1\,\mu m)$ die Poren durch das Berechnungsgitter abgebildet werden. Einzelne Partikel werden nicht durch das Gitter aufgelöst.

Porenskala: Für die Simulation der Beladung von Poren mit Rußpartikeln ist auf der nächst kleineren Skala bei einem Porendurchmesser von etwa $10 - 20\,\mu m$ eine maximale Auflösung von $\Delta x \in \mathcal{O}(10 - 100\,nm)$ umsetzbar (siehe Abbildung 1.6(b)). Abstrahierte Rußagglomerate können durch mehrere Zellen aufgelöst werden.

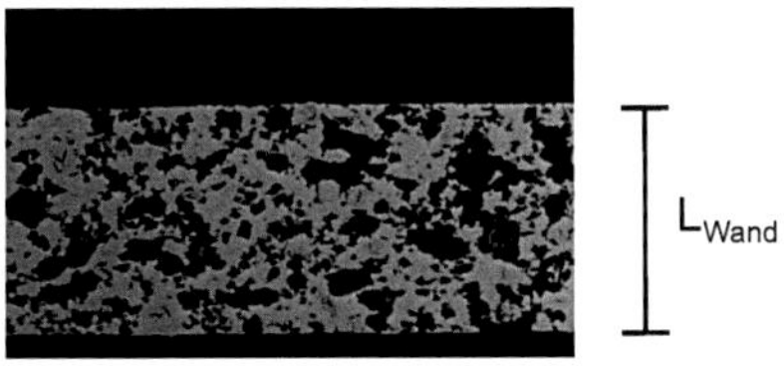

(a) Wand eines exemplarischen Cordieritfilters der Dicke $L_{\text{Wand}} = 300 - 400\,\mu\text{m}$. Hell: Keramiksubstrat, Dunkel: Hohlraum, Quelle: [104].

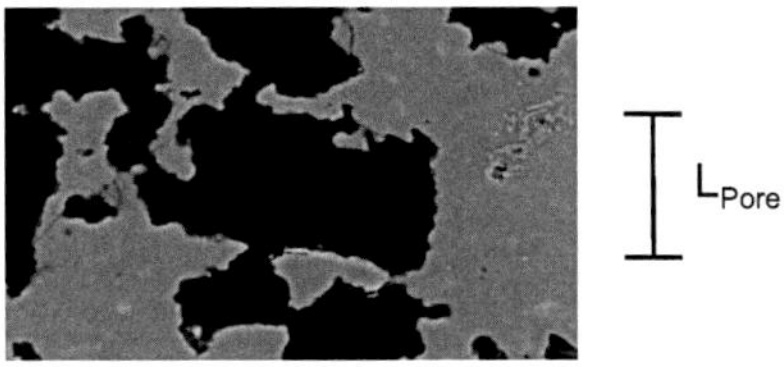

(b) Exemplarische Pore in der Kanalwand mit dem Durchmesser $L_{\text{Pore}} = 2 - 20\,\mu\text{m}$. Hell: Keramiksubstrat, Dunkel: Hohlraum, Quelle: [104].

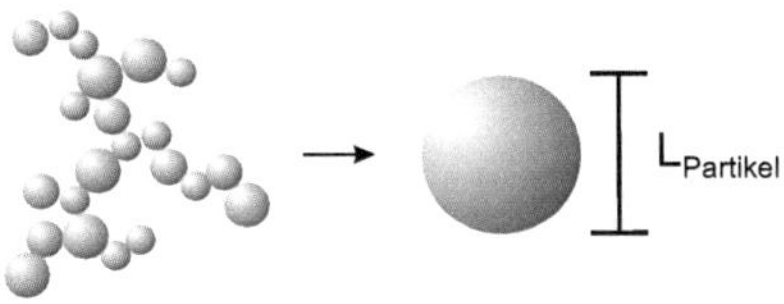

(c) Schematische Darstellung eines Rußagglomerats, das aus Primärpartikeln besteht, mit dem Mobilitätsdurchmesser $L_{\text{Partikel}} = 50 - 400\,\text{nm}$.

Abbildung 1.6: Über mindestens drei Größenordnung variierende Skalen bei der Simulation von Partikelanlagerung in einem Rußpartikelfilter.

Partikelskala: Die Simulation von isolierten Rußagglomeraten erlaubt die Auflösung von Primärpartikeln durch das Berechnungsgitter mit einer Ortschrittweite von $\Delta x \in \mathcal{O}(5 - 10\,\text{nm})$, (siehe Abbildung 1.6(c)).

Bei der Simulation auf den unterschiedlichen Skalen ist es notwendig, Modelle für die physikalischen Vorgänge auf der nächst kleineren Skala zu verwenden. Diese Modelle erfordern jedoch eine geeignete Parametrisierung. Wie bereits ausgeführt wurde, ist der experimentelle Zugang zu den kleinen Skalen sehr eingeschränkt. Deshalb ist es wichtig, auf diesen Skalen Simulationen durchzuführen, weil dadurch einerseits die Filtrationsmechanismen besser verstanden werden können, und andererseits Modellparameter für gröberskalige Modelle bereitgestellt werden können.

Als Beispiel für die Kopplung zweier Skalen soll hier die Verbindung zwischen Poren- und Wandskala dienen. Die zur Verfügung stehende Rechnerkapazität erlaubt auf der Wandskala nicht die Auflösung von einzelnen Partikelanlagerungen durch das Gitter, sodass diese Abscheidung eine Modellierung erfordert. In Abbildung 1.7 ist solch ein Modell veranschaulicht. In der Regel wird in Gitterzellen, deren Kantenlänge eine Größenordnung über dem Partikeldurchmesser liegt, solange eine Partikelanlagerung zugelassen, bis diese Zellen einen bestimmten Füllgrad erreicht haben. Während dieses Vorgangs wird bei den meisten Modellen der lokale

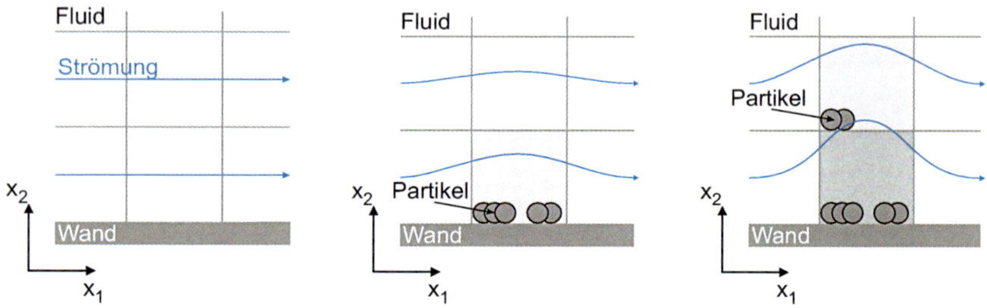

(a) Keine Partikelanlagerung und ungehinderte Durchströmung der Zellen.

(b) Partikelanlagerung an der Wand und Erhöhung des Strömungswiderstands in der Zelle.

(c) Erreichen des maximalen Füllgrads und Anlagerung in den nächsten Zellen.

Abbildung 1.7: Mikromodell zur Simulation der Partikelabscheidung.

Strömungswiderstand der Zelle, d. h. die Permeabilität, angepasst (siehe Abbildung 1.7(b)). Hiermit wird die Rückwirkung auf die Strömung sichergestellt. Ist der maximale Füllgrad erreicht, lagern sich nachfolgende Partikel in den umgebenen Zellen an (siehe Abbildung 1.7(c)). Für diese Modellierung ist die Kenntnis der Porosität und der Durchlässigkeit der aufwachsenden Partikelstruktur erforderlich, weil diese Struktur nicht durch das Gitter aufgelöst wird. Diese Simulationsstrategie wird im Folgenden als Mikromodell bezeichnet.

Soll die Rückwirkung angelagerter Partikel in einer Pore auf die Gasphase berücksichtigt werden, ergeben sich mehrere Herausforderungen für die Simulationen in dieser Arbeit. Zunächst ist es notwendig, ein nicht-äquidistantes Berechnungsgebiet zu verwenden. Aufgrund der zur Verfügung stehenden Rechnerkapazität kann nur an denjenigen Stellen, wo sich Partikel anlagern, die Auflösung erhöht werden. Diese Stellen sind zu Beginn einer Simulation allerdings nicht genau bekannt, so dass sich das Gitter automatisch während einer Simulation an die aufwachsende Partikelstruktur anpassen muss. Hierfür ist es erforderlich, Verfeinerungskriterien festzulegen.

1.7 Stand der Technik

Die Filtration von Gas-Feststoff-Mischungen findet in vielen industriellen Bereichen Anwendung und wurde dementsprechend zahlreich im wissenschaftlichen Umfeld numerisch und experimentell analysiert. Für diese Arbeit sind drei Themengebiete von besonderem Interesse. Zuerst wird der Stand der Technik für die Abscheidung von Partikeln an einer Einzelfaser bzw. Faserfiltern vorgestellt. Danach folgt die Vorstellung der bisherigen Arbeiten zur Deposition von Rußpartikeln in porösen Medien und zu allgemeinen aufwachsenden Partikelstrukturen. Hierbei werden vorrangig Arbeiten berücksichtigt, die sich mit der Anlagerung von Partikeln mit einem Durchmesser von 1 nm bis 10 µm befassen.

1.7.1 Partikelabscheidung an Fasern

Die Auslegung und Optimierung von Faserfiltern erfordert ein genaues Verständnis der Filterfunktion, d. h. vor allem der Abscheidemechanismen. Wie auch bei keramischen und metallischen Dieselpartikelfiltern stehen neben der Eindringtiefe der Partikel in der Regel Filtrationseffizienz und Gegendruckverhalten während der Beladung im Mittelpunkt dieser Analysen. Diese Filtermerkmale sind von Einflussgrößen wie Partikel- und Substrateigenschaften oder auch Strömungs-, Temperatur- und elektrischen Feldern abhängig. Die Komplexität der Faserfilter wird in vielen wissenschaftlichen Arbeiten zunächst reduziert, indem quer angeströmte einzelne Fasern oder regelmäßig angeordnete Faserpackungen betrachtet werden. Hierfür werden dann entsprechende Modelle hinsichtlich der Filtrationseffizienz und des Druckabfalls zu Beginn der Beladung aufgestellt. In den Arbeiten von Kirsch und Stechkina [62] bzw. Davies [25] wurde zunächst basierend auf der Potentialströmung einer Faser nach Lamb [73] die Partikelabscheidung aufgrund von Diffusion, Trägheit und Interzeption bestimmt. Durch die Verwendung erweiterter Modelle für die Strömung, die den Einfluss anderer Fasern berücksichtigen (siehe Kuwabara [72] bzw. Happel [43]), konnten anschließend experimentell validierte Aussagen über den gesamten Filter getroffen werden. Die Topologie des Filters wurde anhand des Faserdurchmessers, der Faserpackungsporosität und -dicke miteinbezogen. Die Rückwirkung angelagerter Partikel auf die Strömung oder auf andere Partikel wurde in den Modellen nicht berücksichtigt.

Diese funktionale Modellierung der Zusammenhänge zwischen Einfluss- und den Zielgrößen erfordert bei der Anwendung keine nennenswerte Rechenkapazität. Die Veränderung der Zielgrößen bei zunehmender Beladung der Faser wird jedoch nicht abgebildet. Wegen der gestiegenen Rechenkapazität hat die detaillierte Charakterisierung der aufwachsenden Partikelstrukturen an Bedeutung gewonnen. Es gibt dabei basierend auf der Potentialströmung um eine Einzelfaser verschiedene numerische Ansätze, die das Wachstum von Partikeldendriten auf der Faseroberfläche ohne Rückwirkung angelagerter Partikel auf die Strömung beschreiben. So verwendeten Kanaoka et al. [58, 59] eine 3D Monte Carlo Simulation für die Partikelphase, wobei die diffusions-, trägheits- und interzeptionsdominierte Abscheidung betrachtet wurde. Sie untersuchten die beladungsabhängige Filtrationseffizienz und die Verteilung der angelagerten Partikel über der Faseroberfläche. Die Strömung wurde in den Arbeiten lediglich zu Beginn der Simulation nach Kuwabara berechnet und bei einer Partikelanlagerung nicht angepasst.

Ein deterministischer Ansatz für die Berechnung von Partikelanlagerungen auf einer Faser präsentierten Payatakes in [97] bzw. Payatakes und Gradoń in [98] auf Basis einer Kuwabara-Strömung. Durch diesen Ansatz wurde die Rückwirkung der Partikel auf die Strömung nicht berücksichtigt und es wurden keine Aussagen über die Porosität oder Permeabilität getroffen. In neueren Arbeiten, wie z. B. von Oh et al. [93] wurden neben der Filtrationseffizienz und dem Druckverlust auch die Morphologie der an Fasern aufgewachsenen Partikelstrukturen untersucht. Auch hier nahmen die Autoren eine über die gesamte Beladung konstante Umströmung der Faser nach dem Modell von Kuwabara an. Sie betrachteten einzelne Partikel mit einem Durchmesser von 10 nm bis 1 µm und berechneten die entsprechenden Partikelbahnen. Der diffusive Transport hatte einen deutlichen Einfluss auf die Abscheidung der Partikel. Hauptsächlich analysierten die Autoren jedoch die Auswirkung unterschiedlich elektrisch geladener Partikel und Fasern auf die Abscheideeffizienz bzw. den Druckverlust.

Von Dunnet und Clement wurde in [26] die Strömung um eine Faser grundsätzlich nach dem Modell von Kuwabara berechnet. Kommt es zu einer Partikelanlagerung, wird in dem Modell die Faserkontur angepasst, indem der Faserdurchmesser vergrößert und der Mittelpunkt der Faser verschoben wird. Anschließend lässt sich die veränderte Strömung erneut nach Kuwabara ermitteln. Dunnet und Clement erweiterten ihr Modell in [27] dahingehend, dass die Faserkontur und -lage während der Beladung zwar konstant bleibt, allerdings eine vermindert durchströmbare Schicht mit kreisförmiger Kontur auf der Faser aufwächst. Aufgrund der analytisch berechneten Kontur kann auch in diesem Fall die Strömung sehr effizient bestimmt werden. Die Porosität und die Permeabilität der Partikelschicht wurden über ein semi-empirisches Modell miteinander in Beziehung gesetzt. Wesentliche Nachteile des Modells sind, dass die aufwachsenden Partikelstrukturen immer ein kreisförmiges Profil aufweisen und ein Permeabilitätsmodell zur Verfügung stehen muss.

Ähnlich zum Vorgehen von Dunnet und Clement beschrieben Kostoglou und Konstandopoulos in [69] während der Beladung einer Einzelfaser die Kontur der Partikelanlagerung mittels einer analytischen Funktion. Sie untersuchten ausschließlich das trägheitsdominierte Abscheideregime und nahmen deshalb an, dass lokale Änderungen des Strömungsfelds in der Nähe der Faser auf die Partikelbewegung keine Auswirkungen haben. Aus diesem Grund wurde der Einfluss abgeschiedener Partikel auf die Strömung vernachlässigt. Das vorgestellte Modell löst einzelne Partikel wie bei Dunnet und Clement nicht durch das Berechnungsgitter auf, so dass keine Aussagen über die Morphologie der Partikelstruktur getroffen werden.

Die wachsende Rechenkapazität und verbesserte Vernetzungsstrategien erlauben es, die Wirkung abgeschiedener Partikel auf die Strömung zu analysieren, indem das Berechnungsgitter den Partikeln angepasst wird. So beluden Karadimos und Ocone in [60] eine Faserpackung in 2D mit Partikeln, wobei sie im Gegensatz zu den bisher vorgestellten Arbeiten die Navier-Stokes-Gleichungen numerisch lösten. Karadimos und Ocone vernachlässigten den diffusiven Transport. Sie stellten einen signifikanten Einfluss der Strömungsanpassung auf die Entwicklung des Abscheidegrads in Abhängigkeit von der Beladung fest. Die Randbedingungen wie z. B. Partikel-, Faserdurchmesser und Anströmgeschwindigkeit wurden von ihnen jedoch nicht variiert.

Ein entscheidender Schritt zur Simulation aufwachsender Partikelstrukturen in 3D wurde von Filippova und Hänel in [33] vorgestellt. Sie berechneten die Partikelanlagerung an einem Faserkreuz in jeweils einem interzeptions- und trägheitsdominierten Regime. Hierzu nutzten sie das Lattice-Boltzmann-Verfahren zur Berechnung der Gasphase. In den Simulationen wurden angelagerte Partikel durch das äquidistante kartesische Berechnungsgitter mit jeweils einer Zelle der Kantenlänge 1 µm aufgelöst. Es konnte der Nachweis erbracht werden, dass z. B. die Entwicklung der Filtrationseffizienz in Abhängigkeit von der Beladung durch die Anpassung des Strömungsfelds an die aufwachsenden Strukturen signifikant beeinflusst wird.

Ähnlich zu Filippova und Hänel setzten Przekop et al. in [101] das Lattice-Boltzmann-Verfahren für die Umströmung einer Einzelfaser ein. Jedoch wurde es zunächst nur in 2D implementiert. Hierbei wurde auch die Rückwirkung abgeschiedener Partikel auf die Strömung und nachfolgende Partikel berücksichtigt. In der Arbeit von Przekop et al. stand vor allem der Einfluss der Anströmgeschwindigkeit auf den Abscheidegrad und die Porosität der Partikeldendriten für eine diffusionsdominierte Abscheidung im Vordergrund. Die Permeabilität der Dendriten bestimmten Przekop et al. nicht. In der Arbeit von Przekop und Gradoń in [100] wurde das Berechnungsprogramm aus [101] auf 3D erweitert, wobei die Umströmung von zwei Fasern bzw. die Durchströmung von Faserpackungen und eine diffusionsdominierte Partikelabscheidung im Mittelpunkt standen. Bei den Simulationen von Przekop et al. entsprach ein angelagertes Partikel einer Gitterzelle. Neben der Packungsstruktur variierten die Autoren die Strömungsgeschwindigkeit, um somit den Einfluss auf den Abscheidegrad und die Filtrationseffizienz klären zu können. Die Morphologie der aufwachsenden Strukturen in 3D wurde nicht näher untersucht.

Lehmann analysierte in [75] die dreidimensionale Beladung einer Einzelfaser mit Latex- und Kalksteinpartikeln mit einem Durchmesser von 3,135 µm mittels des Berechnungsprogramms Fluent. In seinen Simulationen wurde die Rückwirkung angelagerter Partikel sowohl auf die Strömung als auch auf nachfolgende Partikel berücksichtigt. Die Auflösung in unmittelbarer Umgebung der Partikel erhöhte Lehmann des Weiteren von $\Delta x = 1$ µm auf $\Delta x = 0{,}5$ µm, sodass Partikel durch mehrere Zellen aufgelöst wurden. Er untersuchte in seiner Arbeit für die trägheits- und sperreffektdominierte Partikelabscheidung die Porosität der abgeschiedenen Partikelstrukturen. Die diffusive Bewegung wurde aufgrund der großen Partikelmasse vernachlässigt.

Zur Simulation der Partikelbeladung an hintereinander angeordneten Faserkreuzen wurde von Lantermann [74] das Lattice-Boltzmann-Verfahren für die Berechnung der Gasphase verwendet. Lantermann untersuchte vorrangig die diffusionsdominierte Abscheidung. Der Abstand zwischen zwei Gitterknoten des Berechnungsgebiets lag in der gleichen bzw. der nächst größeren Größenordnung des Partikeldurchmessers. Er analysierte in seiner Arbeit den Einfluss verschiedener äußerer Felder auf die Anlagerung, die Rückwirkung abgeschiedener Partikel auf diese Felder und die Bedeutung dieser Größen auf die Filtrationseffizienz und Eindringtiefe der Partikel. Untersuchungen zur Morphologie wurden nicht durchgeführt.

Neben den analytischen und numerischen Ansätzen gelang es Kanaoka et al. in [57], experimentell aufwachsende Partikelstrukturen auf einer Faser für unterschiedliche Abscheideregime durch REM-Aufnahmen in der Draufsicht zu visualisieren. Damit konnte Kanaoka et al. die Profile der Partikelanlagerungen in Abhängigkeit von dimensionslosen Kennzahlen qualitativ charakterisieren. In Abschnitt 7.2.1 werden die Randbedingungen und Ergebnisse von Kanaoka et al. ausführlich dargestellt. Diese Ergebnisse werden zur Validierung der Berechnungsverfahren, die im Rahmen dieser Arbeit implementiert wurden, verwendet.

Rembor setzte in [103] basierend auf den Erkenntnissen von Kanaoka et al. die so genannte konfokale Laser Raster Mikroskopie ein, um die Anlagerung von Latexpartikeln an Einzelfasern visuell zu analysieren. Der Vorteil dieser Vorgehensweise ist, dass Schnittbilder von hoch porösen Partikeldendriten erstellt werden können, ohne die Strukturen oder die Faser zu zerstören. Hierdurch konnte die Ergebnisqualität im Vergleich zu den Darstellungen von Kanaoka et al. gesteigert werden. Rembor bestimmte neben den Anlagerungsprofilen auch die Porosität der aufgewachsenen Partikelstrukturen. Die Resultate wiesen allerdings eine hohe Streuung auf und es wurde keine eindeutige Abhängigkeit von der Porosität von der Anströmgeschwindigkeit erkannt. Zudem wurde von Rembor das diffusionsdominierte Abscheideregime aufgrund der von ihm betrachteten Partikeldurchmesser von 1 µm bis 3,31 µm nicht behandelt.

Wie auch Rembor setzte Schollmeier [111] die konfokale Laser Raster Mikroskopie zur Digitalisierung von Partikelstrukturen, die in Experimenten auf einer einzelnen

Faser aufwuchsen, ein. Die aus Polystyrolpartikeln bestehenden Strukturen übertrug er anschließend in ein numerisches Berechnungsgebiet und bestimmte mittels Fluent den Strömungswiderstand der äußeren Hülle der Strukturen. Darüber hinausgehend führte Schollmeier umfangreiche Experimente zur Bestimmung der Filtrationseffizienz und Porosität der aufgewachsenen Strukturen durch. Der Partikeldurchmesser variierte dabei zwischen 1,3 µm und 5,2 µm, sodass die Diffusion keinen Einfluss auf die Bewegung der Partikel hatte. Das Aufwachsen von Partikelstrukturen wurde nicht untersucht.

1.7.2 Partikelanlagerung in einer Porenstruktur

Die Motivation der vorliegenden Arbeit leitet sich aus der Rußpartikelabscheidung in einer Porenstruktur ab. Aus diesem Grund wird an dieser Stelle der Stand der Technik bzgl. numerischer Studien, die sich mit der Partikelanlagerung in keramischen Rußfiltern auseinandersetzen, vorgestellt. Erste Arbeiten beschäftigen sich analog zu den Untersuchungen der Faserabscheidung zunächst mit grobskaligen Modellen zur Rußabscheidung.

Opris stellte in [94] einen semi-heuristischen Ansatz zur Modellierung der Beladung von keramischen Wabenfiltern mit Dieselrußpartikeln vor. Diese Modelle basierten auf der analytischen Lösung der Strömung in Rechteckkanälen. Die Filterwand und der Rußkuchen auf der Wand wurden als homogenes Gebiet, das einen beladungsabhängigen Strömungswiderstand aufwies, angenommen. Opris parametrisierte dieses Modell anhand von Experimenten, wobei die Optimierung des Filters oder des Substrats hinsichtlich der initialen Filtrationseffizienz und des Gegendruckverhaltens von ihm nicht behandelt wurde.

Für die Filtration von Dieselruß wurden in den Arbeiten von Konstandopoulos et al. Simulationen mit verschiedenen Modellierungstiefen und umfangreiche Experimente vorgestellt. Eine Zusammenfassung der Aktivitäten und weiterführende Quellen sind in [68] zu finden. Zunächst wurde die Partikelabscheidung in einem Filter ähnlich zu der Arbeit von Opris basierend auf einer Anpassung des Druckabfalls und der Filtrationseffizienz über den gesamten Filter modelliert. Hierbei wurden u. a. die Kanalgeometrie, Ein- bzw. Auslasseffekte und die Substrat- bzw. Rußschichtpermeabilität berücksichtigt. In einem zweiten Modell wurde das so genannte Kollektormodell in eine 3D Strömungssimulation integriert. Hierbei wird angenommen, dass sich die Filterwand aus sphärischen Kollektorzellen zusammensetzt. Diese besitzen einen festen Kern und werden vor der Beladung von einer frei durchströmbaren Hülle umschlossen. Während der Filtration füllt sich die Hülle und der Strömungswiderstand des Kollektors wird vergrößert, bis keine Partikel mehr eindringen können. Dieses Modell ermöglicht es, die Rußverteilung im Filter unter Beachtung der Rückwirkung des abgeschiedenen Rußes auf die Strömung ortsabhängig in der Filterwand zu berechnen. Es wird allerdings die Kenntnis der minimalen Porosität und beladungsabhängigen Permeabilität der aufwachsenden Rußstrukturen vorausgesetzt. Beide Größen haben einen starken Einfluss auf die Ergebnisse der Filtrationseffizienz und des Druckabfalls zu Beginn der Partikelbeladung, weil die Filtration in diesem Bereich einer hohen Dynamik unterliegt. Mittels einer semi-empirischen Korrelation wurden von Konstandopoulos et al. die Porosität und Permeabilität in Zusammenhang gebracht, sodass nur noch eine der beiden Größen durch Experimente oder Simulationen von Tassopoulos [124] parametrisiert werden musste. Hierbei wurde die Rußschicht allerdings als homogen angenommen und zudem die Rückwirkung angelagerter Partikel auf die Strömung nicht berücksichtigt.

In einem dritten Schritt wurde ein Mikromodell (siehe Abschnitt 1.6.2) von Konstandopoulos et al. implementiert. Ein wesentlicher Vorteil dieses Modells gegenüber dem Kollektormodell ist die Berücksichtigung des Einflusses der Porenstruktur unterschiedlicher Filtersubstrate auf die Beladungsrechnungen. Hierzu ist es jedoch erforderlich, die Porenstruktur realer Filter für die Berechnungen zu digitalisieren. So wurden von Schmidt [110], Kikkindes et al. [61] oder auch Vlachos und Konstandopoulos [131] stochastische bzw. semi-heuristische Verfahren vorgestellt, die eine automatische Generierung unterschiedlicher Materialstrukturen ermöglichen.

Das Mikromodell wurde ebenfalls von Yamamoto et al. in [136, 137, 138] und Hayashi et al. in [47] zur Simulation der Rußpartikelabscheidung in Keramikfiltern eingesetzt. Die Arbeiten hatten zum Ziel, den Druckabfall und die Filtrationseffizienz in Abhängigkeit vom Beladungszustand zu untersuchen. Die Morphologie der Rußstrukturen wurde hierbei über stark vereinfachte analytische Zusammenhänge berücksichtigt.

Biggs et al. setzten in [9] analog zu Przekop und Gradoń in [101] das Lattice-Boltzmann-Verfahren zur Berechnung der Gasphase ein, wobei der diffusive Transport nicht modelliert wurde. Als Anwendungen untersuchten Biggs et al. die Partikelabscheidung im Bereich zwischen zwei Fasern und in einer idealisierten porösen Struktur in 2D. Sie analysierten den Einfluss der Partikeldichte und der Strömungsgeschwindigkeit auf die Filtrationseffizienz, den Druckabfall und die Permeabilität der Partikelstruktur. Die Rückwirkung der angelagerten Partikel auf die Strömung wurde auch berücksichtigt, wobei sie die Partikel nur durch eine Zelle auflösten.

In der Arbeit von Gschaider et al. [39] wurde des Lattice-Boltzmann-Verfahren in 3D mit einer Momentenmethode für die Berechnung der Partikelphase zur Simulation der Rußpartikelabscheidung in Poren eines keramischen Filters kombiniert.

Die einzelnen Rußpartikel lösten Gschaider et al. nicht durch das Berechnungsgitter auf, sondern sie gingen analog zum Mikromodell von Konstandopoulos et al. vor. In der Arbeit wurden Ergebnisse bzgl. der Partikelabscheidung in keramischen Filtern qualitativ dargestellt, wobei keine Variation der Partikelgröße oder Anströmgeschwindigkeit durchgeführt wurde. Des Weiteren verwendeten sie die Permeabilität als reinen Modellparameter.

Von Muntean et al. wurde in [89] die Durchströmung von keramischen Substraten mittels des Lattice-Boltzmann-Verfahrens berechnet. Zunächst betrachteten sie keine einzelnen Partikel, sondern sie zeigten u. a. ein allgemeines Verfahren zur Erstellung virtueller Modelle der zugrunde liegenden Keramik. Für eine Beispielrechnung wurde das virtuelle Keramiksubstrat mit einer Schicht von vermindert durchströmbaren Zellen belegt, um die Wirkung auf die Strömung nachzuweisen. Hierbei wurden die Porosität und die Permeabilität als reine Modellparameter verwendet. In [119] erweiterten Stewart et al. das Verfahren um einen Algorithmus zur Partikelbahnberechnung mit diffusivem Transport, wobei sie den Partikeldurchmesser auf einen Mikrometer setzten. Die Auflösung zur Abbildung von Rußpartikeln durch das Berechnungsgitter war hierbei allerdings zu grob und deshalb wurde die Rückwirkung der Abscheidung über eine Anpassung der lokalen Permeabilität umgesetzt.

1.7.3 Allgemeine aufwachsende Partikelstrukturen

Während der Partikelabscheidung in den vorangegangenen beiden Abschnitten eine Faserumströmung bzw. eine Porendurchströmung zu Grunde lag, wurde von Tassopoulos et al. [124] und Konstandopoulos [66] das Aufwachsen von Partikelstrukturen an ebenen Oberflächen in 3D untersucht. Hierzu wurde ein stochastischer Ansatz verwendet, ohne ein Strömungsfeld zu berechnen. In beiden Arbeiten wurde das Abscheideregime zwischen diffusionsdominierter und trägheitsdominierter Partikeldeposition variiert, indem die Wahrscheinlichkeit, dass sich ein Partikel in die Richtung der Oberfläche bewegt, kontinuierlich erhöht wurde. Tassopoulos et al. untersuchten den Einfluss der Partikelgeschwindigkeit und -anzahl auf die Porosität, Oberflächenrauhigkeit, Porengrößenverteilung und Höhe der aufgewachsenen Strukturen. Konstandopoulos analysierte neben dem Einfluss der Partikelgeschwindigkeit auch die Auswirkung des Auftreffwinkels der Partikel auf die Porosität, Oberflächenrauhigkeit und Ablösung von Partikeln von der bereits entstandenen Struktur.

Autor	Typ	Geometrie	Dim.	d_P	$d_P/\Delta x$	RWP?	RWF?	Löser	Regime	Zielgröße
Davies, Kirsch [25, 62]	M+E	F+FP	0D	$\mathcal{O}$(nm – µm)	-	nein	nein	P	D+I+T	η
Kanaoka [58, 59]	S	F	2D	$\mathcal{O}$(µm)	1	ja	nein	P	D+I+T	η
Payatakes [98]	S	F	2D	$\mathcal{O}$(µm)	-	nein	ja	P	D+I+T	η
Oh [93]	S	FP	2D	10 nm-1 µm	< 1	ja	ja	P	D	η, Δp, ε
Dunnet [27]	S	F	2D	$\mathcal{O}$(µm)	-	ja	ja	P	D	η, Profil
Kostoglou [69]	S	F	2D	$\mathcal{O}$(µm)	-	nein	ja	P	T	η, Profil
Karadimos [60]	S	FP	2D	$\mathcal{O}$(µm)	1	ja	ja	NSL	I+T	η, Profil
Filippova [33]	S	FP	3D	1 µm	1	ja	ja	LBM	I+T	η, Profil
Przekop [101, 100]	S	F+FP	2+3D	$\mathcal{O}$(µm)	1	ja	ja	LBM	D	ε, η, Profil
Lehmann [75]	S	F	3D	3,135 µm	6	ja	ja	NSL	I+T	η, ε, Profil
Lantermann [74]	S	F	3D	$\mathcal{O}$(nm)	$1-2$	ja	ja	LBM	D+I	η, Profil
Kanaoka [57]	E	F	3D	$\mathcal{O}$(µm)	-	ja	ja	-	D+I+T	Profil
Rembor [103]	E	F	3D	$\mathcal{O}$(µm)	-	ja	ja	-	I+T	Profil
Schollmeier [111]	S+E	F+FP	2+3D	1,3 -5,2 µm	-	-	-	NSL	I+T	η, ε, Profil
Opris [94]	M	PS	0D	$\mathcal{O}$(nm)	-	ja	nein	P	D+I+T	η, Δp
Konstandopoulos [68]	M+S	PS	0-3D	$\mathcal{O}$(nm)	$\ll 1$	ja	ja	P+NSL	D+I+T	η, Δp
Yamamoto [138]	S	PS	3D	$\mathcal{O}$(nm)	$\ll 1$	ja	ja	NSL	D+I+T	η, Δp
Hayashi [47]	S	PS	3D	$\mathcal{O}$(nm)	$\ll 1$	ja	ja	NSL	D+I+T	η, Δp
Biggs [9]	S	F+PS	2D	$\mathcal{O}$(µm)	1	ja	ja	LBM	I+T	η, Δp
Gschaider [39]	S	PS	3D	$\mathcal{O}$(nm)	$\ll 1$	ja	ja	NSL	D+I+T	η, Δp
Muntean [89, 119]	S	PS	3D	1 µm	$\ll 1$	ja	ja	LBM	D+I+T	η, Δp
Tassopoulos [124]	S	O	3D	$\mathcal{O}$(nm)	1	ja	nein	-	D+I+T	ε

Tabelle 1.1: Literaturübersicht, Zielgrößen: Für diese Arbeit relevante Zielgrößen. S: Simulation, M: (semi-empirisches/heuristisches) Modell, E: Experiment, F: Faser, FP: Faserpackung, PS: poröses Substrat, O: Oberfläche, RWP: Rückwirkung abgeschiedener Partikel auf Partikel, RWF: Rückwirkung abgeschiedener Partikel auf das Fluid, P: Potentialströmung, NSL: Navier-Stokes-Löser, LBM: Lattice-Boltzmann-Methode, D: Diffusion, I: Interzeption, T: Trägheit, η: Filtrationseffizienz, Δp: Druckabfall, ε: Porosität, K: Permeabilität.

1.7.4 Fazit zum Stand der Technik

Die optimale Auslegung von Filtersubstraten erfordert nach Konstandopoulos et al. [67] die ortsaufgelöste Rußverteilung in der Filterwand. Die Mikromodelle auf der Wandskala setzen allerdings eine geeignete Parametrisierung u. a. durch Simulationen auf der Porenskala voraus. Die beiden wesentlichen Modellparameter sind hierbei die Porosität und die Permeabilität der angelagerten Rußstrukturen. Eine dreidimensionale hochaufgelöste Analyse der aufwachsenden Partikelstrukturen für Partikeldurchmesser von kleiner als 500 nm unter Berücksichtigung der Rückwirkung angelagerter Partikel auf die Strömung wurde bisher nicht vorgestellt. Insbesondere gibt es keine durchgängige Behandlung aller drei in Frage kommender Abscheideregime auf der Porenskala, wie durch die Übersicht in Tabelle 1.1 deutlich wird. Basierend auf den bisher veröffentlichten Ergebnissen für die Abscheidung an Fasern ist es jedoch möglich, das in dieser Arbeit verwendete Berechnungsprogramm zu validieren. Insbesondere sind hierbei die semi-empirischen Modelle zur Bestimmung der Filtrationseffizienz und die Resultate bzgl. der äußeren Kontur von Partikelstrukturen von Interesse.

1.8 Ziele und Inhalte dieser Arbeit

Im Mittelpunkt dieser Arbeit stehen die numerische Analyse der Rußpartikelfiltration auf der Porenskala und die Validierung der Simulationen durch experimentelle Untersuchungen.

Zunächst soll im experimentellen Teil dieser Arbeit ein Prüfstand zur gezielten Beladung kreisförmiger, flacher und normal angeströmter Prüflinge mit Rußpartikeln aufgebaut werden. Hierbei sollen sowohl ein qualitativer optischer Zugang zum Anlagerungsprozess als auch eine quantitative Vergleichsmöglichkeit mit den Simulationen geschaffen werden. In den Versuchen sollen der Partikeldurchmesser, die Strömungsgeschwindigkeit und die Porengröße variiert werden können. Zusätzlich ist es erforderlich, geeignete Partikelkonzentrationen über die Dauer der Versuche sicherzustellen.

Das Ziel für den numerischen Teil ist es, dic Abscheidemechanismen durch die Unterstützung von Simulationen zu charakterisieren. Anschließend soll mittels eines hochauflösenden Anlagerungsmodells die Rückwirkung abgeschiedener Partikel auf die Strömung und nachfolgende Partikel untersucht werden, um danach den Einfluss physikalischer und numerischer Parameter auf aufwachsende Partikelstrukturen zu klären. Insbesondere ist es von Interesse, diese Strukturen hinsichtlich ihrer Porosität und Permeabilität zu analysieren.

1.9 Aufbau der Arbeit

Die vorliegende Arbeit gliedert sich in drei Teile. Im ersten Teil werden die experimentellen Untersuchungen vorgestellt. Hierzu gehört die Konzeption des Prüfstands in Kapitel 2. Hier werden sowohl der Aufbau des Prüfstands als auch die verwendete Messtechnik und die untersuchten Prüflinge beschrieben. In Kapitel 3 werden in Referenzmessungen die Rußpartikel, die zur Berußung der Prüflinge benutzt werden, charakterisiert. Mit einer Validierung der Betriebspunkte des Prüfstands wird das Kapitel abgeschlossen.

Im zweiten Teil werden die hier verwendeten numerischen Verfahren für die Modellierung der kontinuierlichen und dispersen Phase in den Kapiteln 4 und 5 näher erläutert. An dieser Stelle werden das Lattice-Boltzmann-Verfahren, die Lagrangesche Partikelbetrachtung und die Anlagerungsmodelle vorgestellt. Die einzelnen Teilaspekte werden dabei um Validierungssimulationen an ausgewählten Beispielen ergänzt. Anschließend wird in Kapitel 6 auf die wesentlichen Merkmale der Implementierung und Realisierung eingegangen.

Im dritten Teil werden die Ergebnisse in den Kapiteln 7 und 8 zusammengefasst. Neben der Partikelabscheidung an einer Einzelfaser wird das Anlagerungsverhalten in einer modellhaften Porengeometrie für verschiedene Parameter diskutiert. Für die Porengeometrie werden zusätzlich experimentelle Ergebnisse zur Validierung der Simulationen herangezogen. Abschließend werden die Permeabilität und die Porosität aufgewachsener Partikelstrukturen in Abhängigkeit von der Strömungsgeschwindigkeit und Modellgeometrie analysiert und diskutiert.

Teil I

Experimentelle Untersuchungen

Kapitel 2

Konzeption des Prüfstands

Die experimentellen Untersuchungen sollen in dieser Arbeit eine Möglichkeit bieten, das entwickelte Simulationsmodell anhand globaler Messgrößen zu validieren. Hierzu gehören die Filtrationseffizienz und der Filtergegendruck über der analysierten Probe. Zudem soll es möglich sein, einen optischen Zugang zu den aufgewachsenen Rußpartikelstrukturen im Experiment zu erlangen, um qualitative Aussagen über das Anlagerungsverhalten treffen zu können.

Anstatt der komplexen Porenstruktur werden einfache Modellgeometrien betrachtet, die grundsätzlich die Form eines Siebs mit regelmäßig angeordneten Öffnungen haben. Dabei wird sichergestellt, dass die wesentlichen Effekte bei der Filtration von Partikeln in einem Porensystem korrekt abgebildet werden können, wie in Kapitel 8.1 ausgeführt wird. Der entscheidende Vorteil dieser Modellgeometrie liegt in ihrer geometrischen Einfachheit.

In diesem Kapitel wird zunächst der Aufbau des Prüfstands erläutert, um danach auf die verwendeten Komponenten (Abschnitt 2.2) und die untersuchten Prüflinge (Abschnitt 2.3) einzugehen. Im Mittelpunkt der beiden Abschnitte steht zum einen die Einbindung des Rußgenerators und der Messtechnik in den Prüfstand und zum anderen die Realisierung konstanter Randbedingungen während der Beladung der Proben.

2.1 Aufbau des Prüfstands

Der Versuchsaufbau zur Ermittlung der Filtrations- und Druckverlustkurven während der Beladung von flachen und porösen Prüflingen mit Rußpartikeln ist in Abbildung 2.1 dargestellt. Der Rußgenerator (**C**ombustion **A**erosol **St**andard 2, CAST), der im Abschnitt 2.2.1 vorgestellt wird, stellt das Test-Aerosol zur Verfügung. Es wird hierbei nur ein kleiner Teil des Volumenstroms über den Bypass abgesaugt und für die Messungen verwendet. Bevor die partikelbeladene Strömung den Prüfling erreicht, wird das Aerosol durch einen Rotationsverdünner (RV1, siehe

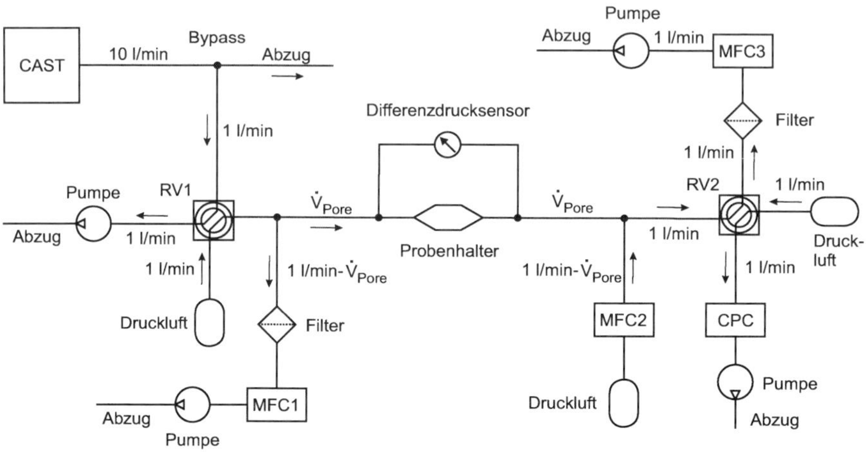

Abbildung 2.1: Versuchsaufbau zur Beladung von porösen und flachen Prüflingen mit Rußpartikeln und Bestimmung des Druckverlusts bzw. der Filtrationseffizienz.

Abschnitt 2.2.2) geführt. Um einen stabilen Betriebspunkt des Rotationsverdünners zu erreichen, muss der Volumenstrom mindestens 1 l/min betragen. Um die Strömungsgeschwindigkeit im Probenhalter zu variieren, wird ein Teil des Volumenstroms vor der Probe mit einer Vakuumpumpe abgesaugt. Damit wird der Probenhalter mit einem Volumenstrom zwischen 0,1 l/min und 1 l/min durchströmt. Zur Ermittlung des Druckverlusts wird ein Differenzdrucksensor der Firma NATEC Sensors GmbH (Typ P624D) mit einem Messbereich von −17,5 kPa bis +17,5 kPa genutzt. Der zweite Rotationsverdünner RV2 vor dem Partikelzähler (**C**ondensation **P**article **C**ounter, CPC, siehe Abschnitt 2.2.4) benötigt ebenfalls einen Eingangsvolumenstrom von mindestens 1 l/min. Aus diesem Grund werden 1 l/min $- \dot{V}_{\text{Probe}}$ nach der Probe wieder in das System eingebracht. Die Dosierung wird mit den Massenflussreglern MFC1 und MFC2 (**M**ass **F**low **C**ontroller) der Firma Bronkhorst (Typ EL-FLOW) umgesetzt. Die Partikelanzahl wird mittels des CPC bestimmt. Der dritte Massendurchflussregler MFC3 gewährleistet letztendlich den Massen- bzw. Volumenstrom durch die Probe, und ist während aller Messungen auf 1 l/min eingestellt.

Zum Schutz der Massenstromregler MFC1 und MFC3 vor Verschmutzung mit Rußpartikeln werden Papierfilter eingesetzt. Durch die Konzeption des Prüfstands und die Auslegung der einzelnen Komponenten ist sichergestellt, dass die Voraussetzungen für den korrekten und stabilen Betrieb der eingesetzten Messtechnik gegeben sind.

2.2 Beschreibung der Prüfstandskomponenten und Messtechnik

Die Beladung der Prüflinge mit Rußpartikeln unter definierten Randbedingungen stellt eine Herausforderung dar. Um u. a. die Reproduzierbarkeit der Ergebnisse sicherzustellen, müssen deshalb entsprechende Prüfstandskomponenten und eine geeignete Messtechnik bereitgestellt werden. In diesem Abschnitt werden die wichtigsten Komponenten zur Rußpartikelerzeugung, Aerosolverdünnung und Probenaufnahme beschrieben. Darüber hinaus wird die im Prüfstand eingesetzte Messtechnik näher erläutert.

2.2.1 CAST

Als Quelle für Rußpartikel dient ein CAST2 der Firma Matter Engineering AG, wobei in [80] die Funktionsweise und die unterschiedlichen Betriebsmodi beschrieben werden. Die Eigenschaften der erzeugten Partikel wie z. B. Partikelgrößenverteilung bzw. Absorptions- und Streueigenschaften werden in den Arbeiten von Barthazy et al. [3], Blatt [11] oder auch Gimmler [38] erläutert. Die sehr gute Reproduzierbarkeit des erzeugten Rußes bzgl. Konzentration und Partikelgrößenverteilung wurde von Jing in [55] nachgewiesen.

Je nach Betriebspunkt des CAST genügt der Partikeldurchmesser einer bestimmten mono- oder bimodalen Verteilung. Die Partikelgrößenverteilung wird dabei u. a. durch den Massenstrom der Brenn- und Verdünnungsgase beeinflusst [80]. Der Median der lognormalverteilten Partikelgrößenverteilung bzgl. des Mobilitätsdurchmessers $d_{\mathrm{P},50}$ kann zwischen 30 nm und 200 nm variiert werden. In den Versuchen wird der Rußgenerator in vier verschiedenen Modi betrieben, in denen der Median $d_{\mathrm{P},50}$ die Werte 55; 85; 113 und 151 nm annimmt. In Abschnitt 3.1 werden die korrespondierenden Partikelgrößenverteilungen bestimmt. Zudem kann der Volumenstrom des CAST auf Werte zwischen 0 und 25 l/min eingestellt werden. Die Rußmassenkonzentration c ist dabei nur von dem Partikeldurchmesser und nicht vom Volumenstrom des CAST abhängig. Für Partikelverteilungen mit einem Median von $d_{\mathrm{P},50} = 30\,\mathrm{nm}$ liegt die Konzentration der Rußmasse mit $4\,\mathrm{mg/m^3}$ erheblich unter der Konzentration von $350\,\mathrm{mg/m^3}$ für Partikelverteilungen mit einem Median von $d_{\mathrm{P},50} = 200\,\mathrm{nm}$. In [80] wird des Weiteren empfohlen, dass für einen stabilen Betrieb der minimale Volumenstrom des CAST bei etwa 5 l/min liegen sollte.

Aus diesen Randbedingungen ergeben sich für die Untersuchungen an den hier verwendeten Prüflingen die folgenden technischen Herausforderungen:

1. In dieser Arbeit werden poröse Prüflinge mit einer minimalen Porosität von etwa 0,7 % betrachtet. Ein Volumenstrom von mehr als 5 l/min würde im Probenhalter, wie in Abschnitt 2.3 ausgeführt wird, auf eine Reynolds-Zahl von mehr als sieben führen. Die Reynolds-Zahl bezieht sich hierbei auf den hydraulischen Durchmesser der Öffnungen in den Prüflingen. Die für die Anwendung relevanten Reynolds-Zahlen sind jedoch kleiner als eins.

2. Die Anzahldichte der Rußpartikel liegt für kleine Partikeldurchmesser mit bis zu 10^9 Partikeln pro Kubikzentimeter oberhalb des Messbereichs des zur Verfügung stehenden Partikelzählers.

3. Für große Partikeldurchmesser ist die Rußmassenkonzentration zur Bestimmung zeitlich fein aufgelöster Druckverlust- und Filtrationseffizienzkurven zu hoch. Die Filtration würde unmittelbar nach Beginn einer Messung den Bereich der Oberflächenfiltration erreichen. Quantitative Aussagen über den Verlauf der Filtrationseffizienz oder die zeitliche Entwicklung des Druckverlusts über der filtrierten Rußmasse wären nicht möglich.

Hieraus leiten sich die folgenden Maßnahmen ab, um einen stabilen Betrieb des Prüfstands unter Einhaltung der Randbedingungen sicherzustellen: Durch das Absaugen eines Teilvolumenstroms über einen Bypass aus dem Hauptvolumenstrom des CAST und der damit verringerten Strömungsgeschwindigkeit durch den Prüfling kann eine hinreichend kleine Reynolds-Zahl realisiert werden. Zusätzlich werden Rotationsverdünner eingesetzt, um die Partikelkonzentration zu reduzieren.

2.2.2 Rotationsverdünner

Die Verdünnung des durch den CAST bereitgestellten Aerosols wird durch Rotationsverdünner des Typs MD19-2E der Firma Matter Engineering AG umgesetzt [79], deren Funktionsweise in Abbildung 2.2 beschrieben wird. Im Rotationsverdünner wird ein Teil der partikelbeladenen Strömung mit einem partikelfreien Volumenstrom zusammengeführt, indem eine rotierende Scheibe mit halbkugelförmigen Aussparungen vom Aerosol mit der Partikelkonzentration c_1 und dem Volumenstrom $\dot{V}_1$ überströmt wird. Durch die Rotation der Scheibe wird über die Aussparungen partikelbeladenes Fluid in den parallel geführten Volumenstrom transportiert. Die resultierende Konzentration c_2 ist proportional zur Größe bzw. Anzahl der Aussparungen und zur Scheibendrehzahl n. In dieser Arbeit wird nur die Drehzahl der Scheibe variiert. Für die Konzentration c_2 des verdünnten partikelbeladenen

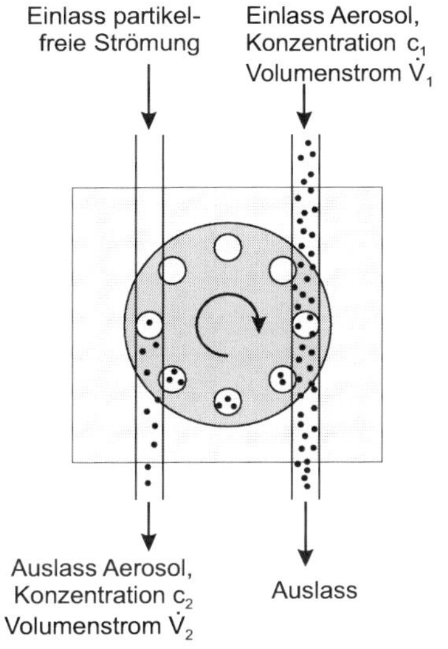

Abbildung 2.2: Schematische Darstellung eines Rotationsverdünners mit den Partikelkonzentrationen $c_1 > c_2$.

Volumenstroms $\dot{V}_2$ gilt nach [79] mit der normierten Drehzahl $\tilde{n}$ und dem Verdünnungsfaktor $\alpha_{\mathrm{RV}} = 15\tilde{n}$:

$$c_2\left(\tilde{n}\right) = c_1\alpha_{\mathrm{RV}} \qquad \text{mit} \qquad \tilde{n} \in [0; \ldots; 1]. \tag{2.1}$$

Hierbei wurde $\tilde{n}$ auf den maximalen Wert der Drehzahl normiert.

2.2.3 Probenhalter

Die Proben sollen unter laminaren Bedingungen vom partikelbeladenen Fluid normal angeströmt werden. Zur Vermeidung der Strömungsablösung wird im Anströmkegel der Durchmesser unter einem Winkel von 6° stetig von 5 mm auf 20 mm erhöht (siehe Abbildung 2.3). Die Konstruktion des Probenhalters ermöglicht einen einfachen Wechsel und die leckagefreie Durchströmung der Probe. Der Halter besteht aus zwei Teilen, die durch eine Überwurfmutter miteinander verschraubt werden. Zur Vermeidung von Leckage liegen zwei Silikon-Flachdichtungen unmittelbar an der Probe an. Um den Probenhalter gegen die Umgebung abzudichten, ist ein O-Ring in der Nut im Anströmkegel platziert.

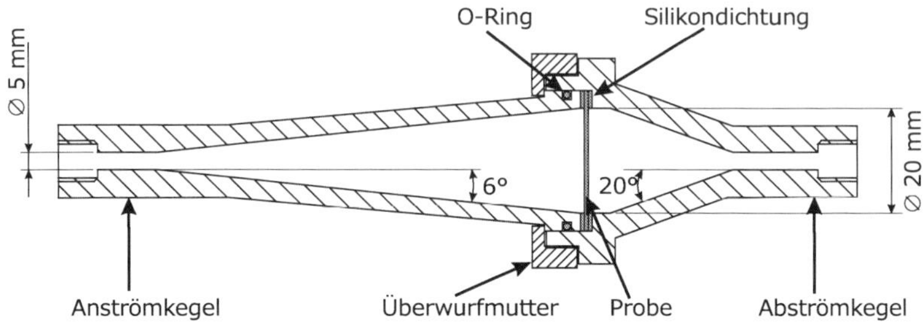

Abbildung 2.3: Dreiteiliger Probenhalter bestehend aus An-, Abströmkegel und Überwurfmutter. Die Probe und die Dichtungen sind grau gekennzeichnet. Die Durchströmung findet von links nach rechts statt.

2.2.4 SMPS und CPC

Die Größenverteilung der Partikel wird mit einem Partikelgrößen-Klassifizierer in Kombination mit einem Partikelzähler bestimmt. In dieser Arbeit werden dazu ein **S**canning **M**obility **P**article **S**izer (SMPS, Typ 3080) und ein CPC (Typ 3785) der Firma TSI benutzt. Der CPC wird zudem eingesetzt, um die Filtrationseffizienz der unterschiedlichen Proben zu analysieren. Die Funktionsweise des Partikelzählers wird in [129] beschrieben.

Die Rußpartikel werden in dieser Arbeit anhand des Mobilitätsdurchmessers charakterisiert. D. h. für ein Rußagglomerat wird derjenige Durchmesser durch das SMPS bestimmt, den eine Kugel mit gleicher elektrischer Beweglichkeit besitzt. Diese Beweglichkeit ist bei einer konstanten Zahl von elektrischen Ladungen auf dem Partikel nur von dem Partikeldurchmesser und nicht von der Dichte des Partikels abhängig. Deshalb kann über die elektrische Mobilität des Partikels direkt auf den Durchmesser geschlossen werden, wie in [128] ausgeführt wird.

2.3 Verwendete Prüflinge

Für diese Arbeit werden Mikrosiebfolien der Firma Poly-Optik als Proben für die Rußbeladung benutzt. Im Vergleich zu porösen Keramikscheiben, die ebenfalls im vorgestellten Prüfstand untersucht werden können, weisen Mikrosiebe eine sehr hohe Anzahl gleichmäßiger Öffnungen auf, die eine annähernd quadratische Form haben. Die Komplexität des keramischen Porensystems wird damit deutlich reduziert. Diese so genannten Feinstkornsiebe bestehen aus Nickel und finden in

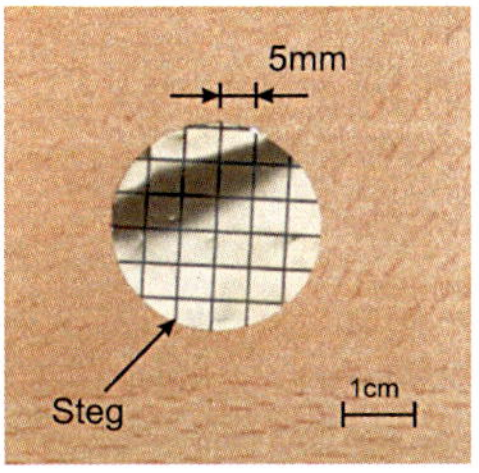

(a) Fotografie eines Prüflings mit 30 mm Gesamtdurchmesser.

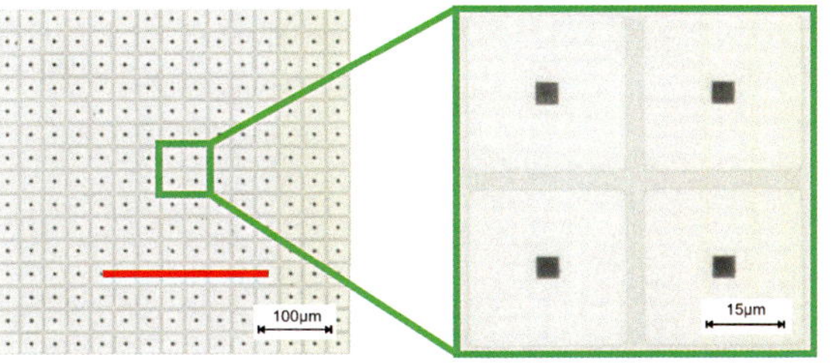

(b) REM-Aufnahmen eines Mikrosiebausschnitts ohne Stabilisierungsstege in 120 und 800-facher Vergrößerung im Vergleich zur Abbildung 2.4(a). Hell: Nickelfolie, Dunkel: Öffnungen.

Abbildung 2.4: Mikrosieb in der Draufsicht (Anströmseite). Die rote Linie in der mittleren Aufnahme kennzeichnet die Lage des Schliffbilds in Abbildung 2.5.

der Verfahrenstechnik z. B. bei der Bestimmung von Korngrößenverteilungen Anwendung. In der Dissertation von Gehrke [37] ist ein Überblick zu metallischen Mikrosieben zu finden. Für die experimentellen Untersuchungen werden aus quadratischen Siebfolienrohlingen der Kantenlänge 100 mm kreisrunde Prüflinge mit einem Durchmesser von 30 mm herausgetrennt (Abbildung 2.4(a)). Beim Einspannen der Mikrosiebproben im Probenhalter verdecken Silikondichtungen auf Vorder- und Hinterseite der Probe einen kreisringförmigen Bereich, sodass nur eine kreisrunde Fläche mit einem effektiven Durchmesser von 20 mm angeströmt wird.

Bedingt durch den Herstellungsprozess befinden sich auf den Stegen, die zur Stabilisierung des Siebs dienen, keine Öffnungen. Diese Stege haben eine Breite von etwa 0,58 mm. Zwei solcher Stege sind in den beiden Hauptrichtungen 5 mm voneinander entfernt. In der Fotografie 2.4(a) sind die Stege dunkelgrau und die Bereiche zwischen den Stegen hellgrau markiert. Ausgehend von einer angeströmten Probenfläche von

$$A_{\text{Probe}} = \pi/4\, d_{\text{Probe}}^2 = 314{,}1\ \text{mm}^2 \tag{2.2}$$

enthält eine Mikrosiebprobe folglich auf der Stegfläche von etwa $\approx 68{,}7\ \text{mm}^2$ keine Öffnungen. Dies entspricht etwa 21,88 % der Gesamtfläche einer Probe und muss bei der Berechnung der effektiven Porosität der Prüflinge berücksichtigt werden.

In der Vergrößerung des Mikrosiebs in Abbildung 2.4(b) ist ein Bereich des Siebs, der keine Stege enthält, in der Draufsicht (Anströmseite) abgebildet. Die Mittelpunkte der quadratischen Öffnungen (in der Abbildung schwarz eingefärbt) sind in den beiden Hauptrichtungen jeweils 32 µm entfernt. Dieser Wert ist für alle verwendeten Siebe herstellungsbedingt konstant. Bei dem in den REM-Aufnahmen

(Abbildung 2.4(b)) erkennbaren dunkelgrauen quadratischen Raster handelt es sich nicht um die oben beschriebenen Stege, sondern um eine zur Herstellung der Siebe verwendete Nickelmaske.

Für die gesamte angeströmte Probenfläche ergibt sich mit diesen Voraussetzungen eine Anzahl quadratischer Sieblöcher von $N_{\mathrm{SL}} \approx 240.000$ in jeder Probe. Für eine Charakterisierung der Strömungsverhältnisse wird die Reynolds-Zahl

$$\mathrm{Re}_{\mathrm{SL}} = \frac{\bar{v}_{\mathrm{SL}}\, d_{\mathrm{h}}}{\nu} \tag{2.3}$$

verwendet, wobei $\bar{v}_{\mathrm{SL}}$ die mittlere Strömungsgeschwindigkeit in der Sieböffnung beschreibt. Im vorliegenden Fall quadratischer Sieböffnungen mit der Kantenlänge d_{SL} gilt für den hydraulischen Durchmesser $d_{\mathrm{h}} = d_{\mathrm{SL}}$. Die effektive Porosität $\varepsilon_{\mathrm{Probe,\,eff}}$ eines Mikrosiebs, also der durchströmbare Anteil der Gesamtfläche, ergibt sich durch

$$\varepsilon_{\mathrm{Probe,eff}} = \frac{A_{\mathrm{SL,ges}}}{A_{\mathrm{Probe}}} = \frac{N_{\mathrm{SL}}\, d_{\mathrm{SL}}^2}{A_{\mathrm{Probe}}}. \tag{2.4}$$

Mit der Anströmgeschwindigkeit v_∞ der Probe und Gleichung (2.3) für die Reynolds-Zahl folgt unter der Annahme konstanter Gasdichte hiermit:

$$\mathrm{Re}_{\mathrm{SL}} = \frac{v_\infty d_{\mathrm{SL}}}{\varepsilon_{\mathrm{Probe,\,eff}}\, \nu}. \tag{2.5}$$

Im Gegensatz zu den Experimenten werden die Stege in den Simulationen nicht abgebildet, d. h. es gilt $\varepsilon_{\mathrm{Probe,\,eff}} = d_{\mathrm{SL}}^2 / \left(a + d_{\mathrm{SL}}\right)^2$ und damit folgt für die numerischen Untersuchungen:

$$\mathrm{Re}_{\mathrm{SL}} = \frac{v_\infty \left(a + d_{\mathrm{SL}}\right)^2}{d_{\mathrm{SL}} \nu}, \tag{2.6}$$

wobei a den Abstand der Sieblochkanten beschreibt. Für die geforderte laminare Durchströmung ($\mathrm{Re}_{\mathrm{SL}} < 1$) einer Porenöffnung mit einem angenommenen quadratischen Querschnitt der Kantenlänge $d_{\mathrm{SL}} = 4\,\mu\mathrm{m}$ resultiert beispielsweise ein Volumenstrom $\dot{V}_{\mathrm{SL}}$ von höchstens $3{,}6 \cdot 10^{-3}\,\mathrm{ml/min}$. Für den gesamten Prüfling, also die gleichzeitige Anströmung der 240.000 Öffnungen, ergibt sich damit höchstens ein Volumenstrom $\dot{V}_{\mathrm{Probe}}$ von $0{,}864\,\mathrm{l/min}$. Damit liegt der Volumenstrom in einem Bereich, der mit der verfügbaren Messtechnik eingeregelt werden kann. Darüber hinaus ist hiermit sichergestellt, dass ähnliche Strömungsbedingungen wie in realen Keramikfiltern vorliegen.

Neben der Lochkantenlänge hat zudem die abströmseitige Gestalt des Mikrosiebs einen Einfluss auf die Durchströmung der Öffnungen. In Abbildung 2.5 ist der Schliff eines Mikrosiebs in zwei Vergrößerungen dargestellt, wobei die Anströmseite in den Abbildungen nach oben zeigt. Die Schliffläche ist genau durch die

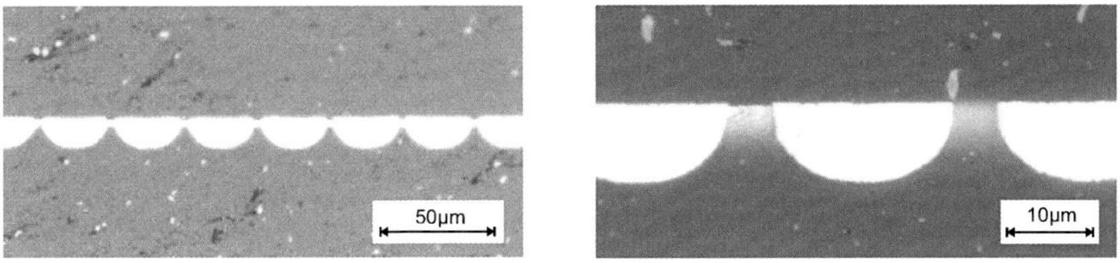

(a) (b)

Abbildung 2.5: Schliffbilder des Mikrosiebs in der Seitenansicht. Hell: Nickelfolie, Dunkel: Öffnungen. Fertigungsbedingt gilt $a + d_{\mathrm{SL}} = 32\,\mu\mathrm{m}$ für alle Prüflinge.

Mittelpunkte der Sieböffnungen geführt. Es ist gut zu erkennen, dass die Bereiche zwischen jeweils zwei Öffnungen in guter Näherung die Gestalt von Halbkreisen haben. Die Dicke der verwendeten Proben liegt im Mittel bei $8{,}5\,\mu\mathrm{m}$ und unterliegt einer geringen Schwankung von weniger als $3{,}0\,\%$.

Die Kantenlänge d_{SL} der Öffnungen unterliegt laut Hersteller einer Fertigungstoleranz von etwa $15\,\%$. Damit kann die Porosität der vorliegenden Mikrosiebe in Abhängigkeit vom mittleren Sieblochdurchmesser in einem Bereich von $1{,}38\,\%$ bis etwa $2{,}52\,\%$ variieren. Eine wesentliche Voraussetzung für die Durchführung der Experimente ist allerdings eine detaillierte Kenntnis über die genaue Gestalt und Abmessungen der verwendeten Proben. Nur dadurch kann die Einhaltung der Randbedingungen sichergestellt werden. Aus diesem Grund werden die Prüflinge zunächst anhand des initialen Druckabfalls über die unbeladenen Proben in Gruppen eingeteilt. Anschließend wird eine Proportionalität zwischen Druckabfall und Kantenlänge der Sieböffnungen durch Simulationen parametrisiert. Damit können die mittleren Kantenlängen der einzelnen Siebgruppen mit einer hinreichenden Genauigkeit bestimmt werden, wobei dieses Vorgehen im Folgenden detailliert beschrieben wird.

Alle in dieser Arbeit verwendeten Proben werden mit einem konstanten Volumenstrom angeströmt. Proben mit ähnlichem Druckabfall werden in vier Gruppen klassifiziert (Tabelle 2.1). Der jeweils mittlere Druckverlust über die Prüflinge reicht von $\Delta\bar{p} = 6{,}34\,\mathrm{kPa}$ bis $\Delta\bar{p} = 16{,}87\,\mathrm{kPa}$ und die Standardabweichung der Werte für den Druckabfall beträgt bezogen auf den Mittelwert für jede der vier Gruppen maximal $4\,\%$.

Die sehr große Anzahl der Öffnungen lässt nur eine stichprobenartige Kontrolle der Lochkantenlänge zu. Aus diesem Grund bietet sich die Bestimmung der mittleren Lochkantenlänge mittels Simulationen an. Bei der Berechnung der mittleren Strömungsgeschwindigkeit in der Sieböffnung $\bar{v}_{\infty}$ geht hierbei die mittlere Kantenlänge

	1. Gruppe	2. Gruppe	3. Gruppe	4. Gruppe
$\Delta\bar{p}$ [kPa]	6,34	12,58	15,23	16,87
Standardabw. [kPa]	0,25	0,40	0,31	0,26
Mittl. Lochkantenl. d_{SL} [µm]	6,2	4,4	4,0	3,8
Eff. Porosität $\varepsilon_{\mathrm{eff,Probe}}$ [%]	2,84	1,48	1,22	1,10

Tabelle 2.1: Klassifizierung der Proben anhand des experimentell bestimmten mittleren Druckabfalls $\Delta\bar{p}$ und numerisch ermittelte Lochkantenlänge d_{SL} der verschiedenen Gruppen. Fertigungsbedingt gilt $a + d_{\mathrm{SL}} = 32\,\mu\mathrm{m}$ für alle Prüflinge. Parameter siehe Tabelle C.11.

der Öffnung d_{SL} quadratisch ein:

$$\bar{v}_{\mathrm{SL}} = \frac{\bar{v}_\infty}{\varepsilon_{\mathrm{Probe,eff}}} = \frac{\bar{v}_\infty\, A_{\mathrm{Probe}}}{N_{\mathrm{SL}}\, d_{\mathrm{SL}}^2}. \tag{2.7}$$

Die Simulationen wurden unter Ausnutzung der Symmetrieeigenschaften an einem Viertel einer Öffnung unter Aufprägung eines konstanten Volumenstroms durchgeführt (Berechnungsgebiet siehe Abbildung 8.5). Der Druckverlust Δp über die blendenähnliche Geometrie ist im laminaren Fall zum Volumenstrom durch eine Öffnung bzw. zur mittleren Anströmgeschwindigkeit $\bar{v}_\infty$ proportional. D. h. es gilt unter Verwendung des Proportionalitätsfaktors β:

$$\Delta p = \beta \bar{v}_{\mathrm{SL}} = \beta \bar{v}_\infty \frac{(a + d_{\mathrm{SL}})^2}{d_{\mathrm{SL}}^2}, \tag{2.8}$$

wobei a den Abstand der Kanten zweier Öffnungen bezeichnet und fertigungsbedingt $a + d_{\mathrm{SL}} = 32\,\mu\mathrm{m}$ für alle Prüflinge gilt. Variiert man nun bei der Simulation die Kantenlänge d_{SL} des Sieblochs bei einer konstanten mittleren Anströmgeschwindigkeit von $\bar{v}_\infty = 0{,}0117\,\mathrm{m/s}$, so lässt sich der Proportionalitätsfaktor β bestimmen. Die Ergebnisse der Simulationen sind in Abbildung 2.6 dargestellt, wobei sich in Gleichung (2.8) ein Proportionalitätsfaktor von

$$\beta = 20{,}375\,\frac{\mathrm{kPa\,s}}{\mathrm{m}} \tag{2.9}$$

ergibt. Über den Zusammenhang 2.8 können die mittlere Kantenlänge der Öffnungen und die effektive Porosität $\varepsilon_{\mathrm{eff,Probe}}$ für jede der Gruppen ermittelt werden. Die Ergebnisse sind in der vorletzten Zeile in Tabelle 2.1 aufgeführt. Durch die effektive Porosität werden die Teilbereiche einer Probe berücksichtigt, in denen sich fertigungsbedingt keine Öffnungen befinden. Zur Vereinfachung der Notation wird die mittlere Kantenlänge der Öffnungen im Weiteren mit d_{SL} bezeichnet.

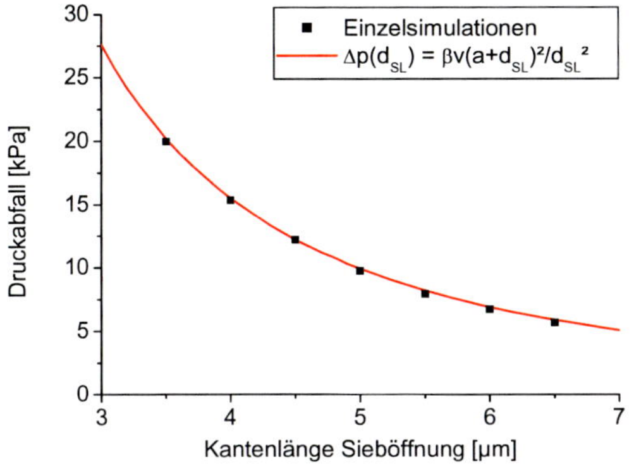

Abbildung 2.6: Einzelsimulationen mit dem Lattice-Boltzmann-Verfahren zur Bestimmung des Druckabfalls verschiedener Mikrosiebe und Ergebnis der Regressionsanalyse. Berechnungsgebiet siehe Abbildung 8.5, Parameter siehe Tabelle C.8.

2.4 Fazit zur Konzeption des Prüfstands

Mit dem vorgestellten Prüfstand ist es damit möglich, flache Proben mit einem Rußpartikelaerosol normal anzuströmen. Die Randbedingungen Anströmgeschwindigkeit, Partikeldurchmesser und Sieblochdurchmesser können hierbei variiert werden. Darüber hinaus können die beladungsabhängigen Entwicklungen der Filtrationseffizienz und des Druckabfalls aufgezeichnet werden. Die Prüflinge lassen sich außerdem zerstörungsfrei aus dem Probenhalter entfernen und stehen somit für eine weitere Untersuchung zur Verfügung, wie im nächsten Abschnitt ausgeführt wird.

Kapitel 3

Referenzmessungen und Validierung

Nach der Vorstellung der Partikelgrößenverteilungen in Abschnitt 3.1 werden in Abschnitt 3.2 die in den Experimenten erfassten Messgrößen und Auswertungsmöglichkeiten anhand von Beispielen gezeigt. Abschließend werden die Ergebnisse der Prüfstandsvalidierung in Abschnitt 3.3 präsentiert, wobei auch die Reproduzierbarkeit der experimentellen Ergebnisse diskutiert wird.

3.1 Bestimmung der Partikelgrößenverteilung

Wie in Kapitel 2.2.1 beschrieben wurde, können vom Rußgenerator verschiedene Partikelgrößenverteilungen erzeugt werden. Zur Bestimmung dieser Verteilungen werden das SMPS und der CPC verwendet. Zuerst wird mit Hilfe des SMPS jeweils eine Größenklasse aus dem CAST-Aerosol isoliert, und anschließend wird die Anzahl der Partikel in dieser Größenklasse durch den CPC bestimmt. In Abbildung 3.1 sind die gemessenen Anzahlverteilungen des Partikeldurchmessers für die vier in dieser Arbeit verwendeten CAST-Einstellungen $d_{\mathrm{P},50} = 55; 85; 113; 151\,\mathrm{nm}$ und die zugehörigen logarithmischen Normalverteilungen dargestellt. Für die entsprechenden mittleren Partikeldurchmesser, die im Weiteren mit d_P bezeichnet werden, ergeben sich die vier Werte $d_\mathrm{P} = 84{,}4; 125{,}7; 169{,}1; 232{,}0\,\mathrm{nm}$. Die Partikelkonzentration und der Druckabfall werden im Experiment in Abhängigkeit von der Zeit aufgezeichnet. Gleichzeitig wird die Rußkonzentration ohne Probe unmittelbar vor jedem Versuch gemessen, um bei den Messungen mit Proben den jeweiligen Abscheidegrad ermitteln zu können. Zudem wird der Volumenstrom durch die Probe während jeder einzelnen Messung konstant gehalten. Damit ist es möglich, die Messresultate mithilfe einer als konstant angenommenen mittleren effektiven Rußdichte $\rho_\mathrm{P} = 700\,\mathrm{kg/m^3}$, die von Park et. al in [96] bestimmt wurde, in Abhängigkeit von der filtrierten Rußmasse darstellen zu können.

3.2 Messgrößen

In den experimentellen Untersuchungen werden sowohl quantitative als auch qualitative Messgrößen zur Beurteilung der Haupteinflussgrößen herangezogen. Die quantitativen Messgrößen dienen dazu, die bevorzugten Anlagerungsgebiete und die Form der Rußanlagerung in Kapitel 8 zu klären. Diese Informationen werden auch eingesetzt, um die Simulationsergebnisse zu validieren. Anhand der qualitativen Messgrößen soll eine fundierte Datenbasis zur weiteren Validierung der numerischen Resultate geschaffen werden.

3.2.1 Quantitative Messgrößen

Die beiden quantitativen Messgrößen, anhand derer die aufwachsenden Rußstrukturen im Experiment bewertet werden können, sind die zeitlichen Verläufe der Filtrationseffizienz η und des Druckabfalls Δp, der sich über der Probe einstellt. Hierbei beschreibt die Filtrationseffizienz η das Verhältnis zwischen angelagerten und aufgegebenen Partikeln. Experimentell wird die Filtrationseffizienz bestimmt, indem vor jedem Versuch die Konzentration der erzeugten Partikel c_{ges} mit dem CPC gemessen wird. Im anschließenden Experiment mit dem Prüfling wird die Konzentration c_{CPC} derjenigen Partikel, die den Probenhalter verlassen, detektiert. D. h. es gilt:

$$\eta = 1 - \frac{c_{\mathrm{CPC}}}{c_{\mathrm{ges}}}. \tag{3.1}$$

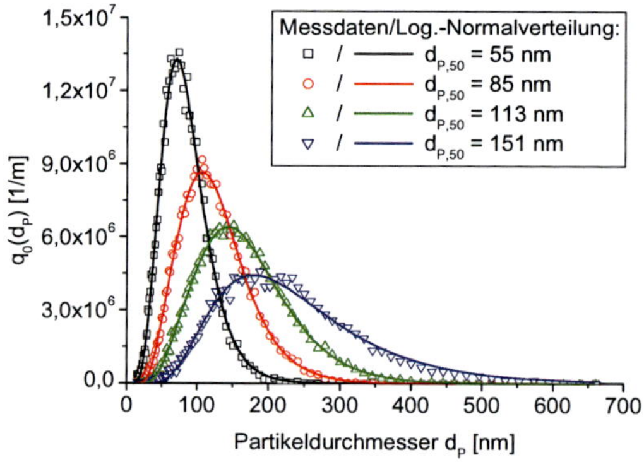

Abbildung 3.1: Gemessene Anzahlverteilung q_0 der Rußpartikel mit dazugehörigen logarithmischen Normalverteilungen.

Damit die Ergebnisse für unterschiedliche Partikeldurchmesser und Strömungsgeschwindigkeiten besser miteinander verglichen werden können, werden beide Messgrößen über der filtrierten Rußmasse aufgetragen. Diese Rußmasse wird mit Hilfe der durch das CPC gemessenen Anzahlkonzentration c_{CPC} und des jeweiligen mittleren Partikeldurchmessers d_{P} aus Abschnitt 3.1 berechnet. Die Verdünnungsfaktoren des zweiten Rotationsverdünners $\alpha_{\mathrm{RV},2} = 15\tilde{n}$ und der Zumischung α_{ZM} werden ebenfalls berücksichtigt, wobei $\tilde{n}$ wie in Abschnitt 2.2.2 die normierte Drehzahl des Verdünners beschreibt. Mit der Rußpartikeldichte von $\rho_{\mathrm{P}} = 700\,\mathrm{kg/m^3}$ und dem Volumenstrom $\dot{V}_{\mathrm{Probe}}$ an der Probe ergibt sich dort für den Massenstrom der Rußpartikel:

$$\dot{m}_{\mathrm{P}} = \alpha_{\mathrm{RV},2}\, \alpha_{\mathrm{ZM}}\, c_{\mathrm{CPC}}\, \dot{V}_{\mathrm{Probe}} \frac{\pi d_{\mathrm{P}}^3}{6} \rho_{\mathrm{P}}. \tag{3.2}$$

Die Messung des Druckabfalls erfolgt wie die Bestimmung der Partikelkonzentration mit einer Abtastrate von 1 Hz. Während der Differenzdruck ohne wesentliche Verzögerung in der Nähe der Probe gemessen wird, befindet sich der CPC bedingt durch den Aufbau des Prüfstands in einiger Entfernung zur Probe. Die Konzentration wird deshalb mit einer zeitlichen Verzögerung aufgezeichnet, die nur von der Strömungsgeschwindigkeit im System abhängig ist. Die Geschwindigkeit ergibt sich direkt aus dem Volumenstrom von 1 l/min, dem mittleren Leitungsquerschnitt von 78,54 $\mathrm{mm^2}$ und einer Leitungslänge von 3 m, und führt auf eine Verzögerung von $t = 14{,}14\,\mathrm{s}$. Diese Verzögerung der Konzentrationsmessung wird bei der Auswertung und Darstellung der Ergebnisse berücksichtigt.

3.2.2 Qualitative Messgrößen

Da die Mikrosiebe im Wesentlichen aus Nickel bestehen und der Ruß hauptsächlich Kohlenstoff enthält, eignen sich die berußten Proben sehr gut für REM-Aufnahmen. Aus diesen Analysen lassen sich z. B. die Orte der Anlagerungskeime bzw. die Form der Anlagerungsstrukturen zu unterschiedlichen Stadien der Berußung in der Draufsicht bestimmen.

In Abbildung 3.2 ist ein Beispiel einer Rußbeladung durch REM-Aufnahmen in der Draufsicht visualisiert. In Abbildung 3.2(a) ist eine unbeladene Probe dargestellt. Nach der Beladung mit 0,03 mg Ruß haben sich an den quadratischen Öffnungen Rußpartikel angelagert, die runde Partikelstrukturen auf den Sieböffnungen bilden, wie in Abbildung 3.2(b) zu erkennen ist. Die Oberflächenfiltration wurde in diesem Stadium bereits erreicht. In den Abbildungen 3.2(c) bis 3.2(e) sind jeweils verschiedene Vergrößerungen der Partikelstrukturen abgebildet. In den REM-Aufnahmen wird deutlich, dass es sich bei den aufgewachsenen Strukturen um hoch poröse

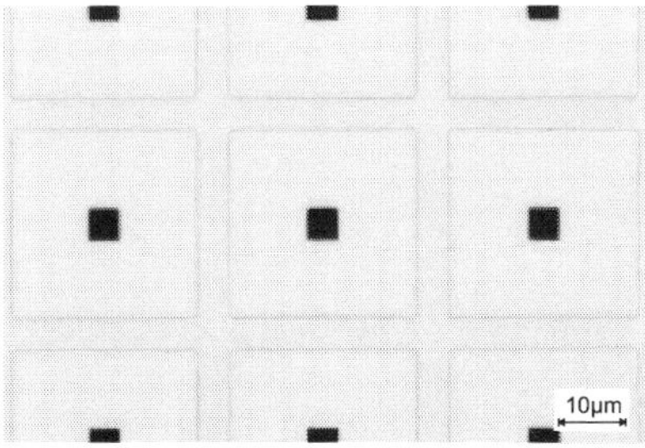

(a) Probe ohne Partikel vor der Beladung.

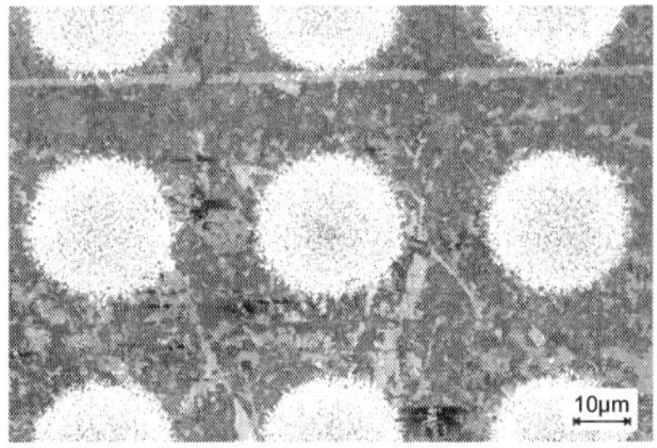

(b) Probe nach der Beladung mit Rußpartikeln.

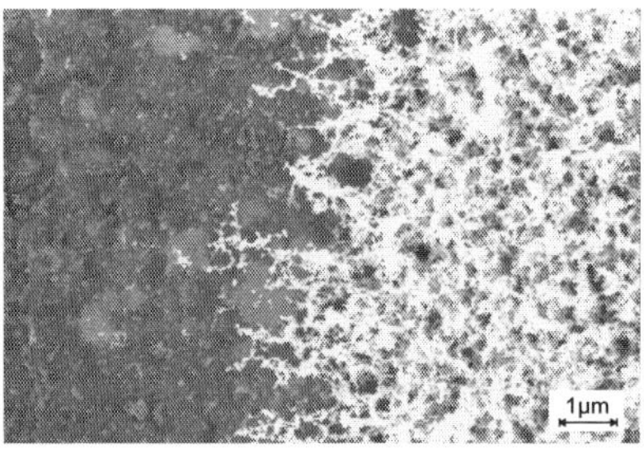

(c) Ausschnitt aus einem Rußkuchen.

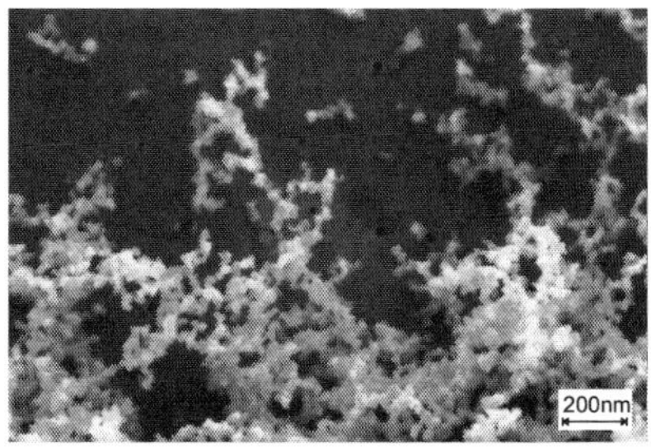

(d) Vergrößerung einer Partikelstruktur.

(e) Vergrößerung einer Partikelstruktur.

Abbildung 3.2: REM-Aufnahmen der Beladung eines Mikrosiebs mit Rußpartikeln. Die Kantenlänge der Öffnungen beträgt 4,4 µm und der mittlere Mobilitätsdurchmesser der Rußpartikel 126 nm. Insgesamt wurden 0,03 mg Ruß auf der Probe abgeschieden.

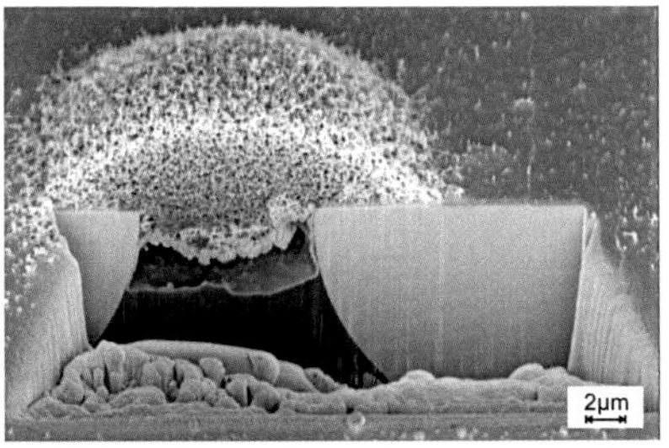

(a) Aufgewachsene Partikelstruktur.

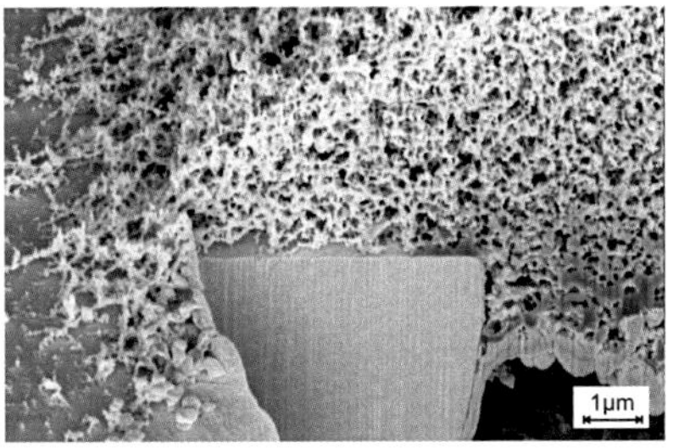

(b) Vergrößerung der Partikelstruktur.

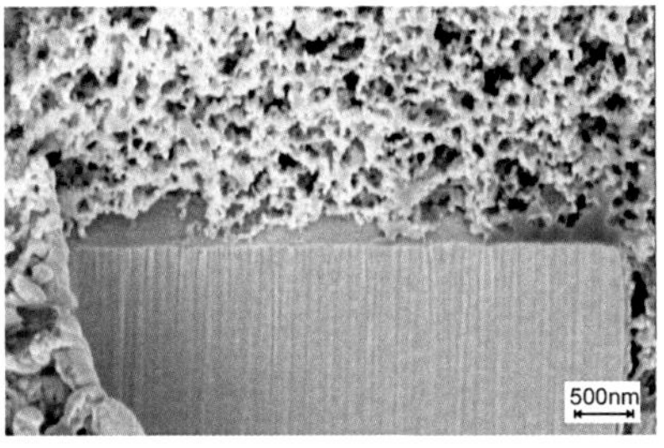

(c) Vergrößerung der Partikelstruktur.

Abbildung 3.3: FIB-Analyse eines Rußkuchens auf einer Sieböffnung. Die Kantenlänge der Öffnungen beträgt 10 µm und der mittlere Mobilitätsdurchmesser der Rußpartikel 126 nm.

Packungen handelt. In den Abbildungen können einzelne Rußagglomerate jedoch nicht voneinander unterschieden werden.

Durch eine FIB-Analyse (**F**ocused **I**on **B**eam) lassen sich in Kombination mit REM-Aufnahmen Informationen über die Morphologie der Anlagerungsstrukturen gewinnen. Der Hauptunterschied zwischen REM- und FIB-Analyse besteht darin, dass im Gegensatz zum REM kein Elektronenstrahl eingesetzt wird. Die Elektronen übertragen beim REM aufgrund ihrer geringeren Masse wenig Energie auf die Probe und werden deshalb von deren Oberfläche reflektiert. Bei der FIB-Untersuchung wird stattdessen ein Gallium-Ionenstrahl zum gezielten Materialabtrag verwendet. Dies ist möglich, weil Gallium-Ionen eine wesentlich höhere Masse als Elektronen haben und damit beim Aufprall auf das Mikrosieb bzw. die Partikelstruktur Atome herauslösen.

Im Rahmen dieser Arbeit wird das so genannte Cross Beam Verfahren eingesetzt: In der FIB-Anlage ist ein REM integriert, wobei sich Elektronen- und Ionenstrahl kreuzen. Damit ist es möglich, gleichzeitig FIB-Schnitte und seitliche Aufnahmen mit dem REM zu erstellen. Mit dem Ionenstrahl wird eine Rampe in die Probe und die Anlagerungsstruktur geschnitten, um mit dem REM das Innere der Partikelstruktur zu visualisieren (siehe Abbildung 3.3).

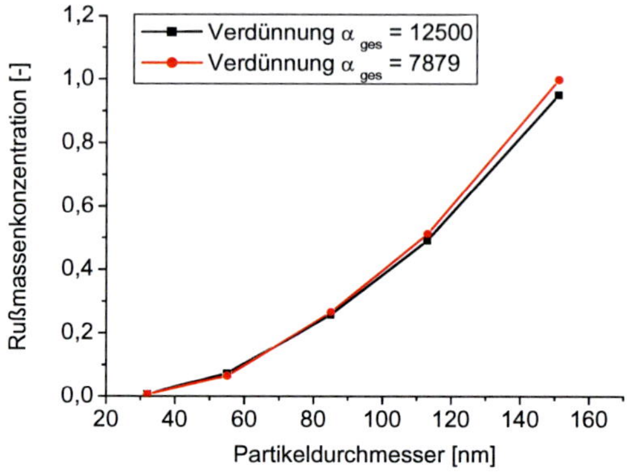

Abbildung 3.4: Für den Bypass berechnete und anschließend auf den Maximalwert normierte Rußmassenkonzentration für $d_{P,50} = 55;\ 85;\ 113;\ 151\,\mathrm{nm}$.

3.3 Validierung des Prüfstands

In diesem Abschnitt wird die Reproduzierbarkeit der experimentellen Ergebnisse nachgewiesen. Hierzu wird zunächst unter Beweis gestellt, dass die Partikelkonzentration für verschiedene Betriebsmodi des Prüfstands stabil ist. Anschließend wird die Reproduzierbarkeit der Resultate bzgl. Filtrationseffizienz und Druckabfall gezeigt. Mit diesen Ergebnissen wird gewährleistet, dass die numerischen Resultate in Kapitel 8 zuverlässig validiert werden können.

3.3.1 Partikelkonzentration

Die Bestimmung der Partikelanzahl erfolgt, nachdem das Aerosol durch den gesamten Prüfstand transportiert wurde. Entsprechend verändert sich aufgrund der Partikelanlagerung an den Innenseiten der Leitungen die absolute Anzahl der Partikel. Um für die weiteren experimentellen Untersuchungen von definierten Randbedingungen ausgehen zu können, wird die Rußmassenkonzentration für verschiedene Betriebsbedingungen des Prüfstands betrachtet.

Die Validierungsmessungen werden ohne Mikrosiebe im Probenhalter mit dem in Abschnitt 2.1 beschriebenen Versuchsaufbau durchgeführt. Hierfür wird ausgehend von den Ergebnissen für die durch den CPC ermittelte Partikelkonzentration c_{CPC} die Rußpartikelkonzentration c_{BP}, die unmittelbar am Bypass vorliegt, berechnet:

$$c_{\mathrm{BP}} = \alpha_{\mathrm{RV},1}\,\alpha_{\mathrm{ZM}}\,\alpha_{\mathrm{RV},2}\,c_{\mathrm{CPC}} = \alpha_{\mathrm{ges}}\,c_{\mathrm{CPC}}. \tag{3.3}$$

Hierbei werden die Verdünnungsfaktoren für die beiden Rotationsverdünner $\alpha_{RV,1}$ bzw. $\alpha_{RV,2}$ und der Verdünnungsfaktor für die Zumischung von partikelfreier Druckluft α_{ZM} verwendet. Für die anschließende Analyse wird entsprechend der Anzahlkonzentration und des Partikeldurchmessers mit Hilfe der Partikeldichte von 700 kg/m^3 die Bypass-Rußmassenkonzentration bestimmt. In der Abbildung 3.4 ist der Einfluss des Partikeldurchmessers auf die Rußmasse für zwei Betriebspunkte der Rotationsverdünner abgebildet. Die relative Abweichung der Rußmasse zwischen den beiden Betriebspunkten der Rotationsverdünner liegt für die unterschiedlichen Partikeldurchmesser bei unter 5 %. Diese Abweichung ist auf die Verdünnung mit dem Faktor $\alpha_{ges} = 12500$ bezogen. Die Änderung des Verdünnungsverhältnisse durch Wahl unterschiedlicher Betriebspunkte der Rotationsverdünner hat nur einen geringen Einfluss auf die Rußpartikelkonzentration. Um den Einfluss der unterschiedlichen Einstellungen der Verdünner ausschließen zu können, wird nur ein Betriebsmodus genutzt. Dieser Betriebspunkt wird als Kompromiss in Abhängigkeit vom Durchmesser der zu untersuchenden Partikel gewählt: Für kleine Partikeldurchmesser kann die maximal messbare Partikelkonzentration des CPC leicht überschritten werden. Für große Partikeldurchmesser ist die durch die Probe transportierte Rußmasse sehr hoch und es kann der zeitliche Verlauf des Filtrationsprozesses zeitlich nicht mehr aufgelöst werden.

Variiert man das Verdünnungsverhältnis mittels der Einstellungen für die Rotationsverdünner bei einem festen Partikeldurchmesser von $d_{P,50} = 85$ nm, so erhält man für die resultierenden Verdünnungsverhältnisse am Bypass geringe Abweichungen der Rußmasse vom Mittelwert (siehe Tabelle 3.1). Die Standardabweichung liegt für diese Validierung der Leerrohrkonzentration bei weniger als 1,863 % bezogen auf den Mittelwert.

Der Rußgenerator ist in der Lage, das Aerosol mit unterschiedlichen Volumenströ-

Verdünnungsfaktor α_{ges} [–]	Abweichung der Konzentration [%]
2778	3,150
3189	0,425
3698	0,746
4340	0,907
5165	1,871

Tabelle 3.1: Einfluss des Verdünnungsfaktors auf die relative Abweichung vom Mittelwert der Rußmassenkonzentration am Bypass, Variation der Scheibendrehzahl des Rotationsverdünners.

CAST-Volumenstrom $\dot{V}_{\mathrm{CAST}}$ [l/min]	Abweichung der Konzentration für $\alpha_{\mathrm{ges}} = 9298$ [%]	Abweichung der Konzentration für $\alpha_{\mathrm{ges}} = 10870$ [%]
10	1,171	0,035
12	1,074	2,029
14	0,367	0,219
16	1,149	1,322
18	1,463	0,891

Tabelle 3.2: Einfluss des CAST-Volumenstroms auf die relative Abweichung vom Mittelwert der Rußmassenkonzentration am Bypass.

men bereitzustellen. Der Einfluss dieses Volumenstroms $\dot{V}_{\mathrm{CAST}}$ ist in Tabelle 3.2 für zwei Verdünnungsverhältnisse $\alpha_{\mathrm{ges}} = 9298$ und $\alpha_{\mathrm{ges}} = 10870$ zusammengefasst, wobei die beiden Verdünnungsverhältnisse durch zwei Betriebspunkte der Rotationsverdünner umgesetzt sind. Die Ermittlung der Rußmassenkonzentration am Bypass ergibt demnach für die Abweichung der Konzentrationen für verschiedene Volumenströme vom Mittelwert nur eine geringe Abhängigkeit: Die Standardabweichung beträgt lediglich 1,863 % bzw. 1,295 % bzgl. des Mittelwerts.

Es bleibt zu klären, inwieweit die Zumischung von partikelfreier Druckluft unmittelbar hinter der Probe die Leerrohrkonzentrationen beeinflusst. Hierzu wird die Zumischung von 0,1 l/min bis 0,9 l/min variiert. Die Ergebnisse in Tabelle 3.3 zeigen, dass die berechneten Konzentrationen am Bypass nur schwach von der Zumischung abhängig sind. Die Standardabweichung beträgt 1,544 % bezogen auf den Mittelwert.

Verdünnungsfaktor α_{ges} [–]	Abweichung der Konzentration [%]
3125	0,054
4167	1,517
5811	1,336
7748	0,741
9298	2,862

Tabelle 3.3: Einfluss des Verdünnungsfaktors auf die relative Abweichung vom Mittelwert der Rußmassenkonzentration am Bypass, Variation der MFC-Einstellung.

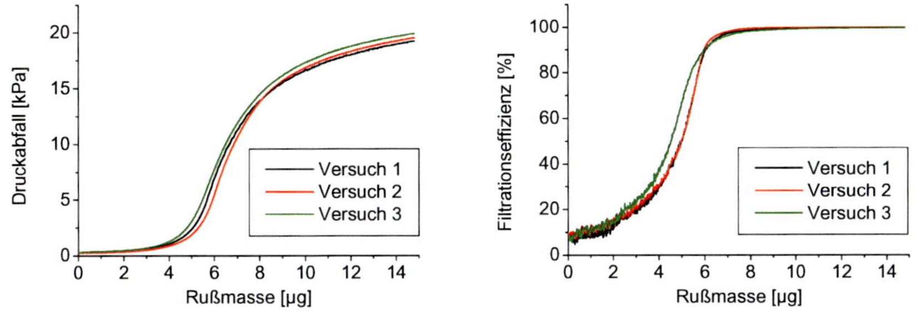

(a) Verlauf des Druckabfalls Δp über der in den Probenhalter filtrierten Rußmasse.

(b) Entwicklung der Filtrationseffizienz η in Abhängigkeit von der filtrierten Rußmasse.

Abbildung 3.5: Validierung der Reproduzierbarkeit von Berußungsversuchen an drei verschiedenen Mikrosieben mit $d_{\mathrm{SL}} = 3{,}8\,\mu\mathrm{m}$. Parameter siehe Tabelle C.12.

3.3.2 Reproduzierbarkeit des Abscheideverhaltens

Neben der rein optischen Auswertung der berußten Proben werden die Entwicklung des Gegendrucks und der Filtrationseffizienz über der filtrierten Rußmasse betrachtet. Die Mikrosiebe unterliegen, wie in Abschnitt 2.3 beschrieben, einer gewissen Fertigungstoleranz und werden deshalb in unterschiedliche Gruppen eingeteilt. Der entscheidende Faktor bei dieser Klassifizierung ist der Druckverlust über dem im Probenhalter eingespannten unbeladenen Prüfling. Das in Abschnitt 2.3 vorgestellte Verfahren stellt sicher, dass sich Prüflinge einer Gruppe nur noch sehr wenig voneinander unterscheiden. Durch die Ungenauigkeiten der verwendeten Messtechnik kommen weitere Fehlerquellen bei der Bestimmung von Druckverlust und Filtrationseffizienz hinzu. Deshalb werden im Folgenden für drei Prüflinge der Größenklasse 4 (siehe Tabelle 2.1) Versuche unter den gleichen experimentellen Parametern wie z. B. Anströmgeschwindigkeit und Partikelgrößenverteilung durchgeführt.

Für alle drei Kurven in Abbildung 3.5 liegt die Reynolds-Zahl nach Gleichung (2.6) bei $\mathrm{Re}_{\mathrm{SL}} = 0{,}386$, wobei für die Kantenlänge der Öffnungen $d_{\mathrm{SL}} = 3{,}8\,\mu\mathrm{m}$ gilt. Die resultierenden Kurvenverläufe weichen nur wenig voneinander ab und die Wendepunkte der Druckverlustkurven variieren bzgl. des absoluten Wertes für den Druckverlust paarweise um nicht mehr als 5,86 %. Die Druckverläufe für die einsetzende Oberflächenfiltration befinden sich ab einer filtrierten Rußmasse von etwa 0,01 mg auf leicht unterschiedlichen Niveaus, wobei die drei Gegendrücke zum Ende der Messung um höchstens 3,77 % voneinander abweichen.

Die Werte für die initiale Filtrationseffizienz der drei Proben werden über die ersten

30 Messpunkte gemittelt und liegen bei $\eta_1 = 7{,}78\,\%$, $\eta_2 = 8{,}06\,\%$ und $\eta_3 = 7{,}61\,\%$. Die relative Abweichung der Werte beträgt damit maximal 5,91 %. Werden die drei Prüflinge darüber hinaus mit Rußpartikeln beladen, weisen die Verläufe des Abscheidegrads in Abhängigkeit von der filtrierten Rußmasse z. T. höhere Abweichungen auf. Die bei einer Filtrationseffizienz von 30 % filtrierte Rußmasse nimmt Werte an, die jeweils höchstens um 8,2 % voneinander abweichen. Wird ein Abscheidegrad von 50 % erreicht, beträgt die relative Abweichung nicht mehr als 9,91 %.

3.3.3 Fazit der Validierung

Mit den vorgestellten qualitativen und quantitativen Messverfahren ist es möglich, die lokal angelagerten Rußstrukturen optisch zu bewerten und den Abscheideprozess durch globale Messgrößen zu beschreiben. Insgesamt reicht die Genauigkeit der Messinstrumente und -verfahren bzgl. des Druckabfalls und der Filtrationseffizienz aus, um den Einfluss von verschiedenen Partikeldurchmessern, Anströmgeschwindigkeiten und Sieblochgrößen auf die Partikelabscheidung analysieren zu können. Damit kann eine fundierte Vergleichsbasis für die Simulationen geschaffen werden.

Teil II

Numerische Verfahren

Kapitel 4

Modellierung der kontinuierlichen Phase

In diesem Kapitel werden mehrere Modellierungsansätze für die kontinuierliche Phase vorgestellt, um die Auswahl des in dieser Arbeit verwendeten Lattice-Boltzmann-Verfahrens zu motivieren. Anschließend wird die Herleitung des Verfahrens für äquidistante und nicht-äquidistante Berechnungsgitter vorgestellt, wobei auch auf die Validierung der Implementierung eingegangen wird. Insbesondere wird die Erweiterung des Verfahrens auf Berechnungsgebiete mit erhöhtem Strömungswiderstand erläutert und validiert.

4.1 Grundlagen

Für die Modellierung und numerische Behandlung der kontinuierlichen Phase gibt es zahlreiche Möglichkeiten. Als Charakterisierung der Ansätze kann man den Abstraktionsgrad bzw. die Anzahl der Freiheitsgrade heranziehen. Je niedriger der Abstraktionsgrad einer Modellierung ist, desto weniger Einschränkungen müssen für die betrachteten Aufgabenstellungen getroffen werden, um die Realität durch das Modell hinreichend genau abbilden zu können. Jedoch nimmt der numerische Aufwand zu. Im Folgenden werden drei Modelle unterschiedlicher Abstraktionsniveaus vorgestellt.

Ein Ansatz auf der mikroskopischen Ebene mit sehr niedrigem Abstraktionsgrad führt auf die Hamiltonschen Gleichungen und bildet die Grundlage für Partikelmethoden (siehe auch Meschede und Vogel [85]). Hierbei wird ein System von N Teilchen bzw. Molekülen betrachtet. Jedes Teilchen wird durch seinen Aufenthaltsort und seine Geschwindigkeit bzw. Impuls beschrieben, wobei die Summe aus potentieller und kinetischer Energie in diesem Zusammenhang als Hamilton-Funktion bezeichnet wird. Das System der Massepunkte wird durch die Hamiltonschen Bewegungsgleichungen beschrieben. Hierbei wird die zeitliche Entwicklung der Aufenthaltsorte und Geschwindigkeiten der Massepunkte bestimmt. Der Nachteil bei der Anwendung dieser Methode ist, dass nur sehr kleine Volumen mit derartigen

Teilchensystemen modelliert werden können. Ein Kubikzentimeter Luft enthält unter Normbedingungen etwa $2{,}7 \cdot 10^{19}$ Teilchen, wobei das betrachtete Volumen in den hier relevanten Fällen bei etwa $300\,\mu\mathrm{m}^3$ liegt. Hieraus folgt, dass man mit der vorhandenen Rechenkapazität schnell an die Grenzen stößt, weil für Simulationen in dieser Arbeit mindestens $81 \cdot 10^9$ Teilchen nötig wären.

Die Anzahl der Freiheitsgrade lässt sich mit Einführung einer statistischen Beschreibung der Teilchen durch eine reellwertige Verteilungsdichte $f\,(t, \boldsymbol{x}, \boldsymbol{\xi})$ reduzieren. Diese skalare Verteilungsfunktion beschreibt die Wahrscheinlichkeit, ein Teilchen zu einem Zeitpunkt $t > 0$ an einem Ort $\boldsymbol{x} = (x_1, x_2, x_3)^t$ mit einer mikroskopischen Geschwindigkeit

$$\boldsymbol{\xi} = (\xi_1, \xi_2, \xi_3)^t \tag{4.1}$$

anzutreffen. Das Problem beinhaltet also im Gegensatz zu den Hamiltonschen Gleichungen keine direkte Beschreibung des Verhaltens der Teilchen, sondern es wird eine zusätzliche Abstraktionsebene eingeführt. Auf dieser mesoskopischen Ebene wird das Verhalten dieser Verteilungsdichte durch die Boltzmann-Gleichung beschrieben und bildet unter Berücksichtigung externer Kräfte, die in $\boldsymbol{F} = (F_1, F_2, F_3)^t$ zusammengefasst sind, die Basis der kinetischen Gastheorie:

$$\frac{\partial f}{\partial t} + \boldsymbol{\xi} \cdot \nabla_{\boldsymbol{x}} f + \frac{\boldsymbol{F}}{m} \cdot \nabla_{\boldsymbol{\xi}} f = \mathcal{Q}\,(f)\,. \tag{4.2}$$

Dabei bezeichnet $\nabla_{\boldsymbol{x}}$ den Gradienten von f bzgl. $\boldsymbol{x}$ (und analog $\nabla_{\boldsymbol{\xi}}$):

$$\nabla_{\boldsymbol{x}} f\,(t, \boldsymbol{x}, \boldsymbol{\xi}) = \left(\frac{\partial f\,(t, \boldsymbol{x}, \boldsymbol{\xi})}{\partial x_1}, \frac{\partial f\,(t, \boldsymbol{x}, \boldsymbol{\xi})}{\partial x_2}, \frac{\partial f\,(t, \boldsymbol{x}, \boldsymbol{\xi})}{\partial x_3} \right)^t. \tag{4.3}$$

Um aus der Lösung der Boltzmann-Gleichung (4.2) eine Aussage über die makroskopischen Größen wie Dichte und Impuls treffen zu können, werden die Momente bezüglich der mikroskopischen Geschwindigkeit $\boldsymbol{\xi}$ der Teilchen mit der Verteilungsdichte f gebildet. Aus den ersten beiden Momenten resultieren unmittelbar die Werte für die Dichte und makroskopische Geschwindigkeit der kontinuierlichen Phase. Die wesentliche Eigenschaft der Lösung f der Boltzmann-Gleichung ist, dass sie unter bestimmten Voraussetzungen, wie hinreichend kleiner Knudsen-Zahl

$$\mathrm{Kn} = \frac{\text{mittlere freie Weglänge der Luftmoleküle}}{\text{charakteristische Länge}} = \frac{\lambda}{L}, \tag{4.4}$$

der Lösung der nachfolgend beschriebenen Navier-Stokes-Gleichungen entspricht. In Anhang A wird ein Überblick der historischen Entwicklung des Lattice-Boltzmann-Verfahrens gegeben.

Im Gegensatz zu den beiden vorangegangenen Betrachtungsweisen wird ein Fluid mit Newtonschen Eigenschaften durch die Navier-Stokes-Gleichungen direkt auf der makroskopischen Ebene beschrieben, indem die Erhaltung des Impulses gefordert wird:

$$\rho\left(\frac{\partial \boldsymbol{v}}{\partial t}+(\boldsymbol{v}\cdot\nabla_{\boldsymbol{x}})\,\boldsymbol{v}\right)=-\nabla_{\boldsymbol{x}}p+\mu\Delta\boldsymbol{v}+\frac{\mu}{3}\nabla_{\boldsymbol{x}}\left(\nabla_{\boldsymbol{x}}\cdot\boldsymbol{v}\right)+\boldsymbol{F}. \tag{4.5}$$

Die Herleitung dieser Beziehung gilt, falls die Stoffeigenschaften des Fluids konstant sind, d. h. $\mu = \mathrm{const}$ gilt. Die auf das Fluid einwirkenden äußeren Kräfte sind in Gleichung (4.5) in der Volumenkraftdichte $\boldsymbol{F}$ zusammengefasst.

Zur Vervollständigung wird das System nichtlinearer partieller Differentialgleichungen (4.5) zweiter Ordnung noch um zusätzliche Gleichungen ergänzt. Neben der Massenerhaltung

$$\frac{\partial \rho}{\partial t}+\nabla_{\boldsymbol{x}}\cdot(\rho\boldsymbol{v})=0 \tag{4.6}$$

und Energieerhaltung wird die thermische Zustandsgleichung mit der isothermen Schallgeschwindigkeit c_s und der Masse m für ideale Gase

$$p=c_s^2\rho \quad \text{mit} \quad c_s=\sqrt{\frac{k_{\mathrm{B}}T}{m}} \tag{4.7}$$

zum Schließen des Systems herangezogen. In diesem Zusammenhang bezeichnet k_{B} die Boltzmann-Konstante und T die Temperatur des Gases. Die Gleichungen (4.5) vereinfachen sich unter der Annahme einer konstanter Dichte $\rho = \mathrm{const}$ des Fluids zu den inkompressiblen Navier-Stokes-Gleichungen, wobei hier die Massenerhaltung auf die Divergenzfreiheit als zusätzliche Bedingung führt:

$$\frac{\partial \boldsymbol{v}}{\partial t}+(\boldsymbol{v}\cdot\nabla_{\boldsymbol{x}})\,\boldsymbol{v}=-\nabla_{\boldsymbol{x}}p/\rho+\nu\Delta\boldsymbol{v}+\boldsymbol{F} \tag{4.8}$$

$$\nabla_{\boldsymbol{x}}\cdot\boldsymbol{v}=0. \tag{4.9}$$

Für die numerische Lösung der Navier-Stokes-Gleichungen gibt es zahlreiche etablierte Ansätze wie z. B. Finite-Volumen oder Finite-Elemente Verfahren, die in kommerziell verfügbaren Programmen zur Strömungsberechnung wie STAR-CD [118] oder CFX [2] implementiert sind.

In dieser Arbeit sollen aufwachsende Partikelstrukturen simuliert werden, wobei die Rückwirkung der Strukturen auf die Strömung berücksichtigt werden soll. Damit ist es erforderlich, wie in der Einleitung ausgeführt wurde, das zunächst grob aufgelöste Berechnungsgebiet während eines Simulationslaufs lokal zu verfeinern, falls sich Partikel im Gebiet anlagern. Die aufwachsenden Strukturen führen zu einer komplexen Gestalt des Berechnungsgebiets und deshalb ist es erforderlich, dass das eingesetzte numerische Verfahren für diesen Fall geeignet ist. Grundsätzlich kommen deshalb Verfahren auf makroskopischer Ebene nicht in Frage. Die erforderliche Anzahl von Gitterzellen für eine hinreichend feine Auflösung der Ränder würde mit diesen Verfahren die verfügbare Rechenkapazität deutlich übersteigen.

Im Vergleich zu den Partikelmethoden ermöglicht das Lattice-Boltzmann-Verfahren die Behandlung von komplexen Partikelstrukturen bei einem angemessenen Rechenaufwand und wird deshalb für die Berechnung der kontinuierlichen Phase in dieser Arbeit ausgewählt. Bei der Durchströmung der in Abschnitt 2.3 vorgestellten Mikrosiebe kann aufgrund der Abmessungen der Öffnungen ($3{,}8\,\mu\text{m} \leq d_{\text{SL}} \leq 6{,}2\,\mu\text{m}$) davon ausgegangen werden, dass die Bedingung (4.4) erfüllt ist. An dem Mikrosieb angelagerte Partikel sind kleiner als die Sieböffnungen ($126\,\text{nm} \leq d_{\text{P}} \leq 232\,\text{nm}$) und werden von dem Berechnungsgitter durch mehrere Zellen aufgelöst, um die Rückwirkung auf die Strömung zu berücksichtigen. Es wird in der vorliegenden Arbeit angenommen, dass in der Nähe der abgeschiedenen Partikel die Bedingung (4.4) ebenfalls gegeben ist. Mit dieser Annahme wird an der Partikeloberfläche in den Simulationen eine Haftrandbedingung aufgeprägt. In den experimentellen Untersuchungen liegt an diesen Oberflächen jedoch eine Schlupfrandbedingung vor. Die in Abschnitt 8.3.3 erfolgreich durchgeführte Validierung der numerischen Ergebnisse anhand von Experimenten lässt jedoch den Schluss zu, dass das gewählte Lattice-Boltzmann-Verfahren für die Anwendung in dieser Arbeit geeignet ist.

4.2 Lattice-Boltzmann-Verfahren auf äquidistanten Berechnungsgittern

In diesem Abschnitt wird das Lattice-Boltzmann-Verfahren aus der Boltzmann-Gleichung hergeleitet. Hierbei werden zunächst äquidistante Berechnungsgitter behandelt. Darüber hinaus werden die Randbedingungen für das Verfahren vorgestellt und eine Validierung anhand analytischer Beispiele durchgeführt.

4.2.1 Boltzmann-Gleichung

Auf der linken Seite der Boltzmann-Gleichung (4.2) werden sowohl der konvektive Transport der Teilchen als auch der Einfluss der von außen auf die Teilchen wirkenden Kräfte $\boldsymbol{F}$ beschrieben. Für die Anwendungen in dieser Arbeit treten keine Volumenkräfte auf, wodurch sich Gleichung (4.2) zu

$$\frac{\partial f}{\partial t} + \boldsymbol{\xi} \cdot \nabla_{\boldsymbol{x}} f = \mathcal{Q}(f) \tag{4.10}$$

vereinfacht. Auf der rechten Seite wird die Kollision der Teilchen durch einen nichtlinearen Kollisionsoperator $\mathcal{Q}$ behandelt. Damit nimmt im allgemeinen Fall die Gleichung (4.10) die Form einer Integro-Differentialgleichung an.

Die Boltzmann-Gleichung bildet die Grundlage sowohl für die Beschreibung freier Molekülströmungen als auch für Kontinuumsströmungen. Für freie Molekülströmungen, d. h. wenn ein thermodynamisches Nicht-Gleichgewicht mit großen Knudsen-Zahlen vorliegt, sind nur sehr aufwändige Näherungslösungen bekannt. Für kleine Abweichungen vom thermodynamischen Gleichgewicht, d. h. wenn $\mathrm{Kn} \ll 1$ gilt, führt die so genannte Chapman-Enskog-Analyse letztlich auf die Navier-Stokes-Gleichungen (4.5). Für diesen Fall können die Nichtgleichgewichtsanteile genauer bestimmt werden, wie in den Arbeiten von Chapman und Cowling [18], Hänel [41], Tölke [127] oder Wolf-Gladrow [134] nachzulesen ist. Im Falle eines thermodynamischen Gleichgewichts, d. h. für $\mathrm{Kn} = 0$, ergibt sich die so genannte Maxwell-Verteilung als Lösung der Boltzmann-Gleichung (4.10) und letztlich folgen die reibungsfreien Euler-Gleichungen.

Bei der Anwendung des Kollisionsoperators $\mathcal{Q}(f)$ in Gleichung (4.10) werden verschiedene Annahmen getroffen. Zum einen werden nur Stöße zwischen jeweils zwei Teilchen betrachtet. Zum anderen wird angenommen, dass die Geschwindigkeiten der Teilchen vor dem Stoß nicht miteinander korreliert sind. Des Weiteren wird angenommen, dass äußere Kräfte keinen Einfluss auf die Kollision haben. Weitere Eigenschaften, wie z. B. die Massen-, Impuls- und Energieerhaltung werden in der Arbeit von Succi [120] ausführlich diskutiert.

4.2.2 Makroskopische Größen

Die makroskopischen Größen wie Dichte ρ und Impulsdichte $\rho \boldsymbol{v} = \rho\,(v_1, v_2, v_3)^t$ erhält man durch Integration über die ersten Geschwindigkeitsmomente:

$$\rho = \int\limits_{\mathbb{R}^3} f \,\mathrm{d}\boldsymbol{\xi} \tag{4.11}$$

$$\rho \boldsymbol{v} = \int\limits_{\mathbb{R}^3} \boldsymbol{\xi} f \,\mathrm{d}\boldsymbol{\xi}. \tag{4.12}$$

Die Verteilungsfunktion f wird in diesem Zusammenhang unter Verwendung eines bestimmten Kontrollvolumens V_K als Teilchendichte interpretiert.

4.2.3 Gleichgewichtsverteilung

Eine Bedingung für das thermodynamische Gleichgewicht eines Systems bzw. Gases ist die zeitliche Unabhängigkeit der Zustandsgrößen. Es kommt hinzu, dass die intensiven Zustandsgrößen des betrachteten Gases wie Druck p bzw. ρ im gesamten Gebiet konstant sein müssen, d. h. dass im System Spannungsfreiheit vorliegt. Nach Maxwell [81] beschreibt die Funktion

$$f^{(\mathrm{eq})}(\rho, \boldsymbol{\xi}) = \frac{\rho}{\left(2\pi c_s^2\right)^{d/2}} e^{-\frac{\boldsymbol{\xi}^2}{2c_s^2}} \tag{4.13}$$

unter Verwendung der Schallgeschwindigkeit c_s aus Gleichung (4.7) die Verteilungsdichte bzgl. der mikroskopischen Geschwindigkeit für das thermodynamische Gleichgewicht eines idealen ruhenden Gases ($\boldsymbol{v} = 0$) in d Dimensionen. Bewegt sich das Gas mit der makroskopischen Geschwindigkeit $\boldsymbol{v} \neq 0$, ergibt sich die so genannte lokale Maxwell-Verteilung durch Einsetzen von $\boldsymbol{\xi} - \boldsymbol{v}$ anstelle von $\boldsymbol{\xi}$ in Gleichung (4.13). Setzt man dieses Gleichgewicht voraus, ist als Konsequenz in der Boltzmann-Gleichung (4.10) die totale Ableitung, d. h. die gesamte linke Seite der Gleichung, gleich null. In der Arbeit von Chapman und Cowling [18] ergibt sich als Lösung der verbleibenden Gleichung unter bestimmten Einschränkungen die lokale Maxwell-Verteilung.

4.2.4 BGK-Approximation des Kollisionsoperators

Die numerische Behandlung des Kollisionsoperators $\mathcal{Q}(f)$ in Gleichung (4.10) ist sehr aufwändig und wird deshalb von Bhatnagar und Krook [7] durch eine wesentlich einfachere Approximation ersetzt:

$$\mathcal{Q}(f) = -\frac{1}{\tau}\left(f - f^{(\mathrm{eq})}\right). \tag{4.14}$$

τ bezeichnet dabei die so genannte Relaxationszeit und bestimmt die Dauer eines Teilchen-Teilchen Stoßes. Diese Vereinfachung des Operators führt aufgrund der unveränderten Kollisionsinvarianten auf die gleichen Erhaltungsgleichungen für Masse, Impuls und Energie. Nach Succi et al. [121] wird ebenfalls das so genannte H-Theorem erfüllt. Damit bildet diese Vereinfachung eine sehr gute Grundlage für ein effizientes numerisches Schema, wie von Bhatnagar und Krook in [7] ausgeführt wird. Die Boltzmann-Gleichung (4.10) lautet nun:

$$\frac{\partial f}{\partial t} + \boldsymbol{\xi} \cdot \nabla_{\boldsymbol{x}} f = -\frac{1}{\tau}\left(f - f^{(\mathrm{eq})}\right). \tag{4.15}$$

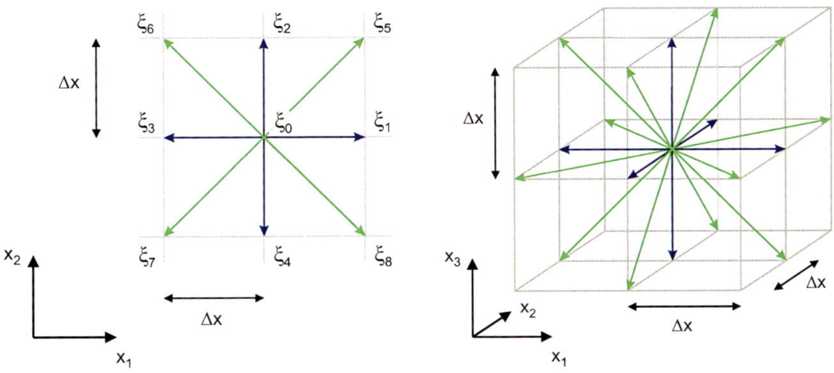

(a) D2Q9-Schema (b) D3Q19-Schema.

Abbildung 4.1: Diskretisierung der mikroskopischen Geschwindigkeit $\boldsymbol{\xi}$.

4.2.5 Diskretisierung der mikroskopischen Geschwindigkeit $\boldsymbol{\xi}$

Eine Diskretisierung $\{\boldsymbol{\xi}_i \,|\, i = 0, \ldots, k-1\}$ der mikroskopischen Geschwindigkeit $\boldsymbol{\xi}$ muss zuallererst den Bedingungen aus der Chapman-Enskog-Analyse genügen. Dies ist nach Shan und He [112] der Fall, falls die gewählte Diskretisierung eine exakte numerische Integration von Polynomen, die von mindestens vierter Ordnung sind, zulässt. Als zweiter Punkt ist zu berücksichtigen, dass die Diskretisierung der mikroskopischen Geschwindigkeit mit dem resultierenden numerischen Schema des Lattice-Boltzmann-Verfahrens vereinbar sein muss. Es ist notwendig, dass das gesamte Berechnungsgebiet mit dem numerischen Schema ausgefüllt werden kann. Die nach Quian, d'Humieres und Lallemand [102] gebräuchliche Bezeichnung für eine Diskretisierung der mikroskopischen Geschwindigkeit lautet DdQk, wobei d die Dimension und k die Anzahl der Stützstellen angibt. Die Simulationen in dieser Arbeit basieren auf einem kartesischen Gitter, und deshalb wird für den zweidimensionalen Fall das D2Q9-Schema und für den dreidimensionalen Fall das D3Q19-Schema verwendet (siehe Abbildung 4.1). Beide Schemata erfüllen die oben genannten Voraussetzungen. Die Anwendung der Verteilungsfunktion f auf die Diskretisierung $\{\boldsymbol{\xi}_i \,|\, i = 0, \ldots, k-1\}$ wird durch

$$f\left(t, \boldsymbol{x}, \boldsymbol{\xi}_i\right) = f_i\left(t, \boldsymbol{x}\right) \qquad \text{für} \quad i = 0, \ldots, k-1 \quad \text{mit} \quad \begin{cases} k = 9, & \text{für 2D} \\ k = 19, & \text{für 3D} \end{cases} \tag{4.16}$$

abgekürzt. Im zweidimensionalen Fall sind die Vektoren $\boldsymbol{\xi}_i$ für $i = 0, \ldots, k-1$ durch

$$\boldsymbol{\xi}_i = \begin{pmatrix} \boldsymbol{\xi}_{1,i} \\ \boldsymbol{\xi}_{2,i} \end{pmatrix} = \frac{\Delta x}{\Delta t} \begin{pmatrix} E^{\mathrm{D2Q9}}_{x_1,i} \\ E^{\mathrm{D2Q9}}_{x_2,i} \end{pmatrix} \in \mathbb{R}^2 \tag{4.17}$$

definiert, wobei die (2×9) Matrix E^{D2Q9} durch

$$E^{\mathrm{D2Q9}} = \begin{pmatrix} 0 & 1 & 0 & -1 & 0 & 1 & -1 & -1 & 1 \\ 0 & 0 & 1 & 0 & -1 & 1 & 1 & -1 & -1 \end{pmatrix} \tag{4.18}$$

gegeben ist. Im dreidimensionalen Fall wird die Beziehung

$$\boldsymbol{\xi}_i = \begin{pmatrix} \boldsymbol{\xi}_{1,i} \\ \boldsymbol{\xi}_{2,i} \\ \boldsymbol{\xi}_{3,i} \end{pmatrix} = \frac{\Delta x}{\Delta t} \begin{pmatrix} E^{\mathrm{D3Q19}}_{x_1,i} \\ E^{\mathrm{D3Q19}}_{x_2,i} \\ E^{\mathrm{D3Q19}}_{x_3,i} \end{pmatrix} \in \mathbb{R}^3 \tag{4.19}$$

verwendet, wobei

$$E^{\mathrm{D3Q19}} = \begin{pmatrix} 0 & 0 & 0 & 0 & 1 & 0 & -1 & 0 & 1 & 0 & -1 & -1 & 1 & 1 & -1 & 0 & 1 & 0 & -1 \\ 0 & 0 & 0 & -1 & 0 & 1 & 0 & -1 & 0 & 1 & 0 & -1 & -1 & 1 & 1 & -1 & 0 & 1 & 0 \\ 0 & -1 & 1 & 0 & 0 & 0 & 0 & -1 & -1 & -1 & -1 & 0 & 0 & 0 & 0 & 1 & 1 & 1 & 1 \end{pmatrix} \tag{4.20}$$

benutzt wird. Mit Hilfe der Schallgeschwindigkeit c_s aus Gleichung (4.7) wird mit

$$\tilde{c}_s = \sqrt{3} c_s = \frac{\Delta x}{\Delta t} \tag{4.21}$$

die Gitter-Schallgeschwindigkeit definiert. Ein Teilchen, das sich nicht in Ruhe befindet, bewegt sich entweder um $\Delta x = \tilde{c}_s \Delta t$ parallel zu den Kanten, oder um $\Delta x = \sqrt{2} \tilde{c}_s \Delta t$ diagonal zu den Kanten des kartesischen Gitters. $\tilde{c}_s$ beschreibt also die Geschwindigkeit, mit der sich eine numerische Information innerhalb eines Zeitschritts im Berechnungsgebiet ausbreitet.

Mit der diskretisierten Geschwindigkeit und der BGK-Approximation des Kollisionsoperators nimmt die Boltzmann-Gleichung (4.15) für $i = 0, \ldots, k-1$ folgende Gestalt an:

$$\frac{\partial f_i}{\partial t} + \boldsymbol{\xi}_i \cdot \nabla_{\boldsymbol{x}} f_i = -\frac{1}{\tau} \left(f_i - f_i^{(\mathrm{eq})} \right). \tag{4.22}$$

Die relevanten makroskopischen Größen Dichte ρ und makroskopische Geschwindigkeit $\boldsymbol{v}$ bzw. Impulsdichte $\rho \boldsymbol{v}$ ergeben sich analog zu den Beziehungen (4.11) und (4.12) aus der Verteilungsfunktion f_i:

$$\rho = \sum_{i=0}^{k-1} f_i = \sum_{i=0}^{k-1} f_i^{(\mathrm{eq})} \tag{4.23}$$

$$\rho \boldsymbol{v} = \sum_{i=0}^{k-1} \boldsymbol{\xi}_i f_i = \sum_{i=0}^{k-1} \boldsymbol{\xi}_i f_i^{(\mathrm{eq})}. \tag{4.24}$$

4.2.6 Diskrete Gleichgewichtsverteilung

Die Gleichgewichtsverteilung wird für die notwendige Diskretisierung zunächst in eine Taylor-Reihe entwickelt, und mit der Beziehung (4.21) für die Gitter-Schallgeschwindigkeit im kompressiblen Fall zu

$$f_i^{(\mathrm{eq})} = \alpha_i^{\mathrm{D}d\mathrm{Q}k} \rho \left(1 + \frac{3\boldsymbol{\xi}_i \cdot \boldsymbol{v}}{\tilde{c}_s^2} + \frac{9\left(\boldsymbol{\xi}_i \cdot \boldsymbol{v}\right)^2}{2\tilde{c}_s^4} - \frac{3\boldsymbol{v}^2}{2\tilde{c}_s^2} \right) \tag{4.25}$$

umgeformt. Die Gewichtungsfaktoren $\alpha_i^{\mathrm{D}d\mathrm{Q}k}$ lauten

$$\text{2D:} \quad \alpha_i^{\mathrm{D2Q9}} = \begin{cases} \frac{4}{9} & i = 0 \\ \frac{1}{9} & i = 1,2,3,4 \\ \frac{1}{36} & i = 5,6,7,8 \end{cases} \qquad \text{3D:} \quad \alpha_i^{\mathrm{D3Q19}} = \begin{cases} \frac{1}{3} & i = 0 \\ \frac{1}{18} & i = 1,\dots,6 \\ \frac{1}{36} & i = 7,\dots,18 \end{cases} . \tag{4.26}$$

Bei der Chapman-Enskog-Analyse in der Arbeit von Hänel [41] wird angenommen, dass die Dichteschwankungen im Berechnungsgebiet vernachlässigbar klein sind. Da dies aber nicht immer bei Lattice-Boltzmann-Verfahren der Fall ist, muss sichergestellt sein, dass die Mach-Zahl

$$\mathrm{Ma} = \frac{|\boldsymbol{V}|}{c_s} \tag{4.27}$$

mit der Strömungsgeschwindigkeit $\boldsymbol{v}$ als charakteristische Geschwindigkeit $\boldsymbol{V}$ in der Größenordnung $\mathcal{O}(\mathrm{Kn})$ und die Dichteschwankungen $\Delta\rho$ in der Größenordnung $\mathcal{O}(\mathrm{Kn}^2)$ liegen. Hierbei bezeichnet c_s die isotherme Schallgeschwindigkeit nach Gleichung (4.7). Zur Vermeidung kompressibler Effekte wird deshalb in der Arbeit von He und Luo [48] die Idee vorgestellt, in der Entwicklung der Gleichgewichtsverteilung alle Terme, die Mach-Zahlen höherer Ordnung enthalten, zu streichen: Zuerst wird die Dichte ρ in Gleichung (4.25) durch $\rho_0 + \Delta\rho$ ersetzt. Anschließend werden diejenigen Terme, die zu

$$\Delta\rho \frac{\boldsymbol{v}}{c_s} \qquad \text{und} \qquad \Delta\rho \left(\frac{\boldsymbol{v}}{c_s} \right)^2 \tag{4.28}$$

proportional sind, aufgrund von Gleichung (4.27) eliminiert. Damit ergibt sich die inkompressible Version der diskreten Gleichgewichtsverteilung:

$$f_i^{(\mathrm{eq})} = \alpha_i^{\mathrm{D}d\mathrm{Q}k} \left(\rho + \rho_0 \left(\frac{3\boldsymbol{\xi}_i \cdot \boldsymbol{v}}{\tilde{c}_s^2} + \frac{9\left(\boldsymbol{\xi}_i \cdot \boldsymbol{v}\right)^2}{2\tilde{c}_s^4} - \frac{3\boldsymbol{v}^2}{2\tilde{c}_s^2} \right) \right) . \tag{4.29}$$

4.2.7 Numerisches Schema

Die Anwendung eines finiten Differenzenschemas auf die Gleichung (4.22) mit der diskretisierten Gleichgewichtsverteilung (4.29) resultiert im allgemeinen Fall in der Gleichung

$$\begin{aligned}\frac{f_i(t+\Delta t,\boldsymbol{x})-f_i(t,\boldsymbol{x})}{\Delta t}&+\tilde{c}_s\frac{f_i(t+\Delta t,\boldsymbol{x}+\boldsymbol{\xi}_i\Delta x)-f_i(t+\Delta t,\boldsymbol{x})}{\Delta x}\\&=-\frac{1}{\tau}\left(f_i(t,\boldsymbol{x})-f_i^{(\mathrm{eq})}(t,\boldsymbol{x})\right).\end{aligned} \tag{4.30}$$

Unter Verwendung des Relaxationsparameters $\vartheta = \Delta t/\tau$ und der Gittergeschwindigkeit $\tilde{c}_s = \Delta x/\Delta t$ ergibt sich das numerische Schema der Lattice-Boltzmann-Gleichung:

$$f_i(t+\Delta t,\boldsymbol{x}+\boldsymbol{\xi}_i\Delta t)-f_i(t,\boldsymbol{x})=-\vartheta\left(f_i(t,\boldsymbol{x})-f_i^{(\mathrm{eq})}(t,\boldsymbol{x})\right) \tag{4.31}$$

mit $i = 0,\dots,8$ für 2D und $i = 0,\dots,18$ für 3D. Für die Implementierung des Lattice-Boltzmann-Verfahrens werden sowohl Δx als auch Δt normiert, d. h. es gilt

$$\Delta x = \Delta t = \tilde{c}_s = 1. \tag{4.32}$$

Das explizite Schema (4.31) lässt sich in die so genannte Propagation

$$f_i^*(t+\Delta t,\boldsymbol{x}+\boldsymbol{\xi}_i\Delta t)=f_i(t,\boldsymbol{x}) \tag{4.33}$$

der Information zwischen den Gitterknoten, wie in der Abbildung 4.2(a) und 4.2(b) dargestellt ist, und einer Kollision

$$\begin{aligned}f_i(t+\Delta t,\boldsymbol{x}+\boldsymbol{\xi}_i\Delta t)&=f_i^*(t+\Delta t,\boldsymbol{x}+\boldsymbol{\xi}_i\Delta t)\\&\quad-\vartheta\left(f_i^*(t+\Delta t,\boldsymbol{x}+\boldsymbol{\xi}_i\Delta t)-f_i^{*(\mathrm{eq})}(t+\Delta t,\boldsymbol{x}+\boldsymbol{\xi}_i\Delta t)\right),\end{aligned} \tag{4.34}$$

die in Abbildung 4.2(c) visualisiert ist, aufteilen. Die Gasmoleküle bewegen sich zwischen zwei Kollisionen frei im Raum, d. h. nach einem Transportschritt schließt sich eine Kollision mit einem anderen Teilchen an. Aus analytischer Sicht lässt sich Gleichung (4.22) ebenfalls in eine Transportgleichung

$$\frac{\partial f_i^*}{\partial t}+\boldsymbol{\xi}_i\cdot\nabla_{\boldsymbol{x}}f_i^*=0 \tag{4.35}$$

mit anschließender Kollision aufteilen. Unter Verwendung der Orts- und Zeitdiskretisierung lässt sich die hyperbolische Erhaltungsgleichung (4.35) durch Gleichung (4.33) lösen. Die Information, die in der Verteilung f_i enthalten ist, wird in Ort und

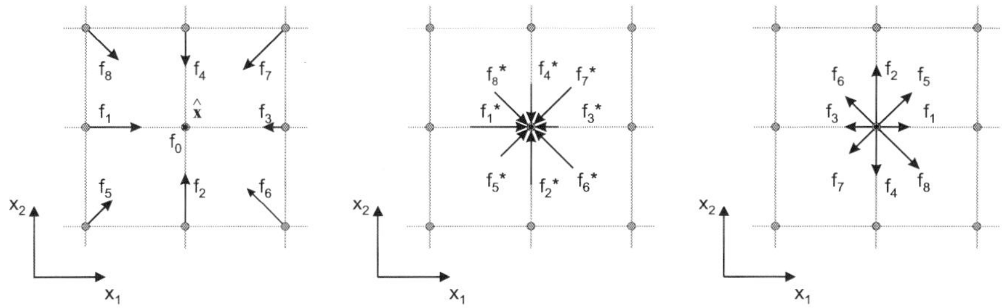

(a) $t = t_0$, Zustand vor dem Iterationszyklus. Ausgewählte Komponenten f_i der verschiedenen Verteilungsfunktionen.

(b) $t = t_0 + \Delta t$. Komponenten der Verteilungsfunktion sind in die entsprechenden Richtungen transportiert worden.

(c) $t = t_0 + \Delta t$. Kollision der transportierten Verteilungen.

Abbildung 4.2: Propagation und Kollision der Informationen f_i in einem Iterationszyklus für den Knotenpunkt $\boldsymbol{x}$.

Zeit mit der Geschwindigkeit $\boldsymbol{\xi}$ entlang der entsprechenden Charakteristik transportiert. Die diskrete Geschwindigkeit $\boldsymbol{\xi}_i$ und die Orts- bzw. Zeitdiskretisierung sind geeignet gewählt, und daher ist die CFL-Bedingung nach Courant, Friedrich und Lewy [20] für das Lattice-Boltzmann-Verfahren für $j = 1, 2$ für 2D bzw. $j = 1, 2, 3$ für 3D immer erfüllt:

$$\max_{i=0,\ldots,k-1} \left|\boldsymbol{\xi}_{j,i}\right| \frac{\Delta t}{\Delta x} = 1. \tag{4.36}$$

Zu Beginn der Berechnung werden an den Gitterknoten die Verteilungsfunktionen f_i mit der Gleichgewichtsverteilung $f_i^{(\mathrm{eq})}$ initialisiert. Unmittelbar danach wird das numerische Schema (4.33) und (4.34) angewendet, wobei das Verhältnis zwischen Propagation und Kollision durch die Kollisionsfrequenz $1/\tau$ bestimmt wird. Die kinematische Viskosität ν des betrachteten Gases hängt hierbei unmittelbar mit τ zusammen und erfüllt für $\tau > 1/2$ nach der Entdimensionierung die Gleichung

$$\nu = \frac{\tilde{c}_s^2}{3}\left(\tau - \frac{\Delta t}{2}\right) = \frac{1}{3}\left(\tau - \frac{1}{2}\right) > 0. \tag{4.37}$$

4.2.8 Konsistenz des Lattice-Boltzmann-Verfahrens

Nachdem man mit der Chapman-Enskog-Analyse unter bestimmten Voraussetzungen wie einer kleinen Knudsen-Zahl $\mathrm{Kn} \ll 1$ die Navier-Stokes-Gleichungen herleiten kann, stellt sich die Frage nach der Konsistenz und der Ordnung der Fehlerterme des Lattice-Boltzmann-Verfahrens. Es muss sichergestellt sein, dass das numerische Schema für

$$\Delta t \to 0 \qquad \text{und} \qquad \Delta x \to 0 \tag{4.38}$$

in die Navier-Stokes-Gleichungen überführt werden kann.

Bei der Analyse der Konsistenz müssen hierbei sowohl die Zeitskala auf mikroskopischer als auch auf makroskopischer Ebene berücksichtigt werden. In der Arbeit von Succi [120] werden bei den Untersuchungen beide Skalen gleichzeitig betrachtet, wohingegen Hänel [41] eine getrennte Analyse durchführt. An dieser Stelle wird der zweite Ansatz kurz skizziert: Zuerst wird auf mikroskopischer Ebene nach einer Entdimensionierung und Taylorreihenentwicklung der Lattice-Boltzmann-Gleichung die Chapman-Enskog Entwicklung durchgeführt. D. h. die Verteilungsfunktion f_i wird als Summe eines Gleichgewichts- und eines Nichtgleichgewichtsanteils aufgefasst. Nach der Bildung der Momente über die Verteilungsfunktion werden diese dann in einem zweiten Schritt für inkompressible Strömungen kleiner Mach-Zahlen auf der makroskopischen Ebene weiter abgeschätzt.

Hierdurch wird von Hänel [41] gezeigt, dass die Navier-Stokes-Gleichungen durch das Lattice-Boltzmann-Verfahren in zweiter Ordnung bzgl. Ort und Zeit approximiert werden.

4.2.9 Randbedingungen

Die Randbedingungen für technische Strömungen werden i. a. auf der makroskopischen Ebene vorgegeben. Hierfür müssen äquivalente Randbedingungen auf mikroskopischer Ebene definiert werden, sodass das Verhalten des numerischen Schemas (4.31) den gewünschten Bedingungen auf makroskopischer Ebene entspricht.

An den Knoten, die auf den Rändern des Berechnungsgebiets liegen, werden durch die Propagation in Gleichung (4.33) in das Berechnungsgebiet hinein weisende Komponenten der Verteilungsfunktion f_i für die Kollision (4.34) nicht bereitgestellt. Diese Komponenten werden unter Berücksichtigung der jeweiligen makroskopischen Randbedingung mit geeigneten Berechnungsvorschriften aus den vorhandenen Komponenten von benachbarten Gitterknoten und ggf. zusätzlichen Informationen aus der makroskopischen Ebene gewonnen.

Es gibt verschiedene Möglichkeiten für die Definition der Ein- und Auslassrandbedingungen. So kann z. B. eine treibende Druckdifferenz zwischen Ein- und Auslass gesetzt werden. Abhängig von dieser Druckdifferenz stellt sich ein bestimmter

Volumen- bzw. Massenstrom im Strömungsgebiet ein. Dieser Volumenstrom ist allerdings von jeder Änderung der Geometrie im Berechnungsgebiet abhängig, weil mit diesen Änderungen auch der Druckverlust variiert. Gerade für die Simulation aufwachsender Partikelstrukturen übersteigen die Druckänderungen den Druckverlust des initialen Zustands um ein Vielfaches. Es kommt hinzu, dass der Volumenstrom in den experimentellen Untersuchungen während eines einzelnen Versuchs konstant ist, sodass in dieser Arbeit das makroskopische Geschwindigkeitsprofil $\boldsymbol{v}_{\mathrm{EL}}(\boldsymbol{x})$ als Einlassrandbedingung vorgegeben wird.

Auslassrandbedingung

Auf makroskopischer Ebene wird für die Auslassrandbedingung gefordert, dass die Ableitungen der Geschwindigkeitskomponenten, die normal zum Auslass ausgerichtet sind, gleich null sind. Damit treten keine Spannungen senkrecht zur Austrittsfläche auf. Auf mikroskopischer Ebene wird dies erreicht, indem die fehlenden Werte der Verteilungsfunktion von den inneren Knoten des Berechnungsgebiets auf die Auslassknoten extrapoliert werden. Wenn alle Komponenten der Verteilungsfunktion an den Auslassknoten vorliegen, können anschließend die Gleichgewichtsfunktionen unter Benutzung der makroskopischen Größen Dichte und Geschwindigkeit berechnet werden. Diese Werte können jedoch u. U. von den geforderten Randbedingungen auf makroskopischer Ebene abweichen, und deshalb ist es gegebenenfalls nötig, den Wert der Gleichgewichtsverteilung zu korrigieren (siehe hierzu auch die Arbeit von Tölke [127]).

Symmetrierandbedingung

Die wesentliche Eigenschaft der Symmetrierandbedingung ist, dass keine Masse über die Symmetrieebene hinaus transportiert wird, d. h. dass die makroskopischen Geschwindigkeitskomponenten normal zur Wand gleich null sind. Wie in Abbildung 4.3 dargestellt ist, werden die Komponenten der Verteilungsfunktion, die in Richtung der Symmetrieebene zeigen, bei der Propagation an dieser Ebene gespiegelt. Die Verteilungskomponente normal zur Ebene wird damit null, wobei die Tangentialkomponente erhalten bleibt. In dem Beispiel wird die Zuordnung

$$f_2^* = f_4 \qquad f_5^* = f_8 \qquad f_6^* = f_7$$

für die drei fehlenden Komponenten vorgenommen.

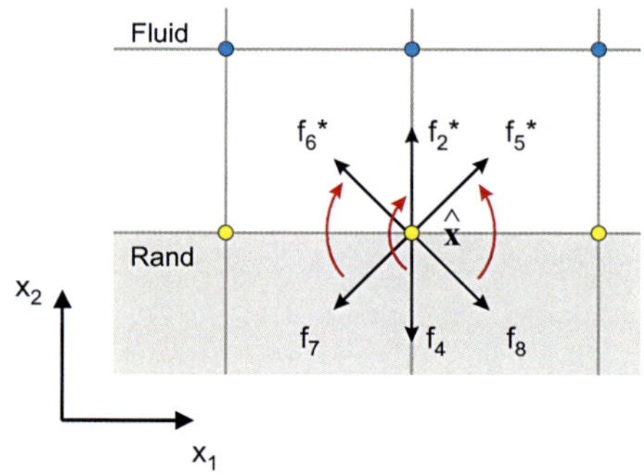

Abbildung 4.3: Ergänzung der Propagationsvorschrift für die Behandlung der Symmetrierandbedingung. Blau: Fluidknoten; Gelb: Fluidknoten mit Symmetrierandbedingung.

Haft- und Einlassrandbedingung

Wie auch bei der Symmetrierandbedingung wird bei der Haftrandbedingung keine Masse über den Rand hinaus transportiert, d. h. alle Geschwindigkeitskomponenten normal zum Rand sind gleich null. Auf dem Rand wird das Haften der Strömung gefordert, indem die Tangentialgeschwindigkeit gleich null gesetzt wird. Für die mikroskopische Umsetzung dieser makroskopischen Bedingungen werden diejenigen Komponenten der Verteilungsfunktion, die in Richtung eines Haftrands zeigen, bei der Propagation in einem zusätzlichen Schritt noch vor der Kollision zurückgeworfen. Dieses Vorgehen ist an einem 2D Beispiel in Abbildung 4.4 illustriert. Für die Komponenten $i = 2$, $i = 5$ und $i = 6$ der Verteilungsfunktion f^* an dem Knoten $\hat{\boldsymbol{x}}$, die in Richtung des Randes (grüne Gitterknoten) zeigen, ergibt sich dadurch in diesem Beispiel:

$$f_2^* = f_4 \qquad f_5^* = f_7 \qquad f_6^* = f_8.$$

Befindet sich im allgemeinen Fall der Knoten $\hat{\boldsymbol{x}}$ für ein bestimmtes $i \in \{1, \ldots, 8\}$ in direkter Nachbarschaft des Randknotens $\tilde{\boldsymbol{x}}$, d. h. $\tilde{\boldsymbol{x}} = \hat{\boldsymbol{x}} + \Delta t \boldsymbol{\xi}_i$, gilt für die Haftrandbedingung die Beziehung

$$f_{i'}\left(t + \Delta t, \hat{\boldsymbol{x}}\right) = f_i\left(t, \hat{\boldsymbol{x}}\right), \tag{4.39}$$

wobei $f_{i'}$ die zu f_i entgegengesetzte Verteilungskomponente bezeichnet. Dies entspricht einer Interpolation nullter Ordnung. Um eine höhere Genauigkeit für die Haftrandbedingung zu erreichen, wird von Bouzidi et al. [13] eine Interpolation

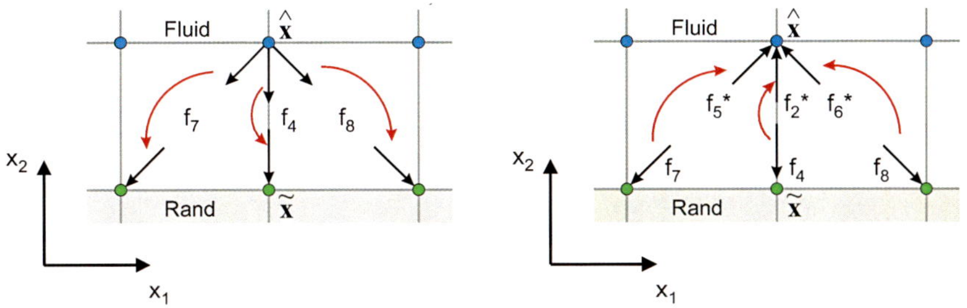

(a) Für die zum Rand gerichteten Komponenten der Verteilungsdichte ist eine gesonderte Propagationsregel nötig.

(b) Die Richtung der Komponenten wird umgekehrt, sodass sie an ihrem Ursprungsknoten auftreffen.

Abbildung 4.4: Propagationsvorschrift der Haftrandbedingung an dem wandnahen Knoten $\hat{\boldsymbol{x}}$. Blau: Fluidknoten; Grün: Solidknoten mit Haftrandbedingung.

zweiter Ordnung der Verteilungskomponenten vorgestellt:

$$f_{i'}\left(t+\Delta t, \hat{\boldsymbol{x}}\right) = \frac{1}{3} f_i\left(t, \hat{\boldsymbol{x}}\right) + f_{i'}\left(t, \hat{\boldsymbol{x}}\right) + \frac{1}{3} f_{i'}\left(t, \hat{\boldsymbol{x}} - \Delta t \boldsymbol{\xi}_i\right). \tag{4.40}$$

Es wird dabei vorausgesetzt, dass für die Verteilungsfunktionen auf der rechten Seite der Gleichungen (4.39) bzw. (4.40) noch keine Propagation durchgeführt wurde.

Die Realisierung der Einlassrandbedingung für das Lattice-Boltzmann-Verfahren basiert auf der Haftrandbedingung (4.40). Die Bedingung wird nach Bouzidi et al. um einen zusätzlichen Term erweitert, um am Einlass ein makroskopisches Strömungsprofil $\boldsymbol{v}_{\mathrm{EL}}\left(\boldsymbol{x}\right)$ aufzuprägen. Zusätzlich wird ein konstanter Druck vorgegeben. Mit den Faktoren $\beta_i^{\mathrm{Dd Q}k}$

$$\text{2D:} \quad \beta_i^{\mathrm{D2Q9}} = \begin{cases} 0 & i=0 \\ \frac{1}{3} & i=1,2,3,4 \\ \frac{1}{12} & i=5,6,7,8 \end{cases} \qquad \text{3D:} \quad \beta_i^{\mathrm{D3Q19}} = \begin{cases} \frac{1}{3} & i=0 \\ \frac{1}{18} & i=1,\dots,6 \\ \frac{1}{36} & i=7,\dots,18 \end{cases} \tag{4.41}$$

lautet der zusätzliche Term nach Bouzidi et al. [13]:

$$\Delta f_{i'} = \frac{2}{3} \beta_i^{\mathrm{Dd Q}k} \boldsymbol{\xi}_i \boldsymbol{v}_{\mathrm{EL}}\left(\hat{\boldsymbol{x}} + \boldsymbol{\xi}_i\right), \tag{4.42}$$

wobei die Funktion $\boldsymbol{v}_{\mathrm{EL}}\left(\boldsymbol{x}\right)$ frei gewählt werden kann.

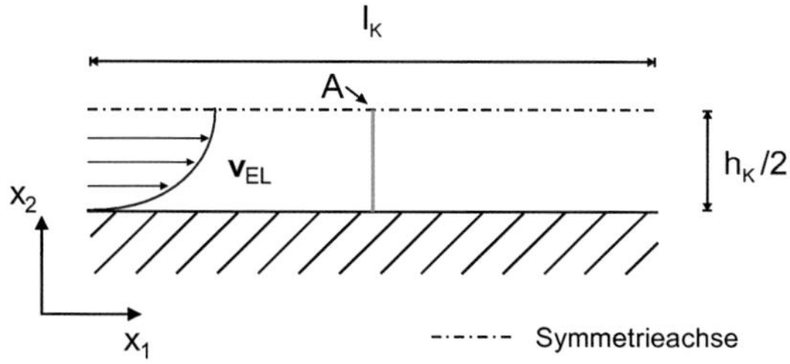

Abbildung 4.5: Berechnungsgebiet für die laminare ausgebildete Kanalströmung in 2D. Im Schnitt A wird die numerische Lösung des Strömungsprofils mit der analytischen Lösung verglichen.

4.2.10 Validierung

Poiseuille-Strömung

Als erster Testfall für das Lattice-Boltzmann-Verfahren dient eine laminare ausgebildete ebene Kanalströmung in 2D. Es wird angenommen, dass zwei ortsfeste parallele Platten mit dem Abstand h_K in x_1-Richtung durchströmt werden. Beide Platten sind quer zur Strömungsrichtung unendlich ausgedehnt. Die Strömung wird nachfolgend auf der Länge l_K betrachtet, wobei das Berechnungsgebiet in Abbildung 4.5 dargestellt ist. Für den hier vorgestellten Fall kann eine analytische Lösung aus den Navier-Stokes-Gleichungen hergeleitet werden, da die Komponente des Geschwindigkeitsvektors quer zur Hauptströmungsrichtung v_2 gleich null ist und für die Randbedingungen nach Voraussetzung $v_1(x_2 = 0) = v_1(x_2 = h_\mathrm{K}) = 0$ gilt. Nach Spurk [117] gilt für das laminare Strömungsprofil:

$$v_1(x_2) = -\frac{\partial p}{\partial x_1}\frac{h_\mathrm{K} x_2}{2\mu}\left(1 - \frac{x_2}{h_\mathrm{K}}\right), \tag{4.43}$$

wobei der Druckgradient $\partial p/\partial x_1$ konstant ist. Für den spezifischen Volumenstrom $\dot{V}$ in dem betrachteten Gebiet ergibt sich nach Spurk:

$$\bar{v}_1 = \dot{V}/h_\mathrm{K} = \frac{1}{h_\mathrm{K}}\int\limits_0^{h_\mathrm{K}} v_1(x_2)\,\mathrm{d}\,x_2 = -\frac{\partial p}{\partial x_1}\frac{h_\mathrm{K}^2}{12\mu}. \tag{4.44}$$

Aus dieser Gleichung erhält man eine Bestimmungsgleichung für den Druckverlust, der sich über der Länge l_K einstellt:

$$-\frac{\partial p}{\partial x_1} = \frac{p(0) - p(l_\mathrm{K})}{l_\mathrm{K}} = \frac{\Delta p}{l_\mathrm{K}} = \frac{12\mu\bar{v}_1}{h_\mathrm{K}^2}. \tag{4.45}$$

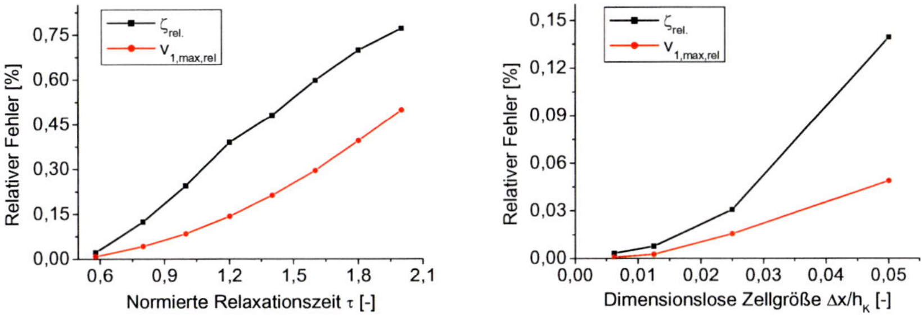

(a) Einfluss der Relaxationszeit. (b) Einfluss der Auflösung $\Delta x/h_{\mathrm{K}}$.

Abbildung 4.6: Poiseuille-Strömung: Relative Abweichung zwischen analytischer und numerischer Lösung für die Verlustziffer ζ und für die maximale Strömungsgeschwindigkeit in Hauptströmungsrichtung $v_{1,\max}$. Parameter siehe Tabelle C.1.

Damit ergibt sich die analytische Lösung für das Geschwindigkeitsprofil in Abhängigkeit von der mittleren Geschwindigkeit $\bar{v}_1$:

$$v_1(x_2) = \frac{6\bar{v}_1 x_2}{h_{\mathrm{K}}}\left(1 - \frac{x_2}{h_{\mathrm{K}}}\right). \tag{4.46}$$

Um bessere Vergleichsmöglichkeiten für die betrachtete Kanalströmung zu haben, wird hier die Verlustziffer ζ, d.h. der dimensionslose Druckabfall betrachtet. Mit Hilfe der Gleichung (4.45) und der Kanal-Reynolds-Zahl

$$\mathrm{Re}_{\mathrm{K}} = \frac{|\bar{\boldsymbol{v}}_{\mathrm{EL}}| h_{\mathrm{K}}}{\nu} \tag{4.47}$$

folgt für den laminaren Bereich:

$$\zeta = \frac{\Delta p}{\frac{\rho}{2}\bar{v}_1^2} = \frac{l_{\mathrm{K}}}{h_{\mathrm{K}}} \frac{24\mu}{\bar{v}_1 h_{\mathrm{K}} \rho}. \tag{4.48}$$

Zur Validierung des Berechnungsschemas werden die numerischen Ergebnisse bzgl. der Strömungsgeschwindigkeit $\boldsymbol{v}_{\mathrm{LB}}$ und dem dimensionslosen Druckabfall ζ_{LB} mit den analytischen Lösungen $\boldsymbol{v}_{\mathrm{ex}}$ und ζ_{ex} verglichen, indem die relativen Abweichungen

$$\boldsymbol{v}_{\mathrm{rel}} = \frac{|\boldsymbol{v}_{\mathrm{ex}} - \boldsymbol{v}_{\mathrm{LB}}|}{\boldsymbol{v}_{\mathrm{ex}}} \quad \text{und} \quad \zeta_{\mathrm{rel}} = \frac{|\zeta_{\mathrm{ex}} - \zeta_{\mathrm{LB}}|}{\zeta_{\mathrm{ex}}} \tag{4.49}$$

berechnet werden. Um bei der Validierung einerseits den Speicher- und Rechenzeitbedarf bei einer hohen Auflösung zu reduzieren und andererseits die Qualität der numerischen Lösung am Symmetrierand zu testen, wird im Folgenden die laminare

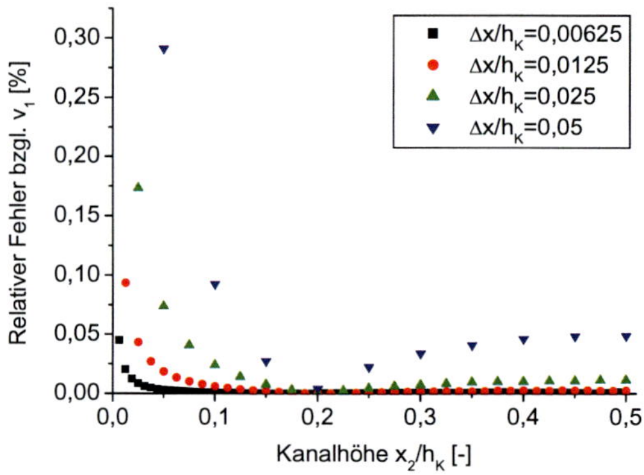

Abbildung 4.7: Einfluss der Auflösung für den ebenen Kanal: Relative Abweichung des Geschwindigkeitsprofils zur analytischen Lösung in Abhängigkeit von der Kanalhöhe h_K im Schnitt A (siehe Abbildung 4.5). Parameter siehe Tabelle C.1.

Strömung in einem Kanal mit Symmetrieachse in der Kanalmitte simuliert (siehe Abbildung 4.5). Der hier betrachtete Kanal wird in der Höhe mit zehn Zellen für die gröbste Diskretisierung aufgelöst, was mindestens 20 Zellen effektive Auflösung für den gesamten Kanal entspricht.

Die Auswirkung der normierten Relaxationszeit τ auf die Verlustziffer ζ und die maximale Geschwindigkeit $v_{1,\mathrm{max}}$ ist in Abbildung 4.6(a) illustriert. Der relative Fehler steigt in beiden Fällen mit zunehmender Relaxationszeit, überschreitet den Wert von 1 % aber nicht, und liegt für $\tau = 0{,}6$ bei unter 0,02 %. Aus Gleichung (4.37) und der Bedingung $\nu > 0$ für die kinematische Viskosität folgt eine untere Schranke für die Relaxationszeit von $\tau_0 > 1/2$. Das Lattice-Boltzmann-Verfahren verliert an Stabilität, wenn τ zu nah an τ_0 gewählt wird. Auf der anderen Seite nimmt die Konvergenzgeschwindigkeit des Verfahrens mit steigender Relaxationszeit ab, sodass mit $\tau = 0{,}6$ ein guter Kompromiss zwischen Stabilität und Rechenzeitbedarf für alle weiteren Rechnungen gewählt wird.

In Abbildung 4.6(b) ist der relative Fehler für die Verlustziffer ζ und die maximale Geschwindigkeit $v_{1,\mathrm{max}}$ bzgl. der Hauptströmungsrichtung in Abhängigkeit von der Auflösung $\Delta x/h_\mathrm{K}$ dargestellt. Die maximale Geschwindigkeit wird hierbei auf der Symmetrieachse angenommen. In allen vier Fällen bleibt der relative Fehler deutlich unter 1 %. Außerdem kann man erkennen, dass eine Verfeinerung der Gitterzellen von $\Delta x/h_\mathrm{K} = \frac{1}{80}$ auf $\Delta x/h_\mathrm{K} = \frac{1}{160}$ einen wesentlich geringeren Einfluss auf die Lösungsqualität als die Verfeinerung von $\Delta x/h_\mathrm{K} = \frac{1}{20}$ auf $\Delta x/h_\mathrm{K} = \frac{1}{40}$ hat.

Der Einfluss der Auflösung an der Stelle A auf das Geschwindigkeitsprofil ist in Abbildung 4.7 dargestellt. Auch hier ist der relative Fehler kleiner als 1 %, wobei die Abweichung in Wandnähe für alle Auflösungen größer als in der Kanalmitte ist und mit zunehmender Auflösung kleiner wird.

Um den Einfluss der Strömungsgeschwindigkeit auf die Genauigkeit des numerischen Verfahrens abschätzen zu können, wurden zusätzlich vier Rechnungen für verschiedene mittlere Strömungsgeschwindigkeiten bei $\Delta x/h_\mathrm{K} = \frac{1}{80}$ und $\tau = 0{,}6$ durchgeführt. Die resultierenden Reynolds-Zahlen lagen hierbei in dem Intervall $\mathrm{Re} \in [0{,}001; \ldots; 1]$, und es konnte keine signifikante Abhängigkeit von der numerischen Lösung von der Strömungsgeschwindigkeit festgestellt werden. Der relative Fehler bzgl. $v_{1,\mathrm{max}}$ und ζ war auch in diesem Fall sehr gering und lag bei weniger als 0,012 % und 0,031 %.

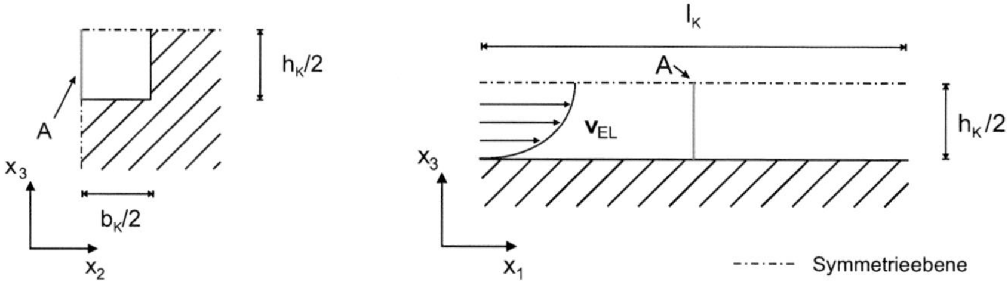

(a) Draufsicht. (b) Seitenansicht. Anströmung von links.

Abbildung 4.8: Berechnungsgebiet für die Durchströmung eines Kanals mit rechteckigem Querschnitt. Im Schnitt A wird die numerische Lösung des Strömungsprofils mit der analytischen Lösung verglichen.

Rechteckiger Kanal

Als zweiter Testfall wird die dreidimensionale laminare ausgebildete Strömung in einem Kanal mit rechteckigem Querschnitt auf der Länge l_K betrachtet. Die Breite wird mit b_K und die Höhe mit h_K bezeichnet (siehe Abbildung 4.8). Auch für diesen Testfall gibt es analog zum ebenen Kanal eine analytische Lösung des Randwertproblems und man erhält nach Spurk [117]:

$$v_1(x_2,x_3) = 2\bar{v}_1 \left(h_\mathrm{K}^2 \left(\frac{1}{3} - \frac{64 h_\mathrm{K}}{\pi^5 b_\mathrm{K}} \sum_{n=1}^{\infty} \frac{\tanh\left(\frac{\pi b_\mathrm{K}}{2h_\mathrm{K}}(2n-1)\right)}{(2n-1)^5} \right) \right)^{-1} \Bigg(x_3(h_\mathrm{K}-x_3) + \frac{8}{h_\mathrm{K}} \sum_{n=1}^{\infty} \frac{(-1)^n}{\left(\frac{\pi}{h_\mathrm{K}}(2n-1)\right)^3} \frac{\cosh\left(\frac{\pi(x_2-b_\mathrm{K}/2)}{h_\mathrm{K}}(2n-1)\right)}{\cosh\left(\frac{\pi b_\mathrm{K}}{2h_\mathrm{K}}(2n-1)\right)} \cos\left(\frac{\pi(x_3-h_\mathrm{K}/2)}{h_\mathrm{K}}(2n-1)\right) \Bigg) . \tag{4.50}$$

Mit $d_\mathrm{h} = 2h_\mathrm{K}b_\mathrm{K}/(h_\mathrm{K}+b_\mathrm{K})$ lässt sich die Verlustziffer durch

$$\zeta = \frac{8 l_\mathrm{K} \mu}{h_\mathrm{K}^2 \rho \bar{v}_1 \left(\frac{1}{3} - \frac{64 h_\mathrm{K}}{\pi^5 b_\mathrm{K}} \sum_{n=1}^{\infty} \frac{\tanh\left(\frac{\pi b_\mathrm{K}}{2h_\mathrm{K}}(2n-1)\right)}{(2n-1)^5} \right)} \overset{h_\mathrm{K}=b_\mathrm{K}}{\approx} \frac{l_\mathrm{K}}{d_\mathrm{h}} \frac{56{,}91}{\mathrm{Re}_\mathrm{h}} \tag{4.51}$$

berechnen.

Für das Verhältnis $\alpha_\mathrm{K} = b_\mathrm{K}/h_\mathrm{K} = 1$ zeigt der Vergleich der numerischen Lösung mit dem analytischen Resultat in Abbildung 4.9 bzgl. der maximalen Strömungsgeschwindigkeit $v_{1,\mathrm{max}}$ und des dimensionslosen Druckabfalls ζ eine sehr gute Übereinstimmung. Erst ab einer Relaxationszeit von $\tau \geq 1{,}8$ steigt der relative Fehler in

α_K	$v_{1,max,rel}$ [%]	ζ_{rel} [%]
0,2	0,035	0,112
0,4	0,053	0,157
0,6	0,023	0,223
0,8	0,016	0,656
1,0	0,014	0,108

Tabelle 4.1: Strömung in Kanälen mit rechteckigem Querschnitt: Relative Abweichung von ζ und $v_{1,max}$ zur analytischen Lösung in Abhängigkeit von dem Seitenverhältnis α_K. Parameter siehe Tabelle C.2.

beiden Fällen auf knapp über 1 %. Auch das Geschwindigkeitsprofil, das mit dem Lattice-Boltzmann-Verfahren berechnet wurde, zeigt im Schnitt A (siehe Abbildung 4.8) nur geringe Abweichungen zur analytischen Lösung, wie in Abbildung 4.10 ersichtlich ist. Der relative Fehler wird wie beim ebenen Kanal an der Wand ($x_2 = b_K/2$, $x_3 = 0$) maximal. In der Mitte des Kanals ($x_2 = b_K/2$, $x_3 = h_K/2$) ist dagegen die Abweichung sehr gering.

Die relativen Abweichungen sind für verschiedene Verhältnisse α_K in Tabelle 4.1 aufgeführt. Die relativen Fehler ζ_{rel} und $v_{1,max,rel}$ sind sehr gering, wobei die maximale Geschwindigkeit erneut mit geringerer Unsicherheit als die Verlustziffer berechnet wird.

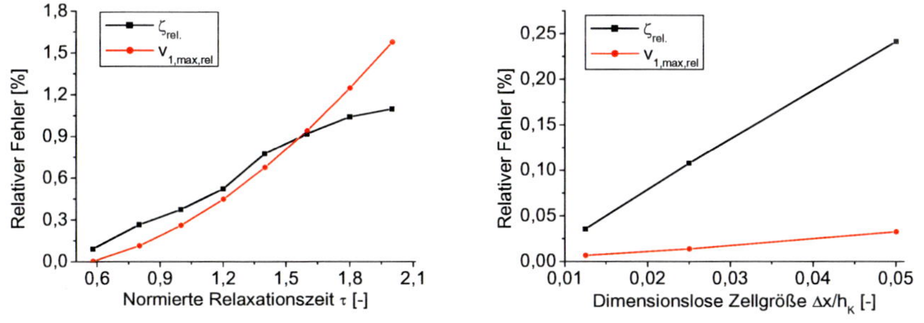

(a) Einfluss der normierten Relaxationszeit.

(b) Einfluss der dimensionslosen Auflösung $\Delta x/h_K$.

Abbildung 4.9: Strömung in Kanälen mit quadratischem Querschnitt: Relative Abweichung von ζ und $v_{1,max}$ zur analytischen Lösung. Parameter siehe Tabelle C.2.

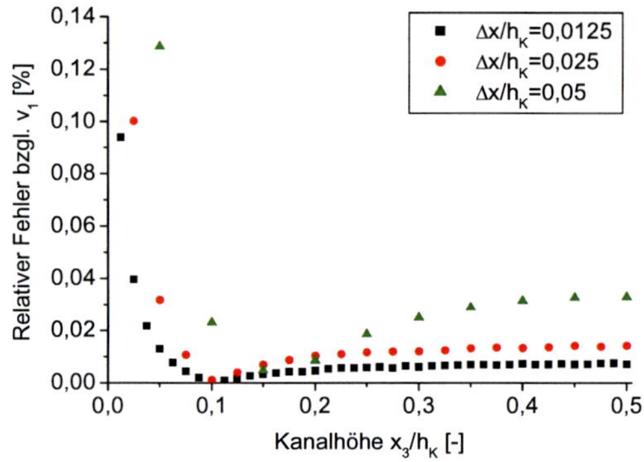

Abbildung 4.10: Einfluss der Auflösung für den Kanal mit quadratischem Querschnitt: Relative Abweichung des Geschwindigkeitsprofils zur analytischen Lösung in Abhängigkeit von der Kanalhöhe h_{K} im Schnitt A (siehe Abbildung 4.8). Parameter siehe Tabelle C.2.

Fazit der Validierung

Zusammenfassend ist zu bemerken, dass das implementierte Berechnungsverfahren im äquidistanten Fall sowohl in zwei als auch in drei Raumdimensionen ab einer Auflösung von $\Delta x/h_{\mathrm{K}} = \frac{1}{20}$ gute Resultate bzgl. des Druckverlusts und Profils der Strömungsgeschwindigkeit liefert. Die Genauigkeit und die Stabilität der numerischen Untersuchungen hängt dabei auch von der Relaxationszeit τ ab. Für alle weiteren Simulationen der kontinuierlichen Phase wird $\tau = 0{,}6$ verwendet.

4.3 Stokes-Brinkmann-Gleichung

Bisher wurde in dieser Arbeit angenommen, dass das Berechnungsgebiet entweder aus ungehindert durchströmbaren Fluid-Regionen oder nicht durchströmbaren Solid-Regionen besteht. In diesem Abschnitt wird deshalb die Stokes-Brinkmann-Gleichung zur Behandlung vermindert durchströmbarer Gebiete vorgestellt. Neben den Grundlagen werden die numerische Umsetzung und die Validierung anhand analytisch lösbarer Beispiele präsentiert.

4.3.1 Grundlagen

Um auch Strömungen durch Gebiete mit verminderter Durchströmbarkeit simulieren zu können, wird hier die Brinkmann-Gleichung [14] eingeführt. Zur Beschreibung dieser Durchströmbarkeit wird als zusätzlicher Parameter die Permeabilität $\boldsymbol{K}$ eingeführt. Im allgemeinen dreidimensionalen Fall ist $\boldsymbol{K}$ ein Tensor zweiter Stufe:

$$\boldsymbol{K} = \begin{pmatrix} K_{1,1} & K_{1,2} & K_{1,3} \\ K_{2,1} & K_{2,2} & K_{2,3} \\ K_{3,1} & K_{3,2} & K_{3,3} \end{pmatrix}, \tag{4.52}$$

wobei $\boldsymbol{K}$ für den Fall kleiner Reynolds-Zahlen durch das Gesetz von Darcy beschrieben werden kann:

$$\bar{\boldsymbol{v}} = -\frac{\boldsymbol{K}\nabla_{\boldsymbol{x}} p}{\mu}. \tag{4.53}$$

Hierbei bezeichnet $\bar{\boldsymbol{v}}$ die auf das Volumen gemittelte Geschwindigkeit $\boldsymbol{v}$. Ausgehend von einer schleichenden Strömung wird in den inkompressiblen Navier-Stokes-Gleichungen (4.8) die Trägheit vernachlässigt, und man erhält zunächst die Stokes-Gleichung:

$$\nabla_{\boldsymbol{x}} p = \mu \Delta \boldsymbol{v} + \boldsymbol{F} \tag{4.54}$$

$$\nabla_{\boldsymbol{x}} \cdot \boldsymbol{v} = 0. \tag{4.55}$$

Unter Berücksichtigung des zusätzlichen Strömungswiderstands lauten die Gleichungen dann nach Brinkmann [14]:

$$\nabla_{\boldsymbol{x}} p = \mu \left(\Delta \bar{\boldsymbol{v}} - \boldsymbol{K}^{-1} \bar{\boldsymbol{v}} \right) \tag{4.56}$$

$$\nabla_{\boldsymbol{x}} \cdot \bar{\boldsymbol{v}} = 0. \tag{4.57}$$

In Abbildung 4.11 ist die analytische Lösung des Geschwindigkeitsprofils bzgl. v_1 für die Durchströmung eines ebenen Kanals für drei Permeabilitäten dargestellt. Die Einheit der Permeabilität wird mit D (Darcy) bezeichnet, und es gilt:

$$1 \text{ D} = 9{,}86923 \times 10^{-13} \text{ m}^2. \tag{4.58}$$

Die für diese Darstellung verwendete analytische Lösung wird im Abschnitt 4.3.3 vorgestellt. Zusätzlich ist das Parabelprofil im Falle der ungehinderten Durchströmbarkeit $K = \infty$ des Kanals abgebildet. Während das Profil für $K = 100$ D nur wenig von dem Grenzfall $K = \infty$ abweicht, weisen die anderen beiden Profile eine Pfropfenform auf. Die Lösung für $K = 0{,}01$ D entspricht bis auf den Verlauf in den unmittelbaren Randbereichen im Wesentlichen einer Blockströmung.

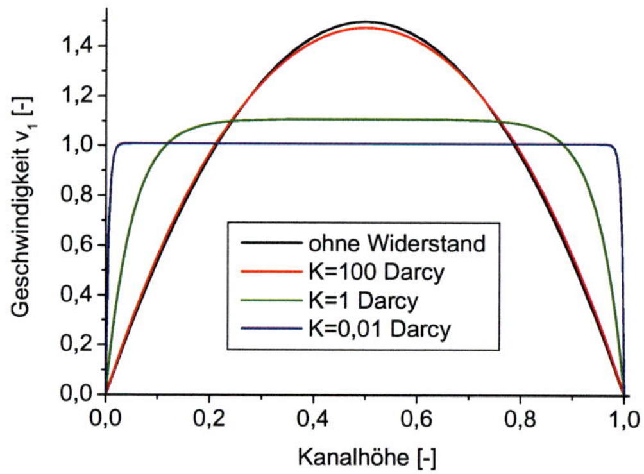

Abbildung 4.11: Analytische Lösung des Geschwindigkeitsprofils bzgl. v_1 für die Durchströmung eines ebenen Kanals für verschiedene Permeabilitäten K und Vergleich mit der freien Durchströmung (schwarze Linie).

4.3.2 Numerische Umsetzung

Im Folgenden wird die Permeabilität in Richtung der positiven x_1-Achse betrachtet. Der Tensor $\boldsymbol{K}$ reduziert sich damit zu $\boldsymbol{K} = K_{1,1}E$, wobei E die Einheitsmatrix bezeichnet, und wird mit K abgekürzt. Für die Einbindung des zusätzlichen Strömungswiderstands in das Lattice-Boltzmann-Verfahren wird wie in den Arbeiten von Spaid und Phelan [115, 116] die makroskopische Geschwindigkeit $\boldsymbol{v}$ in der Gleichgewichtsverteilung (4.29) durch

$$\tilde{\boldsymbol{v}}(\boldsymbol{x},t) = \boldsymbol{v}(\boldsymbol{x},t) + \frac{\tau \boldsymbol{F}(\boldsymbol{x},t)}{\rho(\boldsymbol{x},t)} \tag{4.59}$$

ersetzt. D. h. es wird für die Gebiete mit verminderter Durchlässigkeit ein Term hinzugefügt, durch den eine zusätzliche Kraft induziert wird. Damit wird zwar der Impuls verringert jedoch die Richtung des Impulses beibehalten. Um die Gültigkeit der Brinkmann-Gleichung sicherzustellen, ist $\boldsymbol{F}$ als

$$\boldsymbol{F}(\boldsymbol{x},t) = -\frac{\nu}{K}\rho(\boldsymbol{x},t)\,\boldsymbol{v}(\boldsymbol{x},t) \tag{4.60}$$

zu wählen. Die resultierende Gleichung für die modifizierte makroskopische Geschwindigkeit lautet damit:

$$\tilde{\boldsymbol{v}}(\boldsymbol{x},t) = \boldsymbol{v}(\boldsymbol{x},t)\left[1 - \chi(\boldsymbol{x})\frac{\tau\nu}{K}\right]. \tag{4.61}$$

$\chi(\boldsymbol{x})$ bezeichnet hierbei die Indikatorfunktion, die den Wert $\chi(\boldsymbol{x}) = 0$ annimmt, falls es sich bei $\boldsymbol{x}$ um einen Gitterpunkt handelt, der in einer frei durchströmbaren

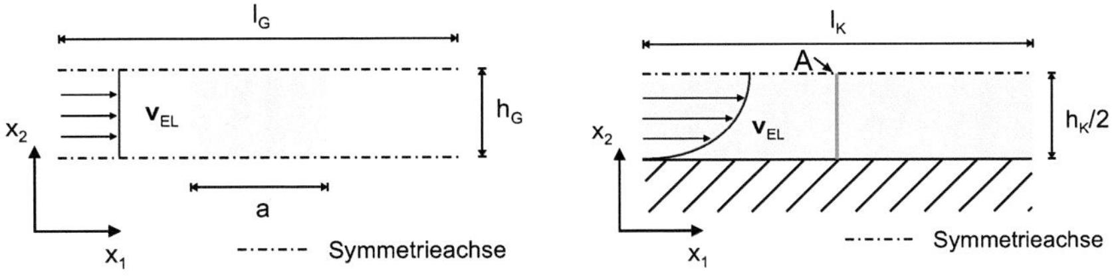

(a) Symmetrierandbedingung. (b) Haftrandbedingung.

Abbildung 4.12: Berechnungsgebiet für die Durchströmung eines Bereichs verminderter Permeabilität.

Region liegt. Die Gleichgewichtsverteilung des Lattice-Boltzmann-Verfahrens wird in diesem Fall nicht beeinflusst. Befindet sich der Knoten $\boldsymbol{x}$ in einem Bereich mit verminderter Durchlässigkeit, gilt $\chi(\boldsymbol{x}) = 1$.

4.3.3 Validierung und Vergleich mit analytischer Lösung

Für die Validierung der Durchströmung werden zwei Testfälle betrachtet: zunächst die freie Anströmung einer Schicht mit verminderter Permeabilität in der Mitte des Berechnungsgebiets (siehe 4.12(a)) und anschließend eine ebene Kanalströmung mit verminderter Permeabilität im gesamten Berechnungsgebiet und Haftrandbedingung (siehe 4.12(b)).

Freie Anströmung eines Gebiets verminderter Permeabilität

Der erste Testfall ist deshalb von Interesse, weil sich eine direkte Vergleichsmöglichkeit mit der analytischen Lösung durch das Gesetz von Darcy ergibt. In Tabelle 4.2 ist der Einfluss der Strömungsgeschwindigkeit auf den relativen Fehler

$$K_{\text{rel}} = \frac{|K_{\text{ex}} - K_{\text{LB}}|}{K_{\text{ex}}} \tag{4.62}$$

zu sehen. Für Geschwindigkeiten $v_1(\boldsymbol{x}) \leq 1\,\text{m/s}$ liegt der Fehler unter 0,045 % und hat damit keinen signifikanten Einfluss auf die Permeabilität. Für höhere Strömungsgeschwindigkeiten steigt der Einfluss auf den relativen Fehler zwar an, die relative Abweichung bleibt jedoch selbst für $v_1(\boldsymbol{x}) = 10\,\text{m/s}$ noch unter 1 %. In darüber hinausgehenden Simulationen hat sich etwa ab $v_1(\boldsymbol{x}) \geq 100\,\text{m/s}$ eine Abweichung der simulierten von der analytischen Permeabilität von mehr als 5 %

gezeigt. Bei den in dieser Arbeit betrachteten Fällen liegt die lokale Geschwindigkeit immer unter $|\boldsymbol{v}(\boldsymbol{x})| = 10\,\mathrm{m/s}$. Damit kann davon ausgegangen werden, dass die Strömungsgeschwindigkeit keinen oder nur einen sehr geringen Einfluss auf die berechnete Permeabilität hat. In der zweiten Spalte in Tabelle 4.3 ist die relative Abweichung für unterschiedliche Permeabilitäten aufgetragen. Die Abweichung liegt für alle Permeabilitäten deutlich unter 1 %, d. h. auch für diesen Parameter kann ein signifikanter Fehlereinfluss ausgeschlossen werden.

Durchströmung eines ebenen Kanals verminderter Permeabilität

Für den zweiten Testfall wird eine laminare ausgebildete Strömung in einem ebenen Kanal, der vermindert durchströmbar ist, betrachtet. Für das Strömungsprofil gilt nach der Arbeit von Belov et al. [6] unter Verwendung der Permeabilität K:

$$v_1(x_2) = -\frac{K}{\mu}\frac{\partial p}{\partial x_1}\left(1 - \frac{\cosh\left(K^{-1/2}\left(x_2 - \frac{h_\mathrm{K}}{2}\right)\right)}{\cosh\left(K^{-1/2}\frac{h_\mathrm{K}}{2}\right)}\right). \tag{4.63}$$

Analog zur ebenen Kanalströmung in Abschnitt 4.2.10 kann der Druckgradient aus der Gleichung für den Volumenstrom bestimmt werden, wobei $\frac{\partial p}{\partial x_1} = -\frac{\Delta p}{l_\mathrm{K}} = \mathrm{const}$ angenommen wird. Es folgt damit nach Belov et al. [6] analog zu dem Vorgehen in Abschnitt 4.2.10:

$$v_1(x_2) = \bar{v}_1\left(1 - \frac{\cosh\left(K^{-1/2}\left(x_2 - \frac{h_\mathrm{K}}{2}\right)\right)}{\cosh\left(K^{-1/2}\frac{h_\mathrm{K}}{2}\right)}\right)\frac{h_\mathrm{K}K^{-1/2}\left(\mathrm{e}^{h_\mathrm{K}K^{-1/2}}+1\right)}{\mathrm{e}^{h_\mathrm{K}K^{-1/2}}\left(h_\mathrm{K}K^{-1/2}-2\right)+h_\mathrm{K}K^{-1/2}+2}. \tag{4.64}$$

Geschwindigkeit $\boldsymbol{v}_1$ [m/s]	K_rel [%]
0,1	0,045
0,5	0,019
1,0	0,006
5,0	0,259
10,0	0,526

Tabelle 4.2: Validierung der Durchströmung von Gebieten verminderter Permeabilität mit Symmetrierandbedingung: relativer Fehler bzgl. der Permeabilität für unterschiedliche Strömungsgeschwindigkeiten. Parameter siehe Tabelle C.3.

Permeabilität [D]	Symmetrie-RB, K_{rel} [%]	Haft-RB, ζ_{rel} [%]
0,01	0,1965	0,1073
0,1	0,1682	0,0118
1,0	0,0600	0,0229
10,0	0,1020	0,0928
100,0	0,1241	0,1100

Tabelle 4.3: Strömung im ebenen Kanal mit verminderter Permeabilität (Symmetrie- und Haftrandbedingung): relative Abweichung von K und ζ zur analytischen Lösung in Abhängigkeit von K. Parameter siehe Tabelle C.3.

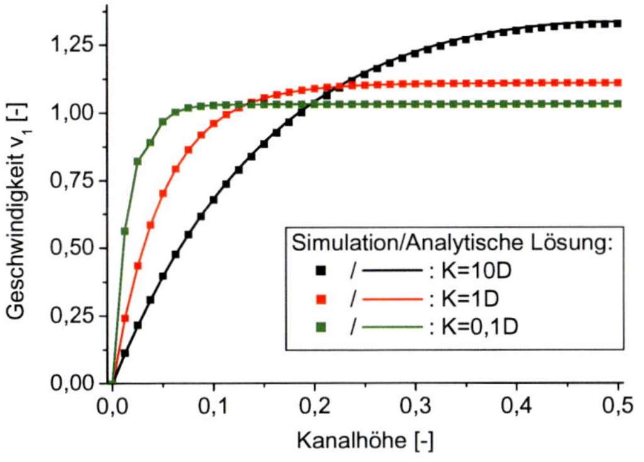

Abbildung 4.13: Vergleich der analytischen und numerischen Lösung für das Geschwindigkeitsprofil A bei der Durchströmung eines ebenen Kanals mit verschiedenen Permeabilitäten (siehe Abbildung 4.12(b)). Parameter siehe Tabelle C.3.

Für den dimensionslosen Druckabfall ergibt sich damit

$$\zeta = \frac{\Delta p}{\frac{\rho}{2}\bar{v}_1^2} = 2\frac{\mu l_{\text{K}}}{K\bar{v}_1\rho}\frac{h_{\text{K}}K^{-1/2}\left(\mathrm{e}^{h_{\text{K}}K^{-1/2}}+1\right)}{\mathrm{e}^{h_{\text{K}}K^{-1/2}}\left(h_{\text{K}}K^{-1/2}-2\right)+h_{\text{K}}K^{-1/2}+2}. \tag{4.65}$$

Der Vergleich zwischen dem analytisch und numerisch bestimmten Strömungsprofil im Schnitt A (siehe Abbildung 4.12(b)) ist in Abbildung 4.13 dargestellt. Insgesamt kann eine sehr gute quantitative Übereinstimmung festgestellt werden. In der Kanalmitte bleibt die relative Abweichung der Lösungen in allen drei Fällen unter $v_{1,\text{rel}} < 0{,}2\,\%$, am Rand steigt er höchstens auf $v_{1,\text{rel}} < 1{,}0\,\%$. Als zweiter Vergleich wird in der dritten Spalte der Tabelle 4.3 der relative Fehler des dimensionslosen Druckabfalls in Abhängigkeit von der Permeabilität dargestellt. Auch hier ist eine sehr gute Übereinstimmung von analytischen und simulierten Werten zu erkennen.

Der relative Fehler bzgl. des dimensionslosen Druckabfalls ζ in Abhängigkeit von der mittleren Anströmgeschwindigkeit $\boldsymbol{v}_{\mathrm{EL}}$ ist ebenfalls sehr gering. Für eine Reynolds-Zahl von 0,001 und 0,01 liegt ζ_{rel} bei 0,0133 % und 0,0125 %. Steigt die Reynolds-Zahl auf 0,1 und 1, gilt $\zeta_{\mathrm{rel}} = 0{,}0118\,\%$ und $\zeta_{\mathrm{rel}} = 0{,}009\,\%$.

Fazit der Validierung

Insgesamt lässt sich folgern, dass mit dem implementierten Lattice-Boltzmann-Verfahren und der Erweiterung um die Brinkmann-Gleichung vermindert durchströmbare Regionen mit ausreichender Genauigkeit für verschiedene Permeabilitäten K und Anströmgeschwindigkeiten $\boldsymbol{v}_{\mathrm{EL}}$ simuliert werden können. Zudem wurde gezeigt, in welchem Bereich die Permeabilität bei der Durchströmung eines ebenen Kanals variiert werden muss, damit sich das Profil einem der beiden Grenzfälle (freie Durchströmung bzw. Pfropfenströmung) annähert.

4.4 Lattice-Boltzmann-Verfahren auf nicht-äquidistanten Berechnungsgittern

Nachdem die theoretischen Grundlagen, die numerische Umsetzung und die Validierung des Lattice-Boltzmann-Verfahrens in Abschnitt 4.2 für äquidistante Berechnungsgebiete beschrieben worden ist, wird das Verfahren in diesem Abschnitt auf nicht-äquidistante Gitter erweitert. Damit wird die Voraussetzung geschaffen, die Strömung für aufwachsende Partikelstrukturen mit der zur Verfügung stehenden Rechenkapazität simulieren zu können.

4.4.1 Motivation

Die Basis für das Berechnungsgitter bilden auch im nicht-äquidistanten Fall quadratische bzw. kubische Gitterzellen, um die wesentliche Struktur des D2Q9- bzw. D3Q19-Ansatzes auch für lokal höher aufgelöste Bereiche des Berechnungsgebiets anwenden zu können. Gebiete mit höherer Auflösung können dabei sowohl vor Beginn der Strömungsberechnung definiert werden als auch während der Berechnung erzeugt werden.

Aus den Voraussetzungen an die Diskretisierung der mikroskopischen Geschwindigkeit ergibt sich unmittelbar eine Verfeinerungsstrategie: Falls eine Gitterzelle um eine Stufe verfeinert werden soll, wird diese Zelle im zweidimensionalen Fall in vier und im dreidimensionalen Fall in acht neue Zellen unterteilt. Die Kanten

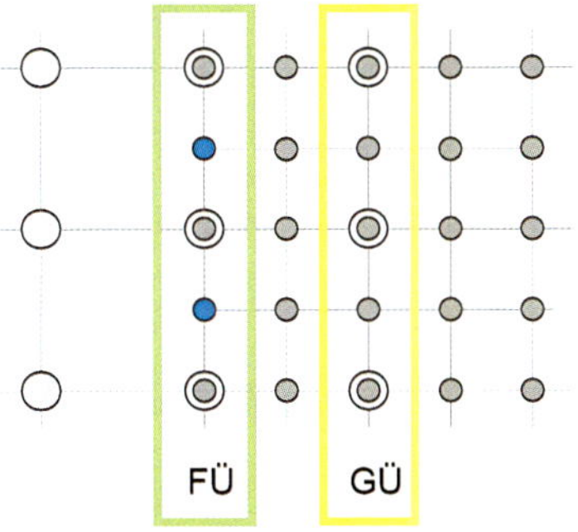

Abbildung 4.14: Übergang zwischen feinem und grobem Gitter: grober (gelb) und feiner (grün) Übergang mit hängenden Knoten (blau).

der Ursprungszelle werden hierbei halbiert. Die numerische Strömungsberechnung wird jeweils nur auf den lokal feinsten Gitterknoten durchgeführt. Das Potential dieses nicht-äquidistanten Ansatzes liegt darin, Gitterzellen mehrfach verfeinern zu können.

Der Übergang zwischen Gittern mit zwei verschiedenen Auflösungen ist exemplarisch in Abbildung 4.14 veranschaulicht. An diesem Übergang überschneiden sich das feine und grobe Gitter um zwei feine bzw. eine grobe Zelle. Das Rechengitter lässt sich deshalb in unterschiedliche Bereiche unterteilen. Der grün markierte und mit FÜ gekennzeichnete feine Übergang grenzt an das grobe Gitter und der gelb markierte und mit GÜ bezeichnete grobe Übergang grenzt an das Gebiet mit höherer Auflösung. Der feine und grobe Übergang enthalten hierbei sowohl einfache Knoten beider Auflösungen als auch so genannte doppelte Knoten, an denen Verteilungsfunktionen für beide Gitterniveaus bereitgestellt werden. Die Datenkommunikation zwischen Bereichen unterschiedlicher Auflösung wird über den Übergang organisiert und wird in den folgenden Abschnitten näher ausgeführt.

4.4.2 Diskretisierung

Ausgehend von der gröbsten Auflösung Δx_0, für die das Lattice-Boltzmann-Verfahren mit dem Zeitschritt Δt_0 ausgeführt wird, ergibt sich für die Kantenlänge einer Zelle und des dazugehörigen Zeitschritts des n-ten Gitterniveaus:

$$\Delta x_n = \Delta x_0 \left(\frac{1}{2}\right)^n \qquad \Delta t_n = \Delta t_0 \left(\frac{1}{2}\right)^n \qquad \text{für } n = 0, \ldots, N, \tag{4.66}$$

wobei Δx_N und Δt_N mit dem feinsten Gitter des Niveaus N assoziiert werden. Die Gitter-Schallgeschwindigkeit

$$\tilde{c}_s = \frac{\Delta x_n}{\Delta t_n} = \text{const} \qquad \text{für } n = 0, \ldots, N \tag{4.67}$$

ist durch die Definition der Zeit- und Ortschrittweite konstant. Eine Propagation und Kollision auf dem groben Gitter des Niveaus $n \geq 0$ entsprechen daher jeweils zwei Propagationen und Kollisionen auf dem feinen Gitter des Niveaus $n + 1 \leq N$.

4.4.3 Viskosität

Bei der Erweiterung des Lattice-Boltzmann-Verfahrens auf nicht-äquidistante Gebiete muss sichergestellt sein, dass die Viskosität in Gleichung (4.37) für alle Gitterniveaus konstant ist. Da die Viskosität allerdings nur von der Zeitschrittweite Δt_n abhängt, folgt daraus, dass die Relaxationszeit für jedes Gitterniveau n angepasst werden muss:

$$\tau_n = 3\left(\frac{\nu}{\tilde{c}_s^2} + \frac{\Delta t_n}{6}\right) \qquad \text{für } n = 0, \ldots, N. \tag{4.68}$$

Für den Relaxationsparameter des n-ten Gitterniveaus gilt entsprechend: $\vartheta_n = \Delta t_n / \tau_n$. Die Verteilungsfunktion auf dem n-ten Niveau wird mit $f_{i,n}$ bezeichnet, woraus analog zu Gleichung (4.31) das numerische Schema

$$f_{i,n}\left(t + \Delta t_n, \boldsymbol{x} + \boldsymbol{\xi}_i \Delta t_n\right) - f_{i,n}\left(t, \boldsymbol{x}\right) = -\vartheta_n \left(f_{i,n}\left(t, \boldsymbol{x}\right) - f_{i,n}^{(\mathrm{eq})}\left(t, \boldsymbol{x}\right)\right) \tag{4.69}$$

mit $i = 0, \ldots, 8$ für 2D und $i = 0, \ldots, 18$ für 3D folgt.

4.4.4 Einbindung des Übergangs

Die Anwendung des numerischen Schemas (4.69) auf die Gitterknoten des Übergangs erfordert eine Ergänzung des bisherigen Iterationszyklus, wie Crouse in [21] ausführt. Hierbei muss sichergestellt sein, dass die makroskopischen Größen wie Dichte, Impuls und Spannungen an dem Übergang zwischen zwei unterschiedlich aufgelösten Bereich erhalten werden. Aus diesem Grund wird an den doppelten Knoten zu den entsprechenden Zeitpunkten eine Skalierung der Verteilungsfunktionen durchgeführt, wenn ein Informationsaustausch zwischen den Gitterebenen vorgenommen wird. In Abbildung 4.15 sind diese Knoten gelb bzw. grün markiert. Die zu skalierenden Komponenten der Verteilungsfunktion sind hierbei durch große und kleine rote Pfeile gekennzeichnet.

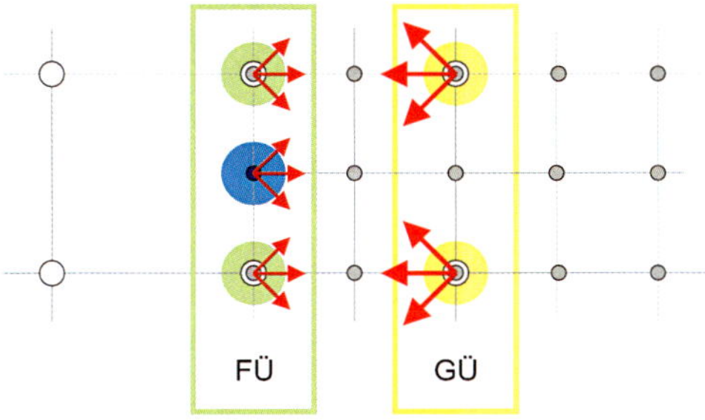

Abbildung 4.15: Fehlende Komponenten der Verteilungsfunktionen $f_{i,n}$ und $f_{i,n+1}$ (rote Markierung).

Außerdem ist es erforderlich, dass für die Kollision auf den verschiedenen Gitterniveaus alle Komponenten der Verteilungsfunktionen vorliegen. Dies ist insbesondere für diejenigen Komponenten der Verteilungsfunktionen an den hängenden Knoten des feinen Übergangs, die in das feine Gebiet hinein weisen, nicht der Fall. In Abbildung 4.15 ist der hängende Knoten durch einen blauen Kreis markiert, und die fehlenden Komponenten sind rot eingefärbt. Deshalb wird für diese Gitterknoten die Propagation um eine örtliche Interpolation basierend auf den Informationen an den Nachbarknoten erweitert.

Es kommt hinzu, dass aufgrund der unterschiedlich oft durchgeführten Propagation und Kollision auf den verschiedenen Gitterniveaus an den feinen Gitterknoten des feinen Übergangs einige Komponenten der Verteilungsfunktionen nicht durch die Propagation bereitgestellt werden. In Abbildung 4.15 ist das an den beiden grün markierten Knoten und den rot eingefärbten Komponenten der Fall. Unter Ausnutzung der Information an den groben Gitterknoten an den gleichen Stellen ist es möglich, die fehlenden Komponenten durch eine zeitliche Interpolation zu berechnen. In der Arbeit von Crouse [21] werden die Vorgehensweisen sowohl bei der örtlichen als auch zeitlichen Interpolation detailliert erläutert.

Kontinuität der makroskopischen Größen

Die makroskopischen Werte Dichte und Impuls sind nach den Gleichungen (4.23) und (4.24) Funktionen der Gleichgewichtsfunktion $f_i^{(\mathrm{eq})}$. Zudem gehen in die Gleichgewichtsverteilung in Gleichung (4.25) lediglich die lokale Dichte und makroskopische Geschwindigkeit ein. Aus diesen Gründen ist die Kontinuität der makroskopischen Werte Dichte und Impuls an den Gitterübergängen zwischen den Gitterniveaus n und $n+1$ sichergestellt:

$$f_{i,n}^{(\mathrm{eq})} = f_{i,n+1}^{(\mathrm{eq})}\left(t, \boldsymbol{x}\right). \tag{4.70}$$

Für die Kontinuität der Spannungen muss nach Filippova und Hänel in [34] zusätzlich eine Skalierung an den Gitterübergängen durchgeführt werden:

$$s_{n+1\to n} = \frac{3\nu + \frac{1}{2}\Delta t_n}{3\nu + \frac{1}{2}\Delta t_{n+1}} \qquad \text{und} \qquad s_{n\to n+1} = \frac{1}{s_{n+1\to n}}. \tag{4.71}$$

Damit ergeben sich die Werte für die Verteilungsfunktion auf dem Gitterniveau n:

$$f_{i,n} = f_{i,n+1}^{(\mathrm{eq})}\left(1 - s_{n+1\to n}\right) + s_{n+1\to n} f_{i,n+1}. \tag{4.72}$$

Iterationszyklus

Der Iterationszyklus des Lattice-Boltzmann-Verfahrens gewinnt für den allgemeinen nicht-äquidistanten Fall mit $N+1$ Gitterniveaus deutlich an Komplexität, weil neben der Propagation und Kollision die Skalierung, die örtliche Interpolation an hängenden Knoten und die zeitliche Interpolation auf dem feinen Übergang durchgeführt werden müssen.

Der grundsätzliche Ablauf einer Iteration wird an dieser Stelle für ein Gitter mit den zwei Niveaus n und $n+1$ beschrieben und ist in Abbildung 4.16 visualisiert. Zuerst wird für alle Knoten beider Gitterniveaus die Propagation durchgeführt. Für das grobe Gitter ist damit grundsätzlich die Propagation mit dem korrespondierenden Zeitschritt Δt_n beendet. An den Knoten auf dem groben Übergang (GÜ) fehlen allerdings einige Komponenten der Verteilungsfunktionen, weil aus der Richtung des feinen Gebiets keine Informationen durch die Propagation vorliegen.

Danach wird für alle groben Knoten des feinen Übergangs (FÜ) eine Skalierung vom Niveau n nach $n+1$ durchgeführt. Zudem wird eine lineare Zeitinterpolation für das feine Gitter vorgenommen:

$$f_i\left(t_0 + \Delta t_{n+1}, \boldsymbol{x}\right) = \frac{1}{2}\left(f_i\left(t_0, \boldsymbol{x}\right) + f_i\left(t_0 + \Delta t, \boldsymbol{x}\right)\right), \tag{4.73}$$

wobei $t_n = 2t_{n+1}$ gilt. Zudem werden die Verteilungsfunktionen für die hängenden Knoten auf dem feinen Übergang durch eine Rauminterpolation bereitgestellt. Nun liegen alle Komponenten der Verteilungsfunktionen auf dem feinen Gitter vor, und es kann eine Kollision und eine erneute Propagation durchgeführt werden. An den groben Knoten des groben Übergangs liegen an den jeweils gleichen Stellen

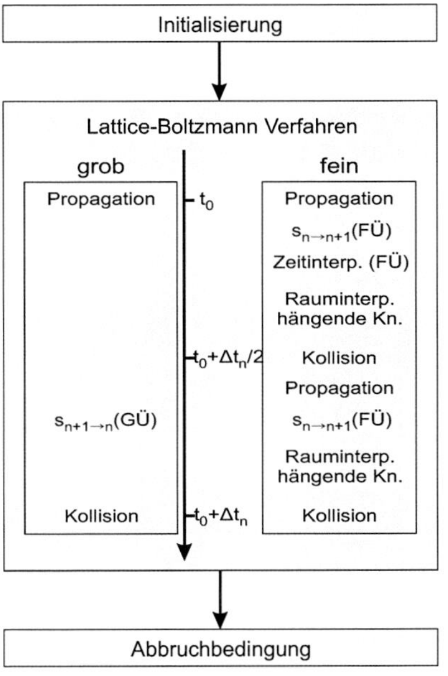

Abbildung 4.16: Berechnung der kontinuierlichen Phase mithilfe des nicht-äquidistanten Lattice-Boltzmann-Verfahrens.

Werte der Verteilungsfunktion der feinen Knoten vor. Diese werden vom Gitterniveau $n+1$ auf das Niveau n skaliert, um sie auf dem groben Gitter verwenden zu können. Eine erneute Skalierung am feinen Übergang vom n-ten Niveau auf das $n+1$-te Niveau stellt auch an den feinen Knoten aktuelle Komponenten der Verteilungsfunktion zur Verfügung. Nachdem eine örtliche Interpolation für die nun fehlenden Komponenten der Verteilungsfunktion durchgeführt wurde, liegen an allen Knoten aktualisierte Verteilungen vor, sodass abschließend die Kollision auf allen Gitterknoten angewendet werden kann.

4.4.5 Validierung

Faserumströmung

In diesem Abschnitt wird eine laminare Faserumströmung mit dem Lattice-Boltzmann-Verfahren und dem Programm CFX 11.0 [2] berechnet. Das mit CFX ermittelte Ergebnis dient hierbei als Referenzlösung. Der Rechnung mit dem Lattice-Boltzmann-Verfahren liegt ein nicht-äquidistantes Berechnungsgebiet zugrunde.

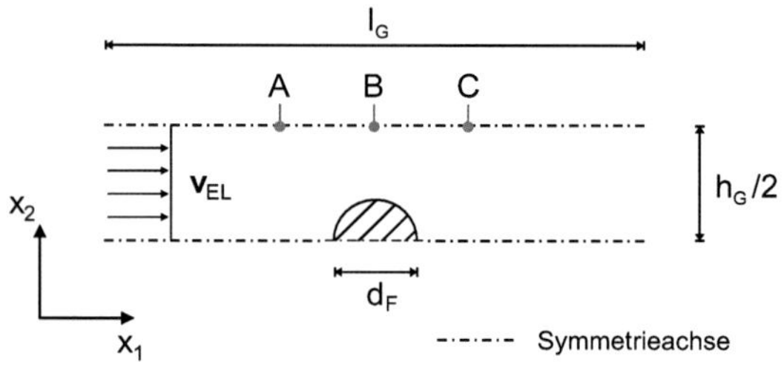

Abbildung 4.17: Berechnungsgebiet für die Umströmung einer Einzelfaser in 2D. Am Einlass wird ein Blockprofil mit der Geschwindigkeit $\boldsymbol{v}_{\mathrm{EL}} = \mathrm{const}$ aufgegeben. Im Nahbereich der Faser wird für die Berechnungen mit dem Lattice-Boltzmann-Verfahren eine erheblich höhere Auflösung als im übrigen Gebiet verwendet.

Die Bereiche in der Nähe der Faseroberfläche werden dabei deutlich höher aufgelöst als im übrigen Gebiet. Die mit CFX bestimmte Referenzlösung basiert auf einem Hexaeder-Gitter. Nachfolgend wird die zugrunde liegende Geometrie für die Simulationen mit dem Lattice-Boltzmann-Verfahren und CFX beschrieben.

Das verwendete numerische Rechengebiet ist in Abbildung 4.17 abgebildet. Die Faser mit dem Durchmesser von 3,2 µm ist hierbei in der Mitte des Strömungsgebiets angeordnet, wobei die Symmetrieeigenschaften ausgenutzt werden. Am Einlass wird die Strömungsgeschwindigkeit in Form eines Blockprofils, d. h. $\boldsymbol{v}_{\mathrm{EL}} = (\mathrm{const}, 0)^t$ vorgegeben. In den CFX Rechnungen wird am Auslass eine Druckrandbedingung aufgeprägt.

In Abbildung 4.18 sind die auf die Anströmgeschwindigkeit normierten Ergebnisse der Geschwindigkeit des Fluids in Hauptströmungsrichtung für $x_2 = 0$, d. h. auf der unteren Symmetrieachse, dargestellt. Die Faser-Reynolds-Zahl wird durch die Beziehung

$$\mathrm{Re}_{\mathrm{F}} = \frac{|\boldsymbol{v}_{\mathrm{EL}}| d_{\mathrm{F}}}{\nu} \tag{4.74}$$

definiert, und es gilt für alle Simulationen $\mathrm{Re}_{\mathrm{F}} = 0{,}1$. Während das CFX-Ergebnis durch die schwarze durchgezogene Linie gekennzeichnet ist, sind die Resultate des Lattice-Boltzmann-Verfahrens für drei Auflösungen durch verschiedene Symbole markiert. Hierbei ist zu beachten, dass zur besseren Visualisierung deutlich weniger Punkte dargestellt sind, als Stützstellen in den Berechnungen verwendet wurden. Die quantitative Übereinstimmung aller vier Simulationen ist hierbei unabhängig von den betrachteten Gitterauflösungen sehr gut.

Des Weiteren wird an dieser Stelle deutlich, dass die Faser in der Mitte des Berechnungsgebiets eine erhebliche Wirkung auf die Strömungsprofile sowohl in Richtung des Ein- als auch des Auslasses hat. In dem Bereich $0{,}2 \leq x_1 \leq 0{,}8$ weicht die Strömungsgeschwindigkeit bereits um mehr als ein Prozent von der Ein- bzw. Auslassgeschwindigkeit ab.

Für den quantitativen Vergleich der Lösungen des Lattice-Boltzmann-Verfahrens und CFX wird die maximale Strömungsgeschwindigkeit $v_{1,\mathrm{max}}$ an den drei Stellen A, B und C, die in Abbildung 4.17 eingetragen sind, herangezogen. Die maximale Geschwindigkeit in Hauptströmungsrichtung $v_{1,\mathrm{max}}$ wird dabei von der Strömung auf der oberen Symmetrieachse angenommen. Die Ergebnisse für die relative Abweichung der Lösungen sind in Abbildung 4.19(a) dargestellt. Es zeigt sich schon bei grober Auflösung der Faser mit $\Delta x/d_\mathrm{F} = 1/10$ eine gute Übereinstimmung mit dem CFX-Ergebnis, die mit steigender Auflösung zunimmt. Der relative Fehler $v_{1,\mathrm{max,rel}}$ auf Höhe des Fasermittelpunkts an der Stelle B ist hierbei für alle Auflösungen größer als an den anderen beiden Stellen A und C. Hier ist der frei durchströmbare Querschnitt durch die Faserpackung am kleinsten, und somit treten bei B auch die größten Gradienten der Geschwindigkeit bzgl. x_2 auf.

Für einen weiteren Vergleich des Lattice-Boltzmann-Verfahrens mit CFX wird die Strömungsgeschwindigkeit $\boldsymbol{v}_\mathrm{EL}$ variiert. Wie in Abbildung 4.19(b) zu sehen ist, fällt die Abweichung des relativen Unterschieds zwischen den beiden Lösungen für die maximale Strömungsgeschwindigkeit $v_{1,\mathrm{max}}$ an allen drei Stellen gering aus. Auch für dieses Beispiel treten die größten relativen Fehler in Höhe des Fasermittelpunkts auf. Des Weiteren ist zu beobachten, dass der relative Fehler mit kleiner werdender Reynolds-Zahl geringfügig ansteigt. Die Faserkontur wird für das

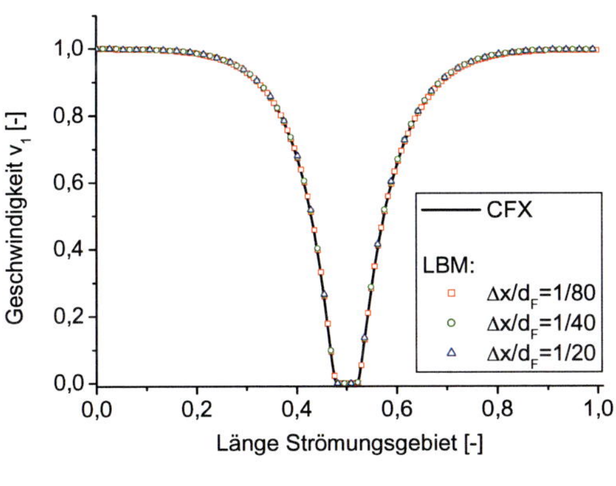

Abbildung 4.18: Einzelfaserumströmung für $\mathrm{Re}_\mathrm{F} = 0{,}1$: Ergebnisvergleich mit CFX 11.0 [2]. Absolute Abweichung der maximalen Geschwindigkeit in Hauptströmungsrichtung über der dimensionslosen Kanallänge. Parameter siehe Tabelle C.4.

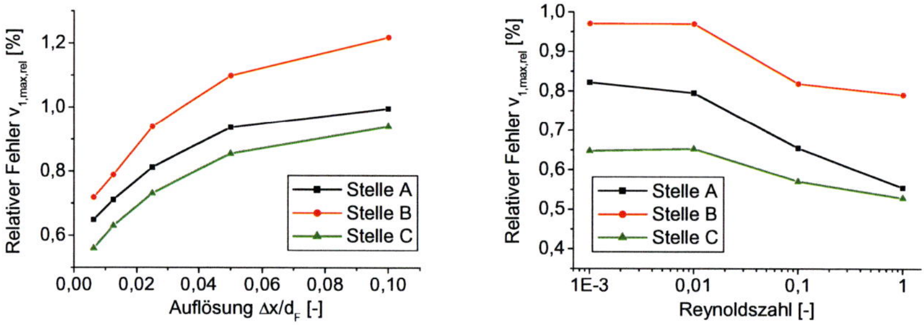

(a) Einfluss der dimensionslosen Auflösung $\Delta x/d_{\mathrm{F}}$. (b) Einfluss der Faser-Reynolds-Zahl Re_{F}.

Abbildung 4.19: Ergebnisvergleich mit CFX [2] für die Einzelfaserumströmung bzgl. der maximalen Geschwindigkeit $v_{1,\max}$ an den Stellen A, B und C. Parameter siehe Tabelle C.4.

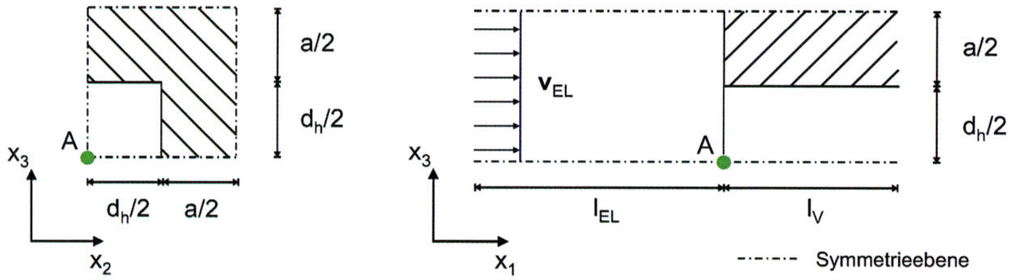

(a) Draufsicht. (b) Seitenansicht.

Abbildung 4.20: Berechnungsgebiet für die Drosselanströmung.

Lattice-Boltzmann-Verfahren durch ein kartesisches Gitter und für die Berechnung mit CFX durch ein Hexaeder-Gitter aufgelöst. Der relative Einfluss des Fehlers, der durch das kartesische Gitter verursacht wird, wird hierbei für kleiner werdende Strömungsgeschwindigkeiten größer.

Drosselanströmung

In dieser Arbeit wird neben der Faserumströmung die Durchströmung eines Mikrosiebs betrachtet. Deshalb wird an dieser Stelle die Durchströmung einer Drossel analysiert, um den Einfluss der Auflösung und der Strömungsgeschwindigkeit abschätzen zu können.

In Abbildung 4.20 ist das Berechnungsgebiet für die Drosselanströmung abgebildet.

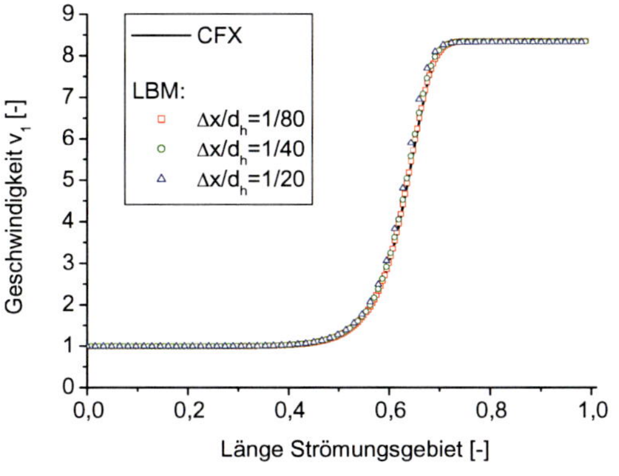

Abbildung 4.21: Anströmung einer Drossel für $\mathrm{Re_h} = 0{,}1$: Ergebnisvergleich mit CFX 11.0 [2]. Absolute Abweichung der maximalen Geschwindigkeit in Hauptströmungsrichtung über der dimensionslosen Kanallänge. Parameter siehe Tabelle C.5.

Die Stirnseite der Drosselgeometrie befindet sich hierbei im Berechnungsgebiet an der Stelle $x_1 = l_{\mathrm{EL}}$ und wird mit einem Blockprofil $\boldsymbol{v}_{\mathrm{EL}} = (\mathrm{const}, 0, 0)^t$ angeströmt. Nachdem die Strömung in die Verengung mit quadratischem Querschnitt und der Länge l_{V} geleitet wird, erreicht die Strömung an der Stelle $x_1 = l_{\mathrm{EL}} + l_{\mathrm{V}}$ den Auslass. Die Kantenlänge der Öffnung entspricht dem hydraulischen Durchmesser der Öffnung und wird mit d_{h} bezeichnet, wobei die Kanten der Öffnung den Abstand a aufweisen.

Die Ergebnisse des Lattice-Boltzmann-Verfahrens werden wie schon im vorangegangenen Abschnitt mit der entsprechenden CFX-Lösung verglichen. Für beide Verfahren wird ein nicht-äquidistantes Gitter verwendet, wobei der Bereich zwischen $x_1 = 3l_{\mathrm{EL}}/4$ und dem Auslass eine höhere Auflösung als das übrige Berechnungsgebiet aufweist.

In Abbildung 4.21 sind die Resultate bzgl. der Strömungsgeschwindigkeit v_1 entlang der Kanalmitte, d. h. $x_2 = x_3 = 0$ für $\mathrm{Re_h} = 0{,}1$ dargestellt, wobei analog zu Gleichung (2.3) die Beziehung

$$\mathrm{Re_h} = \frac{|\bar{\boldsymbol{v}}_{\mathrm{EL}}| d_{\mathrm{h}}^3}{\nu \left(a + d_{\mathrm{h}}\right)^2} \tag{4.75}$$

gilt. Der Vergleich zeigt, dass die maximale Abweichung an der Stelle A des größten Geschwindigkeitsanstiegs $\boldsymbol{x} = (l_{\mathrm{EL}}, 0, 0)^t$ auftritt. Insgesamt stimmen die Ergebnisse sehr gut überein. Für den weiteren Vergleich an der Stelle A ist in Abbildung 4.22(b) die relative Abweichung $v_{1,\mathrm{max,rel}}$ in Abhängigkeit von der dimensionslosen

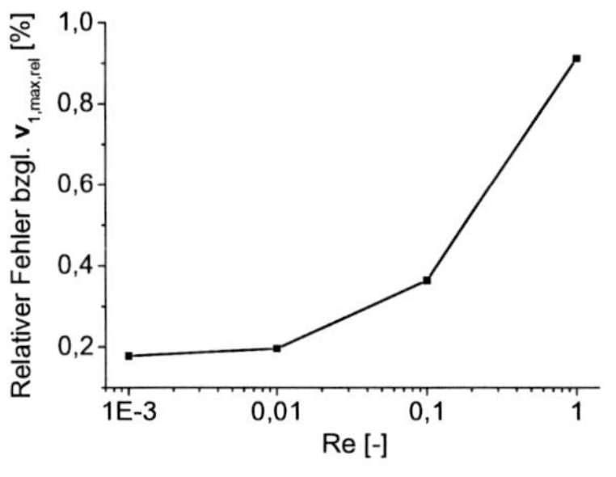

(a) Einfluss der Reynolds-Zahl Re_h für $\Delta x/d_h = 0{,}05$.

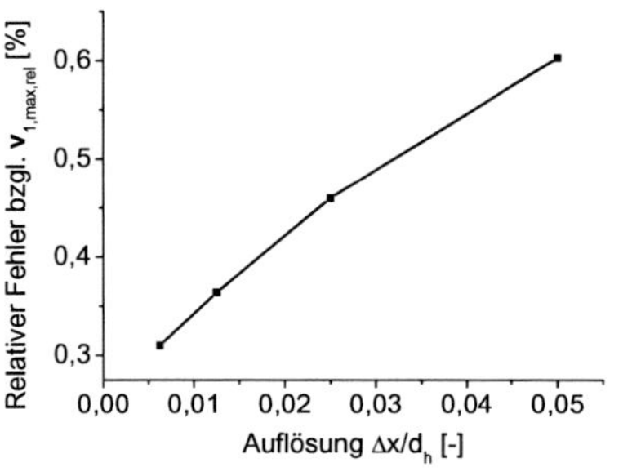

(b) Einfluss der dimensionslosen Auflösung $\Delta x/d_h$ für $Re_h = 0{,}1$.

Abbildung 4.22: Durchströmung einer Drossel: Ergebnisvergleich bzgl. $v_{1,max}$ mit CFX [2] an der Stelle A in Abbildung 4.20. Parameter siehe Tabelle C.5.

Auflösung $\Delta x/d_h$ dargestellt. Für alle betrachteten Auflösungen liegt der relative Fehler für $v_{1,max,rel}$ unter 1 %. Das Gleiche gilt auch für die Abweichung in Abhängigkeit von der Reynolds-Zahl Re_h bei einer Auflösung von $\Delta x/d_h = 0{,}05$ in Abbildung 4.22(a). Im Gegensatz zur Faserumströmung nimmt der Fehler mit sinkender Reynolds-Zahl ab. Dies liegt daran, dass beide Gitter die Drosselkontur exakt abbilden. Damit ist der Gittereinfluss auf die Ergebnisse des Lattice-Boltzmann-Verfahrens sehr gering.

Fazit der Validierung

Anhand der beiden Testfälle in diesem Abschnitt konnte nachgewiesen werden, dass ein Berechnungsprogramm bereitgestellt wurde, mit dem die Strömungen in dieser Arbeit mit hinreichend kleinem Fehler berechnet werden können. Aufgrund der Erweiterung des Lattice-Boltzmann-Verfahrens auf nicht-äquidistante Rechengitter ist es zudem möglich, lokal die Auflösung zu erhöhen.

Bei der Umströmung der Faser hat sich gezeigt, dass bereits ab einer Auflösung von $\Delta x/d_F = 1/10$ die Abweichung zur Lösung mit CFX klein ist. Für die Drosselanströmung ist anzumerken, dass der relative Fehler des Lattice-Boltzmann-Verfahrens zwar für höhere Auflösungen abnimmt, jedoch schon eine Mindestauflösung von $\Delta x/d_h = 1/20$ die Gitterunabhängigkeit der Berechnungen sicherstellt.

Kapitel 5

Modellierung der dispersen Phase

In diesem Kapitel wird zunächst der Lagrangesche Ansatz vorgestellt, mit dem die disperse Phase modelliert wird. Anschließend wird der Partikeltransport im Detail diskutiert. Hierbei steht die BBO-Gleichung, die für die Berechnung der Partikeltrajektorien numerisch gelöst wird, im Mittelpunkt. Des Weiteren werden diejenigen Kräfte vorgestellt, die bei der Partikelanlagerung auftreten können. Ihr Einfluss auf die Bewegung wird anhand eines Referenzbeispiels analysiert, um alle relevanten Kräfte zu identifizieren. Neben der Partikelbewegung ist die Partikelabscheidung ein zentraler Bestandteil dieser Arbeit, und deshalb werden die verschiedenen Anlagerungsmechanismen am Ende dieses Kapitels vorgestellt.

5.1 Grundlagen

In den Experimenten werden die Prüflinge einer rußbeladenen Strömung ausgesetzt. Rußpartikel sind allerdings i. a. komplexe Agglomerate aus einzelnen Primärpartikeln. In Abbildung 1.5(b) sind an einem Mikrosieb angelagerte Rußagglomerate eines mittleren Durchmessers von 126 nm dargestellt. Statt der Agglomerate werden in dieser Arbeit Kugeln mit der gleichen Beweglichkeit simuliert. Dadurch resultiert insgesamt ein Rechenzeit- und Speicherplatzbedarf, der es zulässt, aufwachsende Strukturen unter Berücksichtigung der Rückwirkung bereits angelagerter Partikel zu simulieren.

Nachdem die kontinuierliche Phase mithilfe eines Euler-Ansatzes behandelt wurde, wird die disperse Phase mit dem Lagrange-Ansatz modelliert. Die Partikel werden hierbei im Gegensatz zum Eulerschen Ansatz nicht als Kontinuum betrachtet, sondern es werden die Trajektorien einzelner Partikel in der Strömung berechnet. Es können deshalb im Vergleich zu dem Euler-Ansatz auch geringe Partikelkonzentrationen simuliert werden. Die Elemente der dispersen Phase werden grundsätzlich als punktförmig aufgefasst, d. h. das Volumen der Partikel wird bei der Berechnung nicht berücksichtigt. Dieser Ansatz wird für die Bestimmung der Partikeltrajektorien durch geeignete Modelle auf kugelförmige Partikel erweitert. Der wesentliche Vorteil bei der Lagrangeschen Betrachtungsweise ist die Möglichkeit, Einzelpartikelphänomene wie z. B. Partikel-Wand als auch Partikel-Partikel Stöße direkt auflösen zu können.

Die Partikelbewegung wird mittels der auf die Partikel wirkenden Strömungskräfte bestimmt, und daher handelt es sich zunächst um eine einfache Kopplung der beiden Phasen. Es gibt allerdings die Möglichkeit, die Rückwirkung der Partikel auf die Gasphase durch zusätzliche Quellterme in den Gleichungen zur Berechnung der Fluidbewegung abbilden zu können. Nachfolgend wird geklärt, ob dies hier erforderlich ist.

Hierzu wird die Rußpartikelkonzentration des Rußgenerators, der in Kapitel 2 vorgestellt wurde, als Ausgangsgröße für die Simulationen in dieser Arbeit angenommen. Die Rußmassenkonzentration des CAST hängt vom mittleren Partikeldurchmesser des emittierten Aerosols ab, und ist durch den Hersteller des Generators spezifiziert. Es ergibt sich für $d_\mathrm{P} = 84\,\mathrm{nm}$ ein relatives Partikelvolumen $V_\mathrm{s}/V_\mathrm{f}$ von etwa 0,0714 ppm. Für $d_\mathrm{P} = 232\,\mathrm{nm}$ erhält man $V_\mathrm{s}/V_\mathrm{f} = 0{,}4286\,\mathrm{ppm}$. Damit ist die Masse der in der Gasphase befindlichen Partikel sehr gering, und der von den Partikeln in die kontinuierliche Phase eingebrachte Gesamtimpuls wird im Folgenden vernachlässigt.

Zur Beurteilung der Partikel-Partikel Wechselwirkungen wird die Kollisions-Stokes-Zahl von Crowe, Sommerfeld und Tsuji [22] zur Klassifizierung herangezogen:

$$\mathrm{St}_\mathrm{K} = \frac{\tau_\mathrm{P}}{\tau_\mathrm{K}}. \tag{5.1}$$

Hierbei bezeichnet τ_K die mittlere Zeitspanne zwischen zwei Partikel-Partikel Kollisionen:

$$\tau_\mathrm{K} = \frac{1}{N_\mathrm{P} \pi d_\mathrm{P}^2 \left| \boldsymbol{v}_\mathrm{f} - \boldsymbol{v}_\mathrm{P} \right|}. \tag{5.2}$$

Die in (5.1) definierte dimensionslose Kennzahl bestimmt sich u. a. durch die Partikelanzahldichte N_P und der Partikelrelaxationszeit τ_P, die zur Charakterisierung des Folgeverhaltens eines Partikels in der Strömung dient. Die Partikelrelaxationszeit entspricht der Zeit, in der ein Partikel aus seiner Ruheposition $\boldsymbol{x}_\mathrm{P}(t=0) = \boldsymbol{x}_0$ und $\boldsymbol{v}_\mathrm{P}(t=0) = 0$ auf $1 - 1/\mathrm{e} \approx 63{,}21\,\%$ der Fluidgeschwindigkeit $\boldsymbol{v}_\mathrm{f}$ beschleunigt wird. Nach Crowe, Sommerfeld und Tsuji [22] und der entsprechenden Schlupf-Korrektur (5.17) gilt für die Stoke'sche Partikelrelaxationszeit:

$$\tau_\mathrm{P} = \frac{\rho_\mathrm{P} d_\mathrm{P}^2}{18\mu} \mathrm{Cun}(d_\mathrm{P}). \tag{5.3}$$

Die Relaxationszeit liegt für $T = 293{,}15\,\mathrm{K}$ für die in dieser Arbeit relevanten Partikeldurchmesser von $d_\mathrm{P} = 10\,\mathrm{nm}$ bis $d_\mathrm{P} = 500\,\mathrm{nm}$ etwa zwischen $\tau_\mathrm{P} = 4{,}81\,\mathrm{ns}$ und $\tau_\mathrm{P} = 0{,}715\,\mathrm{\mu s}$.

Falls $\mathrm{St_K} \ll 1$ für eine partikelbeladene Strömung erfüllt ist, kann eine Wechselwirkung zwischen Partikeln vernachlässigt werden. Betrachtet man die Strömung in einem ebenen Kanal aus Abschnitt 4.2.10 ergibt sich für ein ruhendes Partikel mit der höchsten Anzahldichte eine Kollisions-Stokes-Zahl, die nicht größer als $\mathrm{St_K} = 1{,}12 \times 10^{-3}$ wird. Die Partikel-Partikel Wechselwirkung ist für diejenigen Anwendungsfälle, die in dieser Arbeit betrachtet werden, damit von untergeordneter Bedeutung. Die Trajektorie eines Partikels wird also ohne Einschränkung der Allgemeinheit isoliert von anderen Partikeln, die sich in der Gasphase bewegen, bestimmt.

5.2 Partikeltransport

In diesem Teil der Arbeit werden die Partikelbewegung und der Einfluss verschiedener Kräfte auf diese Bewegung vorgestellt und analysiert. Hierbei werden diejenigen Kräfte identifiziert, die einen signifikanten Einfluss haben. In Kombination mit den in Kapitel 4 vorgestellten Berechnungsverfahren für die Gasphase ist es damit möglich, die partikelbeladene Strömung unter Berücksichtigung der relevanten Effekte simulieren zu können.

5.2.1 BBO-Gleichung

Die transiente Partikelbewegung in einem stationären und laminaren Strömungsfeld wird in dieser Arbeit mittels der BBO-Gleichung nach Basset, Boussinesq und Oseen [4, 95] modelliert, indem die Partikel ausgehend von ihrer Ruheposition $\boldsymbol{x}_\mathrm{P}(t=0) = \boldsymbol{x}_{\mathrm{P},0}$ und $\boldsymbol{v}_\mathrm{P}(t=0) = 0$ durch die Strömung beschleunigt werden:

$$\frac{\mathrm{d}\boldsymbol{x}_\mathrm{P}}{\mathrm{d}t} = \boldsymbol{v}_\mathrm{P} \tag{5.4}$$

$$m_\mathrm{P}\frac{\mathrm{d}\boldsymbol{v}_\mathrm{P}}{\mathrm{d}t} = \boldsymbol{F}_\mathrm{W} + \boldsymbol{F}_\mathrm{D} + \boldsymbol{F}_\mathrm{V} + \boldsymbol{F}_\mathrm{BT} + \boldsymbol{F}_\mathrm{GA} + \sum_i \boldsymbol{F}_i. \tag{5.5}$$

Die Summe der auf das Partikel wirkenden Kräfte bestimmt hierbei die Beschleunigung des Partikels. Nach Basset, Boussinesq und Oseen sind dies die Widerstandskraft $\boldsymbol{F}_\mathrm{W}$, die Kraft durch einen Druckgradienten $\boldsymbol{F}_\mathrm{D}$, die Kraft durch die virtuelle Masse des Partikels $\boldsymbol{F}_\mathrm{V}$, der Basset-Term $\boldsymbol{F}_\mathrm{BT}$ und die Gewichtskraft bzw. der archimedische Auftrieb, die beide in $\boldsymbol{F}_\mathrm{GA}$ zusammengefasst sind. Alle weiteren Kräfte, die eine Rolle bei der Partikelbewegung spielen, sind in der BBO-Gleichung im letzten Term zusammengefasst. Mit dieser Erweiterungsmöglichkeit können Strömungsscherfelder durch die Saffmann Kraft $\boldsymbol{F}_\mathrm{SM}$, die Partikelrotation durch die Magnus Kraft $\boldsymbol{F}_\mathrm{M}$ und stochastische Prozesse durch die Brownsche Bewegung $\boldsymbol{F}_\mathrm{B}$ berücksichtigt werden. Zusätzlich können Anziehungskräfte wie die Van der Waals Kraft $\boldsymbol{F}_\mathrm{VDW}$ und die Bildkraft $\boldsymbol{F}_\mathrm{BI}$ hinzukommen.

5.2.2 Numerische Umsetzung der Bewegungsgleichungen

Die Differentialgleichung (5.5) kann mit der Partikelrelaxationszeit τ_P nach Gleichung (5.3) in die Form

$$\frac{\mathrm{d}\boldsymbol{v}_\mathrm{P}}{\mathrm{d}t} = \frac{\boldsymbol{F}_\mathrm{W}}{m_\mathrm{P}} + \boldsymbol{a}(t) = \frac{\boldsymbol{v}_\mathrm{f} - \boldsymbol{v}_\mathrm{P}}{\tau_\mathrm{P}} + \boldsymbol{a}(t) \tag{5.6}$$

gebracht werden, wobei $\boldsymbol{a}(t)$ die Summe der Beschleunigungen des Partikels aufgrund verschiedener Kräfte (siehe Gleichung (5.5)) beschreibt. Für die numerische Behandlung der Bewegungsgleichung wird die Zeit diskretisiert, d. h. ausgehend von der Zeitschrittweite Δt wird mit $n \in \mathbb{N}$

$$t_n = n\Delta t, \qquad t_0 = 0 \tag{5.7}$$

definiert. Die Partikelgeschwindigkeit $\boldsymbol{v}_\mathrm{P}$ zum Zeitpunkt t_n wird mit $\boldsymbol{v}_\mathrm{P}(t_n) = \boldsymbol{v}_\mathrm{P}^{(n)}$ und der Aufenthaltsort des Partikels mit $\boldsymbol{x}_\mathrm{P}(t_n) = \boldsymbol{x}_\mathrm{P}^{(n)}$ bezeichnet. Die Anfangsbedingungen für die Partikelbewegung lauten damit:

$$\boldsymbol{x}_\mathrm{P}(t=0) = \boldsymbol{x}_\mathrm{P}^{(0)} \qquad \text{und} \qquad \boldsymbol{v}_\mathrm{P}(t=0) = \boldsymbol{v}_\mathrm{P}^{(0)} = 0. \tag{5.8}$$

Wird die Gleichung (5.6) mit diesen Voraussetzungen integriert, resultiert die Beziehung

$$\boldsymbol{v}_\mathrm{P}^{(n+1)} - \boldsymbol{v}_\mathrm{P}^{(n)} = \int\limits_{t_n}^{t_{n+1}} \left(\frac{\boldsymbol{v}_\mathrm{f}(t) - \boldsymbol{v}_\mathrm{P}(t)}{\tau_\mathrm{P}} + \boldsymbol{a}(t) \right) \mathrm{d}t. \tag{5.9}$$

Um eine vollständige Diskretisierung der Differentialgleichung zu erhalten, wird das Integral in dieser Gleichung mittels der Trapezregel approximiert. Das resultierende Verfahren wird als explizites Euler Verfahren bezeichnet, und es ergibt sich für die Gleichung (5.9) mit der Anfangsbedingung (5.8) das Schema:

$$\boldsymbol{v}_\mathrm{P}^{(n+1)} = \frac{1}{\tau_\mathrm{P} + \Delta t} \left(\tau_\mathrm{P} \boldsymbol{v}_\mathrm{P}^{(n)} + \Delta t \boldsymbol{v}_\mathrm{f}^{(n)} + \Delta t \tau_\mathrm{P} \boldsymbol{a}^{(n)} \right), \tag{5.10}$$

wobei $\boldsymbol{v}_\mathrm{f}^{(n)}$ an der Stelle $\boldsymbol{x}_\mathrm{P}^{(n)}$ durch eine lineare Interpolation der Strömungsgeschwindigkeit zum Zeitpunkt $t = t_n$ aus den umliegenden Gitterknoten gewonnen wird. Die Beschleunigung $\boldsymbol{a}$ wird wie die Geschwindigkeit vom Zeitpunkt $t = t_n$ zur

Berechnung der Partikelbewegung benutzt. Die Position des Partikels für $t = t_{n+1}$ bestimmt sich über seine Geschwindigkeit:

$$\boldsymbol{x}_{\mathrm{P}}^{(n+1)} = \boldsymbol{x}_{\mathrm{P}}^{(n)} + \frac{\Delta t}{2}\left(\boldsymbol{v}_{\mathrm{P}}^{(n)} + \boldsymbol{v}_{\mathrm{P}}^{(n+1)}\right). \tag{5.11}$$

Der Vorteil des Schemas ist, dass bei der Anwendung in dieser Arbeit für eine ausreichend gute Genauigkeit nur ein geringer numerischer Aufwand und minimale Speicherkapazität erforderlich sind.

5.2.3 Aerodynamische Kräfte

Widerstandskraft

Die Widerstandskraft setzt sich aus dem Reibungs- und Druckwiderstand zusammen. Der Reibungswiderstand ergibt sich aufgrund der Haftkräfte an der Partikeloberfläche und durch eine Relativbewegung zwischen Partikel und Fluid. Ebenso resultiert eine inhomogene Druckverteilung über die Partikeloberfläche, die Ursache für den Druckwiderstand ist. Insgesamt ergibt sich

$$\boldsymbol{F}_{\mathrm{W}} = \frac{3}{4}\frac{\rho_{\mathrm{f}}}{\rho_{\mathrm{P}}}\frac{m_{\mathrm{P}} c_{\mathrm{W}}\left(\mathrm{Re}_{\mathrm{P}}\right)}{d_{\mathrm{P}}}\left|\boldsymbol{v}_{\mathrm{f}} - \boldsymbol{v}_{\mathrm{P}}\right|\left(\boldsymbol{v}_{\mathrm{f}} - \boldsymbol{v}_{\mathrm{P}}\right). \tag{5.12}$$

Der Widerstandsbeiwert $c_{\mathrm{W}}\left(\mathrm{Re}_{\mathrm{P}}\right)$ ist eine Funktion der Partikel-Reynolds-Zahl Re_{P}. Für schleichende Strömungsverhältnisse $\mathrm{Re}_{\mathrm{P}} < 0{,}01$ gilt die Beziehung

$$c_{\mathrm{W}}\left(\mathrm{Re}_{\mathrm{P}}\right) = \frac{24}{\mathrm{Re}_{\mathrm{P}}}, \tag{5.13}$$

d. h. für die Widerstandskraft folgt:

$$\boldsymbol{F}_{\mathrm{W}} = 3\pi\mu d_{\mathrm{P}}\left(\boldsymbol{v}_{\mathrm{f}} - \boldsymbol{v}_{\mathrm{P}}\right). \tag{5.14}$$

Bei dieser Formulierung wird die Haftrandbedingung vorausgesetzt. D. h. es gibt ausreichend viele Gasmoleküle, die auf mikroskopischer Ebene an die Partikeloberfläche stoßen, sodass nach einer Mittelung die Fluidgeschwindigkeit auf makroskopischer Ebene der Oberfläche näher kommend die Oberflächengeschwindigkeit annimmt. Hierzu muss das Partikel groß gegenüber der mittleren freien Weglänge der Moleküle sein. D. h. für die Partikel-Knudsen-Zahl, die unter Verwendung der Gleichung (4.4) und des Partikeldurchmessers d_{P} als charakteristische Länge durch $\mathrm{Kn}_{\mathrm{P}} = \lambda/d_{\mathrm{P}}$ definiert ist, muss $\mathrm{Kn}_{\mathrm{P}} \ll 1$ gelten. Liegt der Partikeldurchmesser allerdings in der Größenordnung der mittleren freien Weglänge der Fluidmoleküle, d. h. falls $\mathrm{Kn}_{\mathrm{P}} \sim 1$ gilt, stoßen nicht mehr genug Moleküle an die Partikeloberfläche. Die Haftbedingung des Fluids auf der Partikeloberfläche wird damit nicht mehr erfüllt. Für die Partikelbewegung ergibt sich dadurch in Abhängigkeit von der Partikel-Knudsen-Zahl $\mathrm{Kn_P}$ ein Schlupf durch das Fluid, der durch den Cunningham-Korrekturfaktor nach Davis [23] bzw. Friedlander [35] unter den Bedingungen $0{,}2 < \mathrm{Kn_P} < 2.000$ und $\mathrm{Re_P} < 0{,}25$ kompensiert wird:

$$\mathrm{Cun}(d_\mathrm{P}) = 1 + \mathrm{Kn_P}\left(1{,}257 + 0{,}4e^{-\frac{1{,}1}{\mathrm{Kn_P}}}\right). \tag{5.15}$$

Der für diese Arbeit typische Wert des Korrekturfaktors liegt zwischen

$$\mathrm{Cun}\,(d_\mathrm{P} = 500\,\mathrm{nm}) = 1{,}33 \qquad \text{und} \qquad \mathrm{Cun}\,(d_\mathrm{P} = 10\,\mathrm{nm}) = 22{,}45. \tag{5.16}$$

Mithilfe dieser Korrektur wird der Widerstand, den ein Partikel in der Strömung erfährt, reduziert, weil $\mathrm{Cun}(d_\mathrm{P}) > 1$ gilt:

$$\boldsymbol{F}_{\mathrm{W,\,Cun}(d_\mathrm{P})} = \frac{\boldsymbol{F}_\mathrm{W}}{\mathrm{Cun}(d_\mathrm{P})} = \frac{3\pi\mu d_\mathrm{P}}{\mathrm{Cun}(d_\mathrm{P})}\left(\boldsymbol{v}_\mathrm{f} - \boldsymbol{v}_\mathrm{P}\right). \tag{5.17}$$

Kraft durch den Druckgradienten

Liegt auf der Partikeloberfläche eine ungleichmäßige Druckverteilung vor, resultiert die so genannte Druckkraft, die entgegengesetzt zur Richtung des Druckgradienten, also in Richtung des niedrigeren Drucks auf das Partikel wirkt. Es gilt nach der Integration über die Partikeloberfläche unter der Annahme eines konstanten Druckgradienten auf der Oberfläche des Partikels und unter Vernachlässigung der Schwerkraft:

$$\boldsymbol{F}_\mathrm{D} = -\nabla_{\boldsymbol{x}} p \frac{m_\mathrm{f}}{\rho_\mathrm{P}}. \tag{5.18}$$

Für ein inkompressibles Fluid kann dieser Druckgradient aus der Impulsgleichung (4.8) hergeleitet werden. Durch Annahme (5.18) verschwindet der Reibungsterm $\frac{\mu}{\rho_\mathrm{f}}\Delta\boldsymbol{v}$ in der Impulsgleichung, und es folgt für die Druckkraft

$$\boldsymbol{F}_\mathrm{D} = m_\mathrm{P}\frac{\rho_\mathrm{f}}{\rho_\mathrm{P}}\frac{\partial \boldsymbol{v}}{\partial t} + \left(\boldsymbol{v}\cdot\nabla_{\boldsymbol{x}}\right)\boldsymbol{v}. \tag{5.19}$$

Für die Abschätzung des Einflusses der Druckkraft auf die Partikelbewegung wird eine ebene laminare voll ausgebildete Kanalströmung in 2D betrachtet, wobei h_K die Kanalhöhe und l_K die Kanallänge beschreibt. Als Randbedingung für die Berechnung der Partikeltrajektorien fließt an dieser Stelle die analytische Lösung des Strömungsprofils und des Druckabfalls ein. Zur Identifikation des Effekts der Druckkraft wird die BBO-Gleichung zum einen unter Berücksichtigung der Widerstands-, Trägheits- und der Druckkraft und zum anderen nur unter Berücksichtigung der

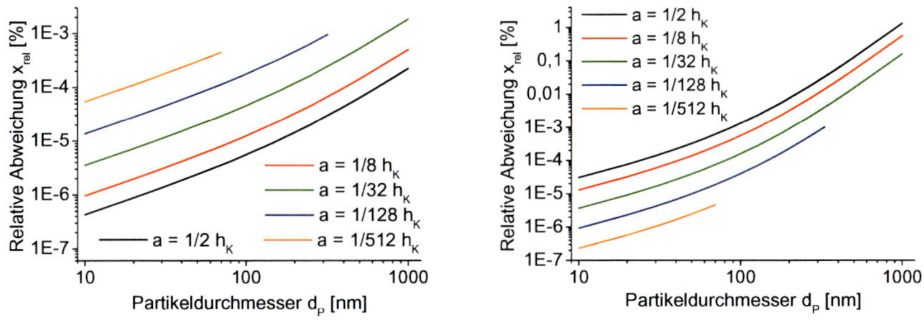

(a) Einfluss der Druckkraft.

(b) Einfluss der Kraft durch die virtuelle Masse.

Abbildung 5.1: Einfluss des Partikeldurchmessers auf die relative Abweichung bzgl. der Partikelposition mit bzw. ohne Berücksichtigung der Druckkraft bzw. der virtuellen Masse in der BBO-Gleichung (jeweils ohne Brownsche Bewegung). Die Partikel sind in unterschiedlichen Abständen a zur Wand aufgegeben worden ($a = 1/2 h_{\mathrm{K}}$ entspricht der Kanalmitte), es gilt $\mathrm{Re} = |\bar{v}_1| h_{\mathrm{K}}/\nu = 1$.

Widerstands- und Trägheitskraft numerisch gelöst. Die Brownsche Bewegung wird in beiden Fällen nicht betrachtet.

Im laminaren Fall ist der Druckgradient nach Gleichung (4.45) über die Länge des ebenen Kanals konstant und proportional zur mittleren Strömungsgeschwindigkeit $\bar{\boldsymbol{v}}_{\mathrm{f}} = (\bar{v}_{\mathrm{f},1}, 0)$. Hierbei verschwindet die Geschwindigkeitskomponente quer zur Hauptströmungsrichtung. Deshalb reicht es aus, die Untersuchung des Einflusses der Druckkraft für eine mittlere Geschwindigkeit der Gasphase durchzuführen. Zum Vergleich der Trajektorien, die sich mit und ohne Berücksichtigung der Druckkraft ergeben, werden die Partikelpositionen am Ende des Kanals, kurz bevor die Partikel das Strömungsgebiet zum Zeitpunkt $\tilde{t}$ verlassen, miteinander verglichen. Dementsprechend ist die relative Abweichung durch

$$x_{\mathrm{rel}}(\tilde{t}) = \frac{|\boldsymbol{x}_{\mathrm{P,mit\ Druckkraft},1}(\tilde{t}) - \boldsymbol{x}_{\mathrm{P,ohne\ Druckkraft},1}(\tilde{t})|}{|\boldsymbol{x}_{\mathrm{P,mit\ Druckkraft},1}(\tilde{t})|} \tag{5.20}$$

definiert. Die relative Abweichung $x_{\mathrm{rel},1}(\tilde{t})$ ist hierbei sowohl vom Partikeldurchmesser als auch von der Strömungsgeschwindigkeit abhängig. Deshalb werden Partikel mit unterschiedlichem Durchmesser und verschiedenen Abständen zur Kanalwand untersucht.

In Abbildung 5.1(a) ist der Einfluss der Druckkraft, die in diesem Fall in die gleiche Richtung wie die Partikelbewegung wirkt, für unterschiedliche Abstände $0 < a \leq h_{\mathrm{K}}$ des aufgegebenen Partikels zur Wand dargestellt. Mit kleiner werdendem Abstand

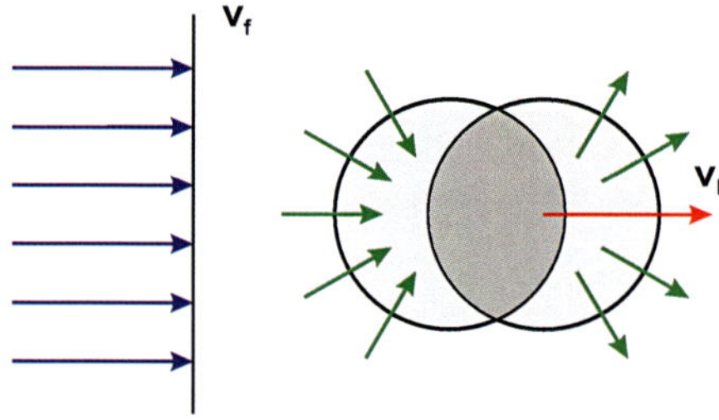

Abbildung 5.2: Virtuelle Masse: Erhöhung der effektiven Masse des Partikels durch die Verdrängung von Fluid bei der Bewegung.

des Partikels zur Wand gewinnt die Druckkraft bei der Partikelbahnberechnung an Bedeutung, weil die Geschwindigkeit der Strömung der Wand näher kommend kleiner wird. Damit ist das Partikel einen immer größeren Zeitraum der Druckkraft ausgesetzt.

Der Einfluss steigt zudem mit größer werdendem Partikeldurchmesser, weil die Partikeloberfläche entsprechend größer wird. Unterschreitet der Abstand a des Partikels zur Wand den Partikelradius $d_\mathrm{P}/2$, wird die relative Abweichung nicht mehr betrachtet. Die maximale relative Abweichung für das repräsentative Beispiel der ebenen Kanalströmung bleibt hierbei unter 0,00151 %. Damit hat die Druckkraft auch für Partikeldurchmesser von mehr als 500 nm keinen signifikanten Einfluss auf die Partikelbewegung und wird in dieser Arbeit nicht weiter berücksichtigt.

Virtuelle Masse

Bewegt sich ein Partikel in der kontinuierlichen Phase, wird Fluid durch das Partikel verdrängt und damit auch beschleunigt, d. h. die effektive Masse des Partikels erhöht sich, und es resultiert ein zusätzlicher Widerstand. Die analytische Betrachtung der kinetischen Energie in der Nähe des Partikels durch z. B. Crowe, Sommerfeld und Tsuji [22] führt für kleine Partikel-Reynolds-Zahlen Re_P auf

$$\boldsymbol{F}_\mathrm{V} = c_\mathrm{V} m_\mathrm{f} \left(\frac{\mathrm{d}\boldsymbol{v}_\mathrm{f}}{\mathrm{d}t} - \frac{\mathrm{d}\boldsymbol{v}_\mathrm{P}}{\mathrm{d}t} \right). \tag{5.21}$$

Hierbei bezeichnet c_V einen Faktor zur Anpassung auf höhere Partikel-Reynolds-Zahlen Re_P. In den Arbeiten von Odar und Hamilton [92] bzw. [91] oder Magnaudet [77] werden für eine oszillierende Kugelumströmung entsprechende Korrelationen sowohl für die Erweiterung des Terms für die virtuelle Masse als auch für den Basset-Term angegeben.

Für die Abschätzung der virtuellen Masse, die im Gegensatz zur Druckkraft entgegen der Partikelbewegung wirkt, werden die vorherigen Randbedingungen verwendet. Die virtuelle Masse der Partikel in Abhängigkeit von dem Wandabstand und der Größe der Partikel ist in Diagramm 5.1(b) dargestellt. Mit zunehmendem Partikeldurchmesser steigt wie bei der Druckkraft der Einfluss, weil das Partikelvolumen zunimmt. Die Bedeutung sinkt allerdings, falls das Partikel zur Wand näher kommend aufgegeben wird. Dies lässt sich dadurch erklären, dass aufgrund der niedrigeren Strömungsgeschwindigkeit die resultierende Relativbeschleunigung zwischen Fluid und Partikel kleiner wird. Für Partikel mit einem Durchmesser von bis zu 500 nm liegt die relative Abweichung selbst in der Kanalmitte deutlich unter 1 %. Die virtuelle Masse hat somit ebenfalls keine wesentliche Bedeutung für die Berechnung der Partikeltrajektorien und wird aus diesem Grund auch nicht weiter in den Simulationen eingebunden.

Basset-Term

Der Basset-Term wird auch als Basset-Historien Kraft bezeichnet und beschreibt die zeitliche Entwicklung der Reibungskraft, die durch eine ungleichmäßige Bewegung des Partikels hervorgerufen wird. Für hinreichend kleine Partikel-Reynolds-Zahlen Re_P gilt nach Sommerfeld [114] die Beziehung:

$$\boldsymbol{F}_\mathrm{BT} = \frac{9 m_\mathrm{P} c_\mathrm{BT}}{\rho_\mathrm{P} d_\mathrm{P}} \sqrt{\frac{\rho_\mathrm{f} \mu}{\pi}} \int\limits_0^t \frac{1}{\sqrt{t-\tau}} \left(\frac{\mathrm{d}\boldsymbol{v}_\mathrm{f}}{\mathrm{d}\tau} - \frac{\mathrm{d}\boldsymbol{v}_\mathrm{P}}{\mathrm{d}\tau} \right) \mathrm{d}\tau. \tag{5.22}$$

Der Gültigkeitsbereich wird durch die Korrelation c_BT auf größere Partikel-Reynolds-Zahlen erweitert. Der Unterschied zu den anderen Termen in der Bewegungsgleichung liegt in dem unbestimmten Integral, das einen hohen Aufwand bzgl. Rechenzeit und Speicherplatzbedarf bei der numerischen Bestimmung der Partikelbahn zur Folge hat. In der Literatur gibt es Ansätze, um die Auswertung des Integrals zu vereinfachen bzw. den numerischen Aufwand zu reduzieren, wie in den Arbeiten von Michaelides [86] oder auch Tatom [125] ausgeführt wird.

Wie auch schon bei der virtuellen Masse handelt es sich bei der Historienkraft nach Basset um eine Kraft, in die die relative Beschleunigung zwischen Partikel und Fluid eingeht und die entgegen der Bewegungsrichtung ausgerichtet ist. Je stärker das Partikel zu Beginn der Trajektorienbestimmung beschleunigt wird, desto größer wird auch die Bedeutung des Basset-Terms. Für Partikel mit einem maximalen Durchmesser von 500 nm liegt die relative Abweichung auch in der Kanalmitte aber immer noch unter 1 %, wie in Abbildung 5.3 deutlich wird. Aufgrund des hohen Berechnungsaufwands und des geringen Einflusses wird auch der Basset-Term nicht in den Simulationen berücksichtigt.

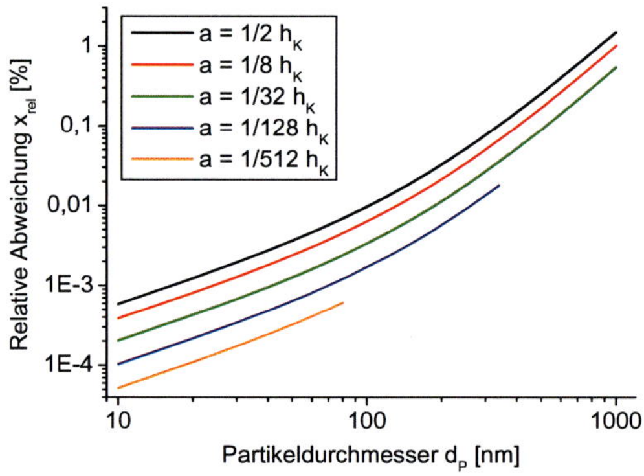

Abbildung 5.3: Einfluss des Partikeldurchmessers auf die relative Abweichung bzgl. der Partikelposition mit bzw. ohne Berücksichtigung des Basset-Terms. Kurvenparameter sind unterschiedliche Aufgabeorte der Partikel im ebenen Kanal ($a = 1/2h_\mathrm{K}$ entspricht der Kanalmitte).

Saffmann und Magnus Kraft

Befindet sich ein Partikel in einer Scherströmung, z. B. in der Nähe einer Wand, wie in Abbildung 5.4(a) dargestellt ist, resultiert eine Auftriebskraft aus einer ungleichmäßigen Druckverteilung auf der Partikeloberfläche. Auf derjenigen Partikelseite, an der die kleinere Fluidgeschwindigkeit vorliegt (in diesem Beispiel zwischen Partikel und der Wand), ist der Druck höher als an der gegenüberliegenden Partikelseite, falls $|\boldsymbol{v}_\mathrm{P}| < |\boldsymbol{v}_\mathrm{f}|$ gilt. Die Kraft wirkt also orthogonal zur Relativgeschwindigkeit in Richtung des niedrigeren Drucks. Saffmann stellt in [108] eine analytische Form dieser Kraft mit $\boldsymbol{\omega}_\mathrm{f} = \nabla_{\boldsymbol{x}} \times \boldsymbol{v}_\mathrm{f}$ vor:

$$\boldsymbol{F}_\mathrm{SM} = 9{,}69 \frac{\sqrt{\rho_\mathrm{f}\mu}}{\pi} \frac{m_\mathrm{P}}{\rho_\mathrm{P} d_\mathrm{P}} \frac{(\boldsymbol{v}_\mathrm{f} - \boldsymbol{v}_\mathrm{P}) \times \boldsymbol{\omega}_\mathrm{f}}{\sqrt{|\boldsymbol{\omega}_\mathrm{f}|}}. \tag{5.23}$$

Die Herleitung ist allerdings nur für die beiden Bedingungen

$$\mathrm{Re}_\mathrm{R} \ll 1 \qquad \text{und} \qquad \mathrm{Re}_\mathrm{P} \ll \sqrt{\mathrm{Re}_\mathrm{S}} \tag{5.24}$$

gültig, wobei die Rotations-Reynolds-Zahl Re_R durch

$$\mathrm{Re}_\mathrm{R} = \frac{\rho_\mathrm{f} d_\mathrm{P}^2 \left|\frac{1}{2}\nabla_{\boldsymbol{x}} \times \boldsymbol{v}_\mathrm{f} - \boldsymbol{\Omega}_\mathrm{P}\right|}{\mu} \tag{5.25}$$

definiert ist. $\boldsymbol{\Omega}_\mathrm{P}$ beschreibt hierbei die Rotationsgeschwindigkeit des Partikels. Von Mei wird in [83] eine Erweiterung des Gültigkeitsbereiches des Zusammenhangs (5.23) in Abhängigkeit von Re_R und Re_S vorgestellt.

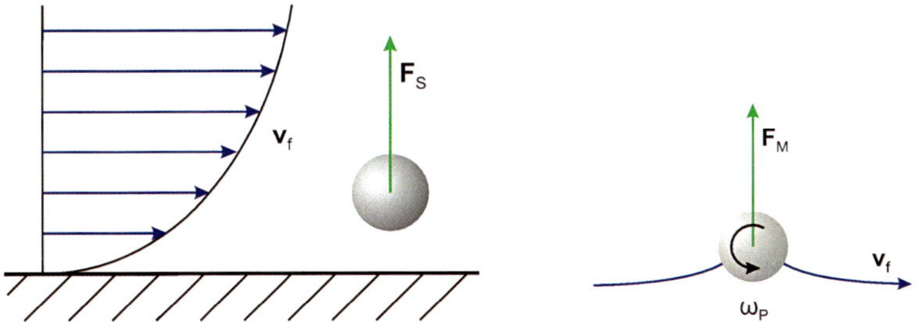

(a) Saffmann Kraft. (b) Magnus Kraft.

Abbildung 5.4: Auftriebskräfte in der Nähe einer Wand bzw. eines rotierenden Partikels.

Die Magnus Kraft ergibt sich aus einer Rotationsbewegung des Partikels, siehe Abbildung 5.4(b). Bewegt sich die Partikeloberfläche bei der Rotation $\boldsymbol{\Omega}_\mathrm{P}$ entgegengesetzt zum Fluid, wird das Fluid abgebremst, und der lokale Druck steigt. Umgekehrt wird das Fluid auf der anderen Seite des Partikels beschleunigt, was zu einer lokalen Druckverringerung in der Nähe der Oberfläche des Partikels führt. Aus dieser ungleichmäßigen Druckverteilung resultiert die Magnus Kraft, wobei nach Rubinow und Keller [106] für kleine Reynolds-Zahlen die analytische Beziehung

$$\boldsymbol{F}_\mathrm{M} = \frac{3}{4} m_\mathrm{P} \frac{\rho_\mathrm{f}}{\rho_\mathrm{P}} \left[\left(\frac{1}{2} \nabla_{\boldsymbol{x}} \times \boldsymbol{v}_\mathrm{f} - \boldsymbol{\Omega}_\mathrm{P} \right) \times (\boldsymbol{v}_\mathrm{f} - \boldsymbol{v}_\mathrm{P}) \right] \tag{5.26}$$

gilt.

Beide in diesem Abschnitt diskutierten Kräfte wirken als Auftriebskräfte in dem Beispiel der ebenen Kanalströmung quer zur Hauptströmungsrichtung. Während die Saffmann Kraft in entgegengesetzter Richtung zur Wandnormalen wirkt, hängt die Richtung der Magnus Kraft von der Rotation der Partikel ab. In dem Beispiel der ebenen Plattenströmung wird ohne wesentliche Einschränkung angenommen, dass beide Kräfte die Partikel in die gleiche Richtung beschleunigen. In dem Diagramm 5.5(a) ist ersichtlich, dass die Bedeutung der Saffmann Kraft größer wird, falls das Partikel mit kleiner werdendem Abstand zur Wand in das Strömungsgebiet aufgegeben wird. Für größer werdende Partikel steigt zwar der Einfluss an, wird aber für die in dieser Arbeit relevanten Partikel mit $d_\mathrm{P} \leq 500\,\mathrm{nm}$ nicht signifikant, sodass die Saffmann Kraft nicht in die Berechnung der Partikelbewegung eingebunden wird. Das gleiche gilt für die Magnus Kraft, selbst wenn angenommen wird, dass die Rotationsgeschwindigkeit der Partikel $\boldsymbol{\Omega}_\mathrm{P}$ sehr groß wird, wie in Abbildung 5.5(b) illustriert ist.

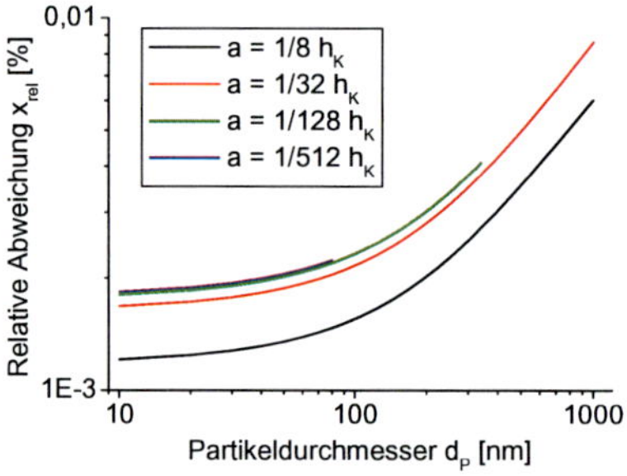

(a) Einfluss der Saffmann Kraft.

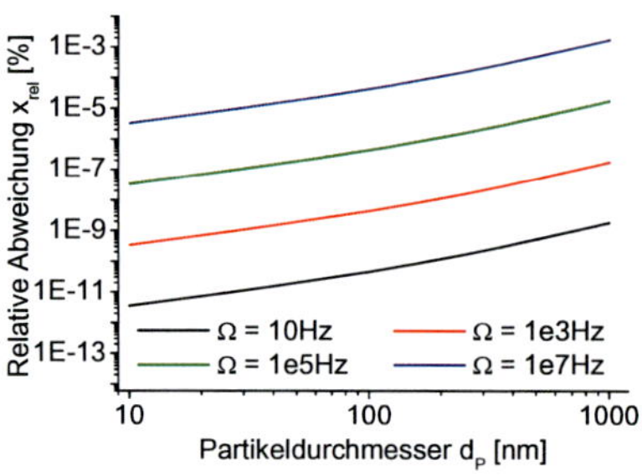

(b) Einfluss der Magnus Kraft.

Abbildung 5.5: Einfluss des Partikeldurchmessers auf die relative Abweichung bzgl. der Partikelposition mit bzw. ohne Berücksichtigung der Saffmann bzw. der Magnus Kraft in der BBO-Gleichung (ohne Brownsche Bewegung). Kurvenparameter sind unterschiedliche Aufgabeorte der Partikel im ebenen Kanal ($a = 1/2h_\mathrm{K}$ entspricht der Kanalmitte).

5.2.4 Brownsche Bewegung

Nachdem die unregelmäßige zitternde Bewegung von Pollen in einem Wassertropfen von Brown [16] unter dem Mikroskop beobachtet wurde, stellten Einstein [28] und Smoluchowski [113] unabhängig voneinander eine Theorie zur Erklärung dieses Effekts auf. Sie basiert auf der Eigenbewegung der Fluidmoleküle aufgrund von innerer Energie und führt zu der zufälligen Bewegung von Partikeln in Fluiden. Die Moleküle des Fluids stoßen in Ort und Zeit ungleichmäßig an die Partikeloberfläche, wobei sich die durch die Stöße auf das Partikel übertragenen Impulse nicht völlig gegenseitig ausgleichen. Dadurch resultiert eine Partikelbewegung, die auch Partikeldiffusion genannt wird. Zur Analyse der Brownschen Bewegung gibt es Ansätze aus der Wahrscheinlichkeitstheorie, wie z. B. den Wiener-Prozess [32, 133], der die zurückgelegten Wege der Partikel mathematisch beschreibt. Ein anderer Ansatz kommt aus der Thermodynamik, wobei über die Fickschen Gesetze der Konzentrationsausgleich durch eine Bilanzierung der Partikelströme analysiert wird. Ergebnis dieser Betrachtung, wie z. B. in dem Buch von Kittel und Krömer [63] ausgeführt wird, ist die Diffusionsgleichung, deren Lösung mittels einer Fouriertransformation und $\boldsymbol{x}_0$ als Startposition zum Zeitpunkt $t = 0$ die Lösung

$$P(\boldsymbol{x}, t) = \frac{1}{(4\pi D_\mathrm{P} t)^{3/2}} e^{-\frac{(\boldsymbol{x}-\boldsymbol{x}_0)^2}{4 D_\mathrm{P} t}}. \tag{5.27}$$

besitzt, wobei D_P den Diffusionskoeffizienten bezeichnet. Der Ausdruck $P(\boldsymbol{x}, t)$ kann auch als Aufenthaltswahrscheinlichkeit eines Partikels für den Ort $\boldsymbol{x}$ zum Zeitpunkt

t ausgehend von $\boldsymbol{x}_0$ zum Zeitpunkt $t = 0$ interpretiert werden. Der mittlere quadratische Abstand $\overline{\Delta \boldsymbol{x}_\mathrm{B}^2(t)}$ vom Startpunkt $\boldsymbol{x}_0$ in Abhängigkeit von der Zeit ergibt sich dann im dreidimensionalen Fall mithilfe der Gleichung

$$\overline{\Delta \boldsymbol{x}_\mathrm{B}^2(t)} = \int\limits_{\mathbb{R}_+^3} (\boldsymbol{x} - \boldsymbol{x}_0)^2 \, P(\boldsymbol{x}, t) \, \mathrm{d}\boldsymbol{x} = 6 D_\mathrm{P} \Delta t_\mathrm{B}. \tag{5.28}$$

Damit bewegt sich ein Partikel in dem Zeitraum Δt_B um die Distanz

$$\Delta \boldsymbol{x}_\mathrm{B} = \sqrt{6 D_\mathrm{P} \Delta t_\mathrm{B}} \tag{5.29}$$

in eine beliebige Richtung. Der Diffusionskoeffizient D_P ist hierbei durch Einstein bzw. Smoluchowski [28, 113] unter Verwendung der Stoke'schen Formulierung für die Umströmung kugelförmiger Partikel in Gleichung (5.14) bzw. (5.17) bestimmt worden:

$$D_\mathrm{P} = \frac{k_\mathrm{B} T \mathrm{Cun}(d_\mathrm{P})}{3 \pi \mu d_\mathrm{P}}. \tag{5.30}$$

Für eine vom Zeitschritt Δt unabhängige Charakterisierung der Brownschen Bewegung resultiert unter Verwendung eines dreidimensionalen Zufallsvektors $\boldsymbol{\theta}$ die Beschleunigung $a_\mathrm{B} \boldsymbol{\theta}$ mit:

$$a_\mathrm{B} = \sqrt{\frac{216 \nu_\mathrm{f} k_\mathrm{B} T}{\pi \rho_\mathrm{f} d_\mathrm{P}^5 \left(\frac{\rho_\mathrm{P}}{\rho_\mathrm{f}}\right)^2 \mathrm{Cun}(d_\mathrm{P}) \Delta t}}. \tag{5.31}$$

Damit wirkt die Kraft

$$\boldsymbol{F}_\mathrm{B} = m_\mathrm{P} a_\mathrm{B} \boldsymbol{\theta} \tag{5.32}$$

auf ein Partikel. Bei den drei Einträgen θ_1, θ_2 und θ_3 des Zufallsvektors $\boldsymbol{\theta}$ handelt es sich um unabhängige Zufallszahlen, die jeweils einer Gauß-Verteilung genügen, wobei die Varianz gleich eins ist.

Zur Validierung der Brownschen Bewegung wird der Diffusionskoeffizient D_P durch Simulationen nach Gleichung (5.29) bestimmt, und mit dem Einsteinschen Diffusionskoeffizienten in Gleichung (5.30) verglichen. Hierzu wird angenommen, dass sich das Fluid im Berechnungsgebiet in Ruhe befindet, d. h. $\boldsymbol{v}_\mathrm{f} = 0$ gilt. In der Simulation werden für jeden betrachteten Partikeldurchmesser die Mittelwerte des Koeffizientens über 100.000 Partikel nach jeweils 1.000 Zeitschritten gebildet. In Abbildung 5.6(a) sind die numerischen Ergebnisse und der theoretisch ermittelte Diffusionskoeffizient nach Gleichung (5.30) dargestellt.

Wie auch Teike et al. [126] festgestellt haben, ist eine sehr gute Übereinstimmung von Theorie und numerischer Umsetzung festzustellen. Die relative Abweichung des

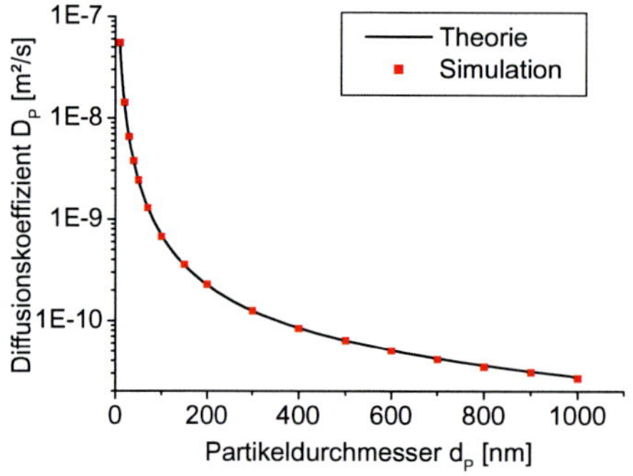

(a) Validierung der Implementierung des Diffusionskoeffizienten D_P. Vergleich der Simulation mit den theoretischen Werten nach Stokes-Einstein.

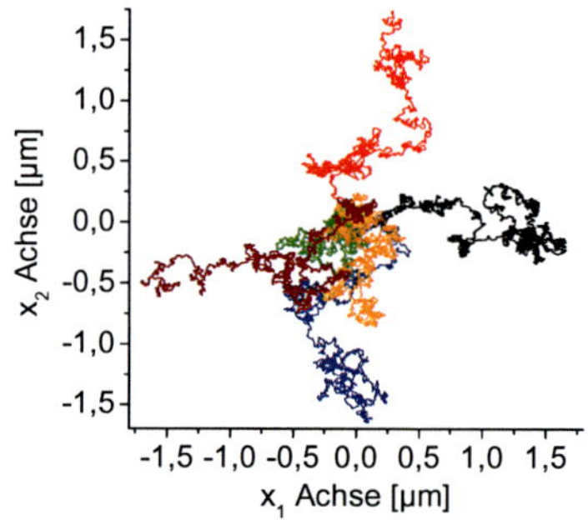

(b) Sechs Partikelbahnen für ein ruhendes Fluid mit dem Partikelaufgabeort $\boldsymbol{x} = (0, 0)$.

Abbildung 5.6: Brownsche Bewegung.

durch die Simulation ermittelten Diffusionskoeffizienten beträgt für die relevanten Partikeldurchmesser von 50 nm bis 500 nm bezogen auf die analytische Lösung nicht mehr als 2,7 %. Wird die Anzahl der Partikel, die zur Mittelung des Koeffizienten betrachtet werden, verringert, steigt dieser Fehler. Für eine Partikelanzahl von mindestens 10.000 Partikel bleibt die relative Abweichung allerdings unter 10 %. Bis auf einzelne Ausnahmen wird die Anzahl der durch das Strömungsgebiet bewegten Partikeln in dieser Arbeit jedoch erreicht bzw. deutlich überschritten.

Die Kraft durch die Brownsche Bewegung ist proportional zu $d_\mathrm{P}^{-5/2}$, d. h. sie nimmt mit kleiner werdendem Partikeldurchmesser zu. In Abbildung 5.6(b) ist der Einfluss der Brownschen Bewegung auf sechs Partikel mit $d_\mathrm{P} = 100\,\mathrm{nm}$ in einem ruhenden Fluid dargestellt. Die Betrachtungsdauer von $t_\mathrm{B} = 30\,\mu\mathrm{s}$ entspricht dabei der unteren Schranke des Zeitraums, in dem sich Partikel in den Anwendungsfällen in dieser Arbeit im Strömungsgebiet befinden. Der maximale Abstand $\Delta\boldsymbol{x}_{\mathrm{B,max}}$ der Partikel vom Ursprung $\boldsymbol{x} = (0, 0)$ beträgt $\Delta\boldsymbol{x}_{\mathrm{B,max}} = 1{,}7\,\mu\mathrm{m}$ und ist damit im Vergleich zu den Abmessungen der in dieser Arbeit betrachteten Geometrien signifikant. Aus diesem Grund wird die Brownsche Bewegung in allen Berechnungen berücksichtigt.

5.2.5 Archimedischer Auftrieb und Schwerkraft

Die Partikel sind in den Experimenten dem Schwerefeld der Erde ausgesetzt. In der BBO-Gleichung werden die auf ein Partikel wirkende Gewichtskraft und der archimedische Auftrieb, der entgegengesetzt zur Schwerkraft auf das Partikel wirkt,

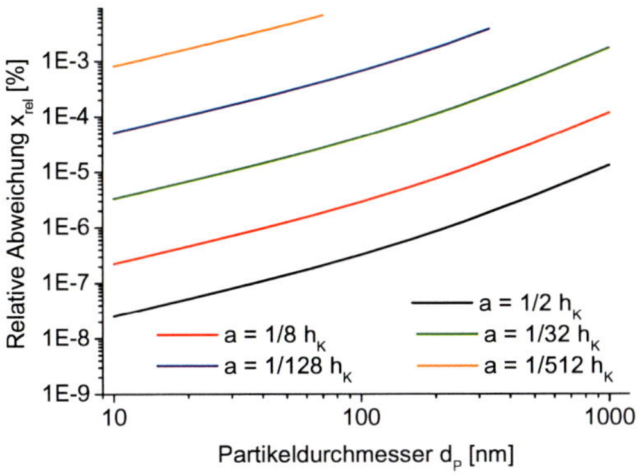

Abbildung 5.7: Einfluss des Partikeldurchmessers auf die relative Abweichung bzgl. der Partikelposition mit bzw. ohne Berücksichtigung der Schwerkraft und des archimedischen Auftriebs. Kurvenparameter sind unterschiedliche Aufgabeorte der Partikel im ebenen Kanal ($a = 1/2h_\mathrm{K}$ entspricht der Kanalmitte).

zu einem Term zusammengefasst:

$$\boldsymbol{F}_\mathrm{GA} = m_\mathrm{P}\boldsymbol{g}\left(1 - \frac{\rho_\mathrm{f}}{\rho_\mathrm{P}}\right), \tag{5.33}$$

wobei für die Erdbeschleunigung in 2D die Beziehung $\boldsymbol{g} = (0; 9{,}81)^t$ m/s^2 gilt.

Der archimedische Auftrieb und die Schwerkraft und ihre Wirkung auf Partikeltrajektorien werden gemeinsam an dem Beispiel der ebenen Kanalströmung untersucht. Hierbei wird angenommen, dass durch die Ausrichtung des Koordinatensystems die Erdbeschleunigung in negativer x_2-Richtung wirkt und beide Kräfte damit quer zur Hauptströmungsrichtung ausgerichtet sind.

Wie in der Abbildung 5.7 zu erkennen ist, nimmt der Einfluss der beiden Kräfte mit ansteigendem Partikeldurchmesser zu, weil sowohl die Masse des verdrängten Fluidvolumens als auch die des Partikels zunehmen. Partikel, die sich nahe der Wand befinden, sind im Vergleich zu Partikeln in der Kanalmitte entsprechend länger dem Erdschwerefeld und dem archimedischen Auftrieb ausgesetzt. Somit ist die relative Abweichung bzgl. des Aufenthaltsortes wandnaher Partikel größer als bei Partikeln, die von der Wand weiter entfernt sind. Aufgrund der sehr kleinen Abweichung auch für große Partikel in der Nähe der Wand werden beide Kräfte in dieser Arbeit vernachlässigt.

5.2.6 Anziehungskräfte

Van der Waals Kraft

Für die in der vorliegenden Arbeit betrachteten Partikeldurchmesser kann die so genannte Van der Waals Kraft, d. h. die Interaktion zwischen den Molekülen und den Partikeln, Einfluss auf die Partikelbewegung in der Nähe von festen Oberflächen bzw. bereits angelagerten Partikeln haben. Für die Erklärung der anziehenden Kraft zwischen zwei Körpern gibt es einen Ansatz nach Hamaker [40] und eine Sichtweise nach Lifschitz. Während Lifschitz in [76] die Interaktion zwischen zwei ebenen Platten und Krupp in [71] in einem System, das aus einer Kugel und einer Platte besteht, durch die Energiedissipation der elektromagnetischen Felder bestimmt, wird von Hamaker die intermolekulare elektrostatische Dipolwechselwirkung zur Berechnung der Kraft herangezogen: Durch die Bewegung der Elektronen der Atome in einem Molekül ändert sich die Ladungsverteilung des Moleküls ständig. Sobald die Schwerpunkte von positiver und negativer Ladung getrennt sind, liegt ein in diesem Fall temporärer Dipol vor, der wiederum mit anderen Molekülen bzw. Dipolen interagieren kann. Werden die Kräfte, die durch diese Dipolwechselwirkung entstehen, über die Molekülpaare der beiden Körper paarweise integriert, resultiert die Gesamtkraft zwischen den beiden Körpern.

Die Van der Waals Kraft kann für Kugel-Kugel, Kugel-Platte und Platte-Platte Kombinationen bestimmt werden, wobei davon ausgegangen wird, dass die betrachteten Körper eine glatte Oberfläche besitzen. Für unregelmäßig geformte Partikel ist diese Berechnung nicht mehr allgemein möglich. Mit der Hamaker-Konstante $A_{\mathrm{H}} \approx 10^{-19}\,\mathrm{J}$ nach Tabor und Winterton [123] lautet die Van der Waals Kraft nach Israelachvili [53] für kugelförmige Partikel mit dem Durchmesser d_{P} und dem Abstand a zu einer ebenen Wand:

$$\boldsymbol{F}_{\mathrm{VDW}} = -\frac{A_{\mathrm{H}} d_{\mathrm{P}}^3}{12 a^2 \left(a + d_{\mathrm{P}}\right)^2}. \tag{5.34}$$

Bildkraft

Bei der Bildkraft $\boldsymbol{F}_{\mathrm{BI}}$ handelt es sich im Falle von geladenen Partikeln in der Gasströmung um eine auf ein wandnahes Partikel wirkende Kraft, die in Richtung der elektrisch leitenden bzw. dielektrischen Wand zeigt. Die Ladung des Partikels induziert eine Bildladung hinter der Oberfläche der Wand, wobei beide Ladungen

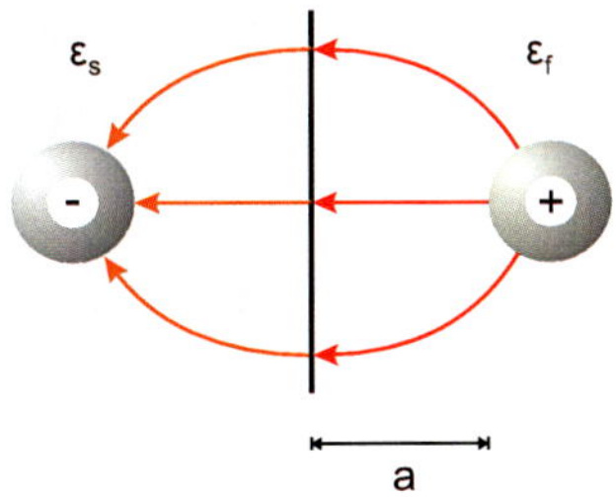

Abbildung 5.8: Bildkraft als Anziehungskraft zwischen Partikelladung (rechts) und der induzierten Bildladung (links). Die Feldlinien sind rot gekennzeichnet.

denselben Abstand a zur Oberfläche der Wand haben, siehe Abbildung 5.8. Die Bildkraft ist dabei zu $1/a^2$ proportional:

$$\boldsymbol{F}_{\mathrm{BI}} = -\frac{(N_e e)^2}{4\pi\varepsilon_0\varepsilon_{\mathrm{f}}\,(2a + d_{\mathrm{P}})^2}\frac{\varepsilon_{\mathrm{s}} - \varepsilon_{\mathrm{f}}}{\varepsilon_{\mathrm{s}} + \varepsilon_{\mathrm{f}}}\boldsymbol{n}. \tag{5.35}$$

Die Anzahl der Ladungen auf dem Partikel wird mit N_e, die Elementarladung mit e, die elektrische Feldkonstante mit $\varepsilon_0 = 8{,}854\,10^{-12}\,AsV^{-1}m^{-1}$ und der Normalenvektor zur Oberfläche mit $\boldsymbol{n}$ bezeichnet. Für die relativen Dielektrizitätskonstanten bzw. Permitivitäten des Fluids ε_{f} und der Wand ε_{s} werden die Werte für Luft $\varepsilon_{\mathrm{f}} = 1{,}000580$ und Nickel $\varepsilon_{\mathrm{s}} = \infty$ angenommen.

Einfluss der Van der Waals und Bildkraft auf die Partikelabscheidung

Die Van der Waals Kraft sowie die Bildkraft haben für das Anlagerungsverhalten eines kugelförmigen Partikels nur für sehr kleine Abstände des Partikels zu einer festen Wand einen Einfluss auf die Partikelbewegung. Um abschätzen zu können, inwieweit die beiden Kräfte bei der Trajektorienberechnung berücksichtigt werden müssen, wird die Kanalströmung mit einer Kanal-Reynolds-Zahl von $\mathrm{Re} = 0{,}1$ genauer analysiert. Es werden zwei Fälle für den initialen Abstand des Partikelmittelpunkts von der festen Wand betrachtet. Ausgehend von der Kanalhöhe h_{K} beträgt der Abstand für diese beiden Testfälle zu Beginn der Simulation $a = 312{,}5\,\mathrm{nm}$ und $a = 625\,\mathrm{nm}$. Die Partikel haben dabei jeweils einen Durchmesser von $50\,\mathrm{nm}$ bzw. $150\,\mathrm{nm}$, sodass sich insgesamt vier Testkonfigurationen ergeben. Nachdem ein Partikel in das Strömungsgebiet eingebracht wurde, wird die Trajektorie für drei Fälle berechnet. Für den ersten Fall, der in diesem Zusammenhang die Referenzlösung repräsentiert, wird lediglich die Brownsche Bewegung zusätzlich zur Reibung und Trägheit der Partikel berücksichtigt. Als Zweites wird zusätzlich die Van der Waals Kraft eingebunden, und als dritter Fall wird anstelle der Van

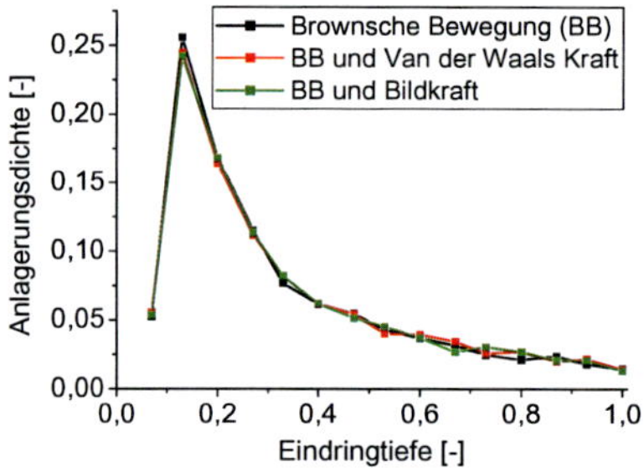

(a) Partikeldurchmesser $d_P = 50$ nm, Aufgabeort $a = 625$ nm von der Wand entfernt.

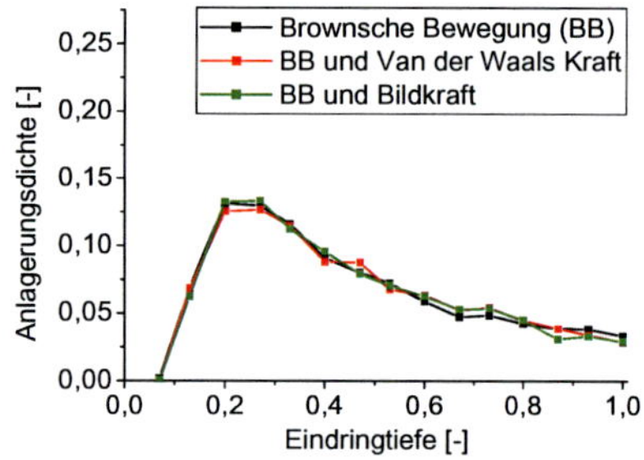

(b) Partikeldurchmesser $d_P = 150$ nm, Aufgabeort $a = 625$ nm von der Wand entfernt.

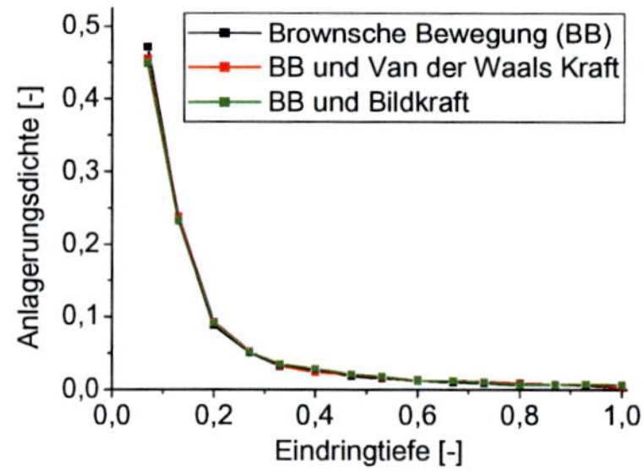

(c) Partikeldurchmesser $d_P = 50$ nm, Aufgabeort $a = 312{,}5$ nm von der Wand entfernt.

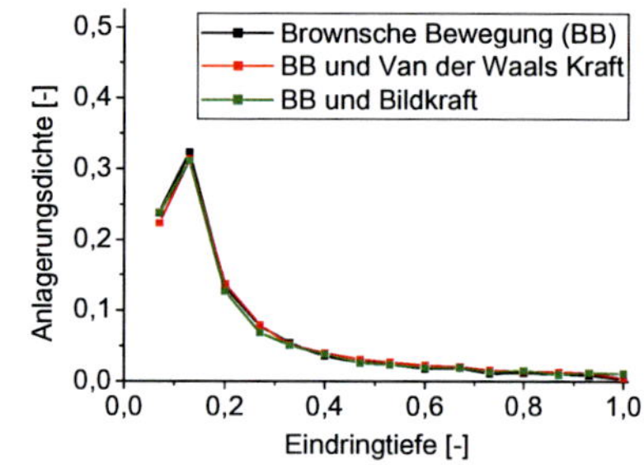

(d) Partikeldurchmesser $d_P = 150$ nm, Aufgabeort $a = 312{,}5$ nm von der Wand entfernt.

Abbildung 5.9: Einfluss der Van der Waals bzw. der Bildkraft auf die Partikelanlagerung unter Berücksichtigung der Brownschen Diffusion.

der Waals Kraft die Bildkraft in die Berechnung der Partikelbewegung einbezogen. Die Partikelbahnberechnung wird jeweils für 10.000 Partikel durchgeführt, um statistisch abgesicherte Aussagen treffen zu können. Zum Vergleich der Ergebnisse werden jeweils die Abscheideeffizienz und die Anlagerungsdichte der Partikel über der Kanallänge betrachtet. Der Abscheidegrad unter Berücksichtigung der Van der Waals und Bildkraft weicht in allen Fällen um nicht mehr als 2,7 % von der Referenzlösung ab. In Abbildung 5.9 sind die Anlagerungsdichten für die vier Testfälle dargestellt. Für keinen der Testfälle lässt sich in Übereinstimmung mit der Arbeit von Lantermann [74] eine signifikante Abweichung der Anlagerungsdichten unter Berücksichtigung der Van der Waals oder Bildkraft im Vergleich zur Referenzlösung feststellen, und deshalb ist der hohe numerische Aufwand zur Berücksichtigung der Van der Waals und Bildkraft nicht gerechtfertigt. Beide Kräfte werden in dieser Arbeit nicht berücksichtigt.

5.3 Partikelanlagerung

In diesem Abschnitt wird die Partikelanlagerung näher analysiert. Zu diesem Zweck werden zunächst die Abscheidemechanismen erläutert und die Modellierung der Partikelabscheidung vorgestellt. Hierbei wird der Einfluss verschiedener Effekte geklärt und anschließend werden die Anlagerungsmodelle präsentiert.

5.3.1 Abscheidemechanismen

Bei den Untersuchungen zur Partikelanlagerung werden grundsätzlich drei verschiedene Mechanismen unterschieden: die Diffusionsabscheidung, die Abscheidung durch die Trägheit und die Anlagerung aufgrund des Sperreffekts. Jeder Mechanismus ist je nach Regime in unterschiedlichem Maß für die Abscheidung von Partikeln wirksam. Man kann sowohl für die Faserabscheidung als auch für die Partikeldeposition an einem Sieb dimensionslose Kennzahlen definieren, welche die einzelnen Regime charakterisieren.

Diffusion

Sind die Partikel sehr klein, spielt die Brownsche Bewegung (Abbildung 1.4(a)) beim Partikeltransport eine wesentliche Rolle. Das Verhältnis zwischen konvektivem und diffusivem Transport wird allgemein unter der Verwendung einer charakteristischen Geschwindigkeit $\boldsymbol{V}$ bzw. Länge L und des Partikel-Diffusionskoeffizienten D_{P} durch die Péclet-Zahl

$$\mathrm{Pe} = \frac{|\boldsymbol{V}|L}{D_{\mathrm{P}}} \tag{5.36}$$

beschrieben, wobei der Diffusionskoeffizient nach Gleichung (5.30) sowohl von der Temperatur und Viskosität der kontinuierlichen Phase als auch vom Partikeldurchmesser und der entsprechenden Cunningham-Korrektur $\mathrm{Cun}(d_{\mathrm{P}})$ nach Gleichung (5.15) abhängt. Für den Fall einer partikelbeladenen isothermen Faserumströmung kann man als charakteristische Größe für die Geschwindigkeit $\boldsymbol{V}$ die Anströmgeschwindigkeit $\boldsymbol{v}_{\infty}$ der Faser und für die Länge L den Faserdurchmesser d_{F} annehmen. Da in dieser Arbeit ausschließlich isotherme partikelbeladene Gasströmungen untersucht werden, ist die Péclet-Zahl eine Funktion des Partikeldurchmessers. Für die Siebdurchströmung wird als charakteristische Länge der hydraulische Durchmesser der Sieböffnung verwendet, wobei für die hier vorliegenden quadratischen

Öffnungen der hydraulische Durchmesser mit der Kantenlänge der Sieblöcher identisch ist. Hierdurch erhält man die beiden Péclet-Zahlen:

$$\text{Faser:} \qquad \mathrm{Pe_F} = \frac{|\boldsymbol{v}_\infty| d_\mathrm{F}}{D_\mathrm{P}} \qquad\qquad \text{Sieb:} \qquad \mathrm{Pe_{SL}} = \frac{|\boldsymbol{v}_\infty| \left(a + d_\mathrm{SL}\right)^2}{d_\mathrm{SL} D_\mathrm{P}}. \tag{5.37}$$

Für kleiner werdende Péclet-Zahlen wird die konvektive Bewegung, die durch das Strömungsfeld aufgeprägt wird, zunehmend durch die Brownsche Bewegung, also durch eine diffusive Bewegung, überlagert. Für große Péclet-Zahlen kann der Einfluss der Brownschen Bewegung vernachlässigt werden. Bewegt sich ein Partikel in der Nähe der Faseroberfläche, steigt die Wahrscheinlichkeit mit kleiner werdendem Partikeldurchmesser, dass das Partikel die Oberfläche berührt, weil die Amplitude der zufälligen Auslenkung zunimmt.

Trägheit

Die Abscheidung von Partikeln aufgrund der Trägheit (Abbildung 1.4(b)) lässt sich durch das Verhältnis aus Widerstands- und Trägheitskraft charakterisieren. Dieses Verhältnis wird unter Verwendung der Partikelrelaxationszeit nach Gleichung (5.3) durch die Stokes-Zahl beschrieben:

$$\mathrm{St} = \frac{\text{Widerstandskraft}}{\text{Reibungskraft}} = \frac{\tau_\mathrm{P} |\boldsymbol{V}|}{L}. \tag{5.38}$$

Hierbei bezeichnen L bzw. $\boldsymbol{V}$ eine charakteristische Länge bzw. Geschwindigkeit der Gas-Partikel Strömung. Je größer die Stokes-Zahl wird, desto mehr gewinnt die Trägheit bei der Partikelabscheidung an Bedeutung. Die Faser- und Sieb-Stokes-Zahl wird durch

$$\text{Faser:} \qquad \mathrm{St_F} = \frac{\tau_\mathrm{P} |\boldsymbol{v}_\mathrm{f}|}{d_\mathrm{F}} \qquad\qquad \text{Sieb:} \qquad \mathrm{St_{SL}} = \frac{\tau_\mathrm{P} |\boldsymbol{v}_\infty| \left(a + d_\mathrm{SL}\right)^2}{d_\mathrm{SL}^3} \tag{5.39}$$

definiert.

Sperreffekt

Eine Kennzahl, die die Interzeption (Abbildung 1.4(c)) charakterisiert, wird durch

$$\mathrm{In} = \frac{d_\mathrm{P}}{L} \tag{5.40}$$

definiert, wobei L eine charakteristische Länge bezeichnet. Für die Faserumströmung bzw. für die Sieblochdurchströmung kann man $L = d_\mathrm{F}$ bzw. $L = d_\mathrm{SL}$ setzen:

$$\text{Faser:} \qquad \mathrm{In_F} = \frac{d_\mathrm{P}}{d_\mathrm{F}} \qquad\qquad \text{Sieb:} \qquad \mathrm{In_{SL}} = \frac{d_\mathrm{P}}{d_\mathrm{SL}}. \tag{5.41}$$

Werden die Partikel z. B. im Vergleich zur Faser größer, werden Partikel von immer weiter entfernteren Partikelbahnen abgestreift und der Sperreffekt gewinnt bei der Anlagerung an Bedeutung.

5.3.2 Modellierung der Partikelabscheidung

Abprallen

In den Arbeiten von Lehmann [75] und Rembor [103] wird der Partikelabprall von Fasern bzw. bereits angelagerten Partikeln und die Auswirkung auf den Abscheidegrad während der Beladung mit Partikeln eingehend untersucht und mit vorangegangenen Analysen von Hiller [49] bzw. Hiller und Löffler [50] verglichen. Es wurde eine eindeutige Abhängigkeit des Abprallens der Partikel u. a. von der Strömungsgeschwindigkeit erkannt. Die Geschwindigkeiten, ab der dieser Effekt relevant wird, werden in den Anwendungsfällen dieser Arbeit nicht erreicht. Es kommt hinzu, dass hier Rußagglomerate und nicht Latexpartikel wie in [75, 103] untersucht werden. Nach Hiller bzw. Lehmann tendieren hoch elastische Latexpartikel eher zum Abprallen als plastisch verformbare Rußagglomerate. Deshalb wird in dieser Arbeit angenommen, dass Partikel, die eine feste Oberfläche oder andere Partikel berühren, an dieser Stelle auch abgeschieden werden und nicht abprallen.

Ablösung

Rußpartikel, die sich an der Sieboberfläche oder anderen Partikeln angelagert haben, sind weiterhin der Strömung ausgesetzt. Damit übt die Strömung auf die abgeschiedenen Partikel eine Kraft aus, die den Partikel-Partikel oder Partikel-Wand Haftkräften entgegengerichtet sein kann. Es stellt sich die Frage, ob es in den für diese Arbeit relevanten Fällen zu einer Ablösung der Partikel kommen kann. Für eine Abschätzung dieses Effekts wird an dieser Stelle ein Kräftegleichgewicht zwischen Widerstands-, Druck- und Van der Waals Kraft angenommen. Des Weiteren wird vorausgesetzt, das die Strömungsgeschwindigkeit von $|\boldsymbol{v}_\mathrm{f}| = 15\,\mathrm{m/s}$ nicht überschritten wird, was in allen Simulation der Fall ist. Mit den Gleichungen (5.12) und (5.34) folgt, dass selbst für einen Abstand von 2 nm der Partikeloberfläche zur Wand und einem Partikeldurchmesser von 500 nm die Haftkraft um den Faktor 2,15 größer als die Widerstandskraft ist. In Abbildung 5.10 ist der Einfluss des Partikeldurchmessers auf dieses Verhältnis für verschiedene Partikel-Wand-Abstände dargestellt. Für die typischen Bedingungen ist der Faktor sogar wesentlich größer als zehn. Befindet sich ein Partikel in direkter Nähe zu einer Oberfläche, dominiert damit die Van der Waals Kraft die Widerstands- und Druckkraft. Steigt der Abstand des

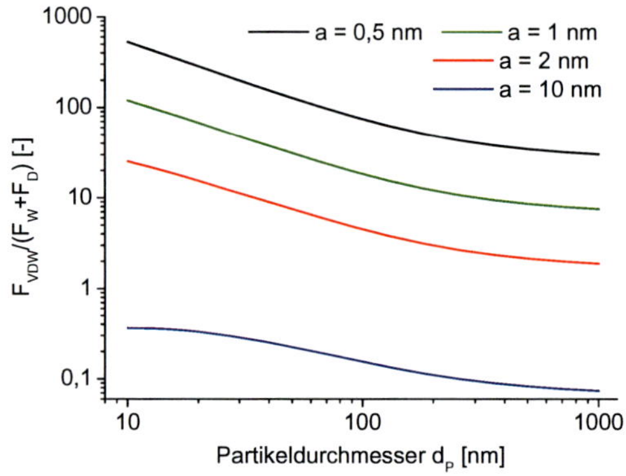

Abbildung 5.10: Einfluss des Partikeldurchmessers auf das Verhältnis zwischen Widerstands- und Van der Waals Kraft für verschiedene Partikel-Wand-Abstände.

Partikels zur Oberfläche auf 10 nm, sinken die Werte für $\boldsymbol{F}_{\text{VDW}}/(\boldsymbol{F}_{\text{W}} + \boldsymbol{F}_{\text{D}})$ deutlich unter eins. Damit folgt, dass die Ablösung der (Ruß-) Partikel in den weiteren Betrachtungen vernachlässigt werden kann.

Verformung

Konstandopoulos et al. beluden in [67] flache normal angeströmte Filter, die aus Glasfasern bestanden, mit Rußpartikeln verschiedener Größenverteilungen. Anschließend wurde der Einfluss der Strömungsgeschwindigkeit auf die Änderung der Porosität bzw. Permeabilität der aufgewachsenen Rußkuchen untersucht. Es konnte eine Änderung der Porosität der Rußschicht bis zu einer kritischen Anströmgeschwindigkeit, die einem Druckabfall von etwa $\Delta p = 17\,\text{kPa}$ entspricht, ausgeschlossen werden. Die experimentellen Randbedingungen von Konstandopoulos et al. sind hierbei sehr gut mit der hier vorliegenden Prüfsituation vergleichbar. Außerdem werden in dieser Arbeit sowohl in den experimentellen als auch numerischen Untersuchungen geringere Druckverluste betrachtet. Deshalb wird davon ausgegangen, dass sich die aufgewachsenen Partikelstrukturen nicht verformen.

Anlagerungsmodelle

Eine zentrale Aufgabe dieser Arbeit ist die Untersuchung der Partikelanlagerung. Hierbei sollen die Einflüsse der Partikelgeschwindigkeit und des Partikeldurchmessers auf die initiale Anlagerung und aufwachsende Strukturen analysiert werden.

Bei der initialen Anlagerung werden Partikel aus dem Berechnungsgebiet entfernt, nachdem es zu einem Kontakt mit der Oberfläche gekommen ist. Dabei werden die aufgegebenen und abgeschiedenen Partikel bilanziert. Wesentliche Größe für die Auswertung der Berechnungen ist damit neben der Filtrationseffizienz die Verteilung der abgeschiedenen Partikel auf den Oberflächen. Als zusätzliche Information dienen auch der Aufgabeort und die zugehörige Anzahlverteilung.

Für die Berechnung der aufwachsenden Strukturen bleiben die Partikel im Berechnungsgebiet. Durch diese Simulationen soll u. a. die Frage beantwortet werden, inwieweit die Strömung an die entstehenden Partikeldendriten angepasst werden muss, um belastbare Ergebnisse zu erlangen. Insbesondere soll geklärt werden, welchen Einfluss die Strömungsgeschwindigkeit, der Partikeldurchmesser und die Sieblochgröße auf die Morphologie dieser Strukturen haben.

Aus diesen Gründen ist es erforderlich, verschiedene Anlagerungsmodelle in dem Berechnungsprogramm zur Verfügung zu stellen. Nachfolgend werden vier Modelle beschrieben, die die Berechnung der initialen Partikelanlagerung als auch die Simulation aufwachsender Partikelstrukturen ermöglichen. In allen Anlagerungsmodellen wird zunächst ein stationäres Strömungsfeld berechnet. Anschließend werden die Partikelbahnen basierend auf dem vorhandenen Strömungsfeld bestimmt, wobei die Partikel in der Implementierung als Massepunkte ohne räumliche Ausdehnung betrachtet werden. Erst wenn ein Partikel in die Nähe einer festen Wand gelangt, wird das Partikel nicht mehr als Massepunkt sondern als Sphäre mit der entsprechenden Ausdehnung betrachtet. Die geometrische Abmessung des Partikels wird hierbei durch die Abfrage des Kontakts zwischen der Partikeloberfläche und der Wand berücksichtigt.

Für die initiale Anlagerung wird nur zu Beginn der Simulation die Strömung berechnet. Allerdings wird in der Regel eine große Anzahl von Partikeltrajektorien benötigt, damit statistisch gesicherte Aussagen über z. B. den Abscheidegrad getroffen werden können. Insgesamt benötigen diese Simulationen im Vergleich zu Berechnungen aufwachsender Partikelstrukturen mit Berücksichtigung der Rückwirkung der Partikel auf das Fluid nur wenig Rechenzeit.

Für die Berechnung aufwachsender Partikelstrukturen werden drei verschiedene Anlagerungsmodelle verwendet. In diesen Modellen können sich Partikel an bereits deponierten Partikeln anlagern. Die Modelle unterscheiden sich in der Rückwirkung der angelagerten Partikel auf die Strömung. Im Modell ohne Rückwirkung auf das Fluid wird die Strömung den aufwachsenden Dendriten nicht angepasst. Wie schon bei der initialen Anlagerung ist die Rechenzeit in diesem Fall gering. Wird die Rückwirkung berücksichtigt, erhöht sich die erforderliche Berechnungszeit wesentlich, weil sich die Strömung im Zuge einer Anlagerung ändert. Selbst wenn

Anlagerungsmodell	Wirkung auf die Strömung	Wirkung auf Partikel	Nutzen
Initial	keine	keine	Initiale Effizienz
Ohne Rückwirkung auf das Fluid	keine	feste Wand	Aufwachsende Strukturen
Permeabel	vermindert durchströmbar	feste Wand	Aufwachsende Strukturen
Solid	feste Wand	feste Wand	Aufwachsende Strukturen

Tabelle 5.1: Verwendete Anlagerungsmodelle.

die Strömung immer nur nach einer bestimmten Anzahl von angelagerten Partikeln angepasst wird, bleibt der numerische Aufwand hoch.

Im permeablen Modell sind die überdeckten Zellen nur vermindert durchströmbar, wohingegen im Solid-Modell die überdeckten Zellen nicht durchströmt werden können. In Tabelle 5.1 sind die Anlagerungsmodelle zusammengefasst. Insgesamt stellt sich die Frage, ob es ausreicht, das Modell ohne Rückwirkung auf das Fluid bei der Simulation aufwachsender Strukturen zu verwenden oder ob es notwendig ist, eines der rechenzeitintensiven Modelle zu benutzen. In Abschnitt 7.2.4 wird diese zentrale Frage diskutiert.

5.4 Fazit zur dispersen Phase

Mit den vorgestellten Berechnungsverfahren und den Anlagerungsmodellen für die disperse Phase ist es möglich, alle relevanten Effekte mit hinreichend kleinem Fehler abzubilden. Zu diesen Effekten zählen die Widerstandskraft, die Trägheit, die Brownsche Bewegung und die Auflösung des Kontakts zwischen Partikeln und festen Oberflächen. Es wurde gezeigt, dass andere Kräfte keinen wesentlichen Einfluss auf die Partikelbewegung und -anlagerung haben, und somit vernachlässigt werden können. Des Weiteren ist auch der Einfluss von Ablöse- oder Abprallphänomenen nicht signifikant und wird in dieser Arbeit nicht weiter berücksichtigt. Zusammen mit dem nicht-äquidistanten Lattice-Boltzmann-Verfahren stehen damit alle numerischen Teilmodelle zur Untersuchung von partikelbeladenen Strömungen und der Partikeldeposition zur Verfügung.

Kapitel 6

Realisierung

6.1 Simulationsablauf

Im Rahmen dieser Arbeit soll das Aufwachsen von Partikelstrukturen auf Oberflächen simuliert werden, wobei die einzelnen abgeschiedenen Partikel mit mehreren Gitterzellen aufgelöst werden. Zentraler Bestandteil hierbei ist die Berücksichtigung der Rückwirkung der abgeschiedenen Partikel auf die Strömung und nachfolgende Partikel. Das zunächst grob aufgelöste Gitter wird zur Laufzeit der Simulation lokal an denjenigen Stellen im Berechnungsgebiet verfeinert, an denen sich Partikel anlagern. Die Strömung wird anschließend im gesamten Gebiet aktualisiert.

In Abbildung 6.1 ist der für die numerischen Analysen zugrunde liegende Simulationsablauf dargestellt. Die Gittergenerierung erfordert die Definition des Berechnungsgebiets. Daher müssen u. a. die Gebietsgrenzen, die Randbedingungen und lokal höher aufgelöste Regionen für die Erzeugung des Gitters definiert werden. An dieser Stelle werden zudem das Strömungsprofil am Einlass und die entsprechende Verteilungsdichte für die Partikelaufgabe vorgegeben. Sowohl die für die Strömungsberechnung als auch für die Partikelbahnberechnung benötigten Parameter wie Relaxationszeit, die nach einer Partikelanlagerung lokal erzeugte Gitterauflösung oder die Abbruchbedingungen werden vor der Gittergenerierung dem Simulationsprogramm übergeben. Die in Abbildung 6.1 gelb markierten Abbruchbedingungen AB1, AB2 und AB3 werden im Folgenden erläutert. Nachdem alle Parameter gesetzt worden sind, werden die Strömungsinformationen an den Gitterknoten initialisiert.

Anschließend wird die kontinuierliche Phase mittels des Lattice-Boltzmann-Verfahrens berechnet. Die erste der drei Abbruchbedingungen AB1 wird wirksam, wenn die Strömung nach der Initialisierung der Simulation zum ersten Mal berechnet wird und ein stationärer Zustand der Strömung erreicht wird. Hierfür werden je nach Anwendungsfall die Änderung der Strömungsgeschwindigkeit, des Druckabfalls über die Länge oder eine Kombination aus diesen beiden Bedingungen zwischen einer bestimmten Anzahl von Iterationen betrachtet. Fällt die Änderung

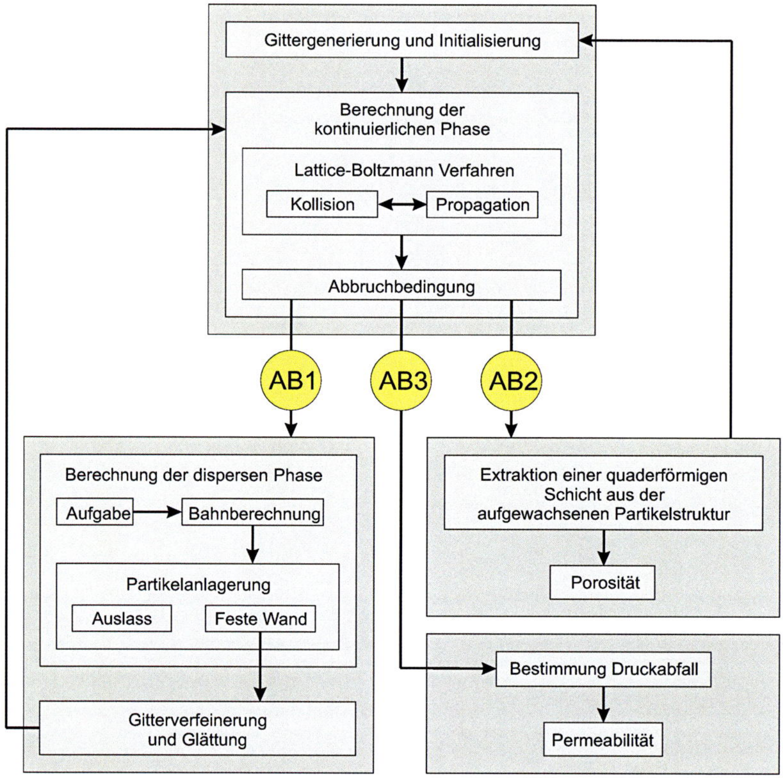

Abbildung 6.1: Simulationsablauf zur Berechnung und Charakterisierung aufwachsender Partikelstrukturen mit adaptiver Gitterverfeinerung.

unter eine vorgegebene Schranke, wird angenommen, dass der stationäre Zustand erreicht ist.

Nach der Berechnung des stationären Strömungsfelds erfolgt die Berechnung der dispersen Phase. Nachdem ein Partikel in das Gebiet aufgegeben worden ist, wird die zugehörige Trajektorie bestimmt. Erreicht das Partikel eine feste Wand, wird es abgeschieden, d. h. die durch das Partikel überdeckten Gitterzellen werden nachfolgend je nach Anlagerungsmodell als feste Wand oder vermindert durchlässig betrachtet. Damit wird sichergestellt, dass die abgeschiedenen Partikel Einfluss auf die Strömung und damit auch auf nachfolgende Partikel haben. In der Regel reicht die Auflösung des Berechnungsgitters in der unmittelbaren Nähe der angelagerten Partikel nicht aus, und es wird ggf. eine Gitterverfeinerung ausgelöst.

Nach der Verfeinerung wird das Gitter geglättet, damit alle Bedingungen, die die Implementierung des Lattice-Boltzmann-Verfahrens voraussetzt, erfüllt werden. Durch die Gitterglättung wird die Komplexität der Implementierung des Lattice-Boltzmann-Verfahrens reduziert. Wenn bestimmte Bedingungen an die Gestalt lokal unterschiedlich aufgelöster Regionen gestellt werden, kann die u. a. die Anzahl der Fallunterscheidungen für die Propagation gerade an Interfaces reduziert werden.

Die zweite Abbruchbedingung AB2 wird wirksam, wenn sich genügend Partikel angelagert haben oder die maximale Anzahl von Partikeln, die in das Berechnungsgebiet aufgegeben werden sollten, erreicht ist. Für die Charakterisierung der aufgewachsenen Partikelstruktur werden anschließend die Abmessungen und genaue Lage eines quaderförmigen Referenzgebiets in dem ursprünglichen Berechnungsgebiet festgelegt. Dieses Referenzgebiet umfasst dabei den näher zu untersuchenden Teil der aufgewachsenen Partikelstruktur. Anschließend werden diejenigen Koordinaten der abgeschiedenen Partikel im ursprünglichen Gebiet bestimmt, die innerhalb des Referenzgebiets liegen. Anhand dieser Daten wird automatisch ein neues Berechnungsgebiet erstellt, das neben den Partikeln auch ein An- und Abströmgebiet hinreichender Länge beinhaltet. Zudem wird die Auflösung in unmittelbarer Nähe dieser extrahierten Partikelpackung erhöht.

Die Charakterisierung aufwachsender Partikelstrukturen erfolgt über die beiden Größen Porosität und Permeabilität. Bei der Porosität handelt es sich um eine rein geometrisch zu ermittelnde Größe, die für das quaderförmige Referenzvolumen ohne nennenswerten Aufwand bestimmt werden kann. Im Gegensatz dazu wird für die Berechnung der Permeabilität die extrahierte Kugelpackung erneut unter laminaren Bedingungen durchströmt. Auch hier wird der Iterationszyklus des Lattice-Boltzmann-Verfahrens solange angewendet, bis eine stationäre Lösung erreicht ist, und die dritte Abbruchbedingung AB3 wirksam wird. Der Wert für die resultierende Permeabilität der Kugelpackung wird dann mit dem Gesetz von Darcy anhand des Druckabfalls über der Packung bestimmt.

6.2 Datenstruktur

Zur Datenverwaltung wird eine Baumdatenstruktur eingesetzt, deren Aufbau z. B. in den Arbeiten von Aftosmis et al. [1], Bhattacharya [8] oder Crouse [21] beschrieben wird. In diesem Abschnitt wird zur Veranschaulichung die Baumdatenstruktur in zwei Dimensionen vorgestellt, wobei sich alle Aussagen auch auf 3D erweitern lassen. Die Struktur stellt die nötigen Ressourcen zur Verfügung, die eine effiziente Behandlung der numerischen Aspekte gewährleisten. Hierzu zählt über die

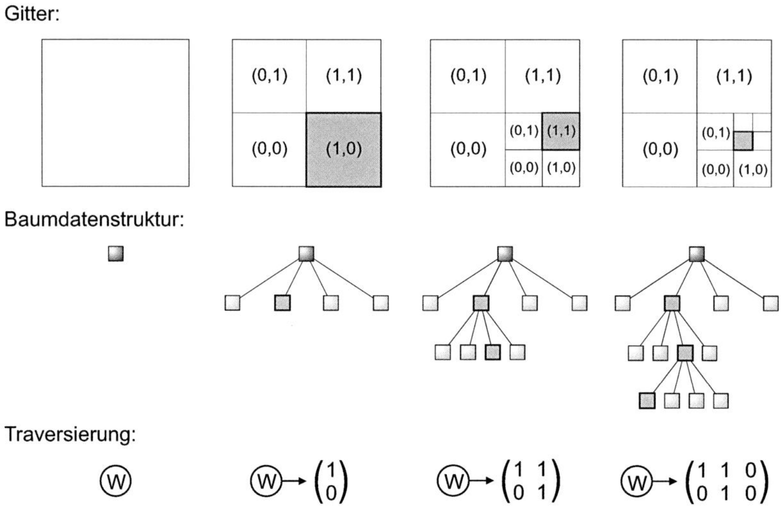

Abbildung 6.2: Abbildung des kartesischen Gitters (oben) in der Baumdatenstruktur (Mitte) und der entsprechende Weg von der Wurzel zu einem bestimmten Blatt (unten).

Vernetzung des Strömungsgebiets und die Definition der Randbedingungen hinausgehend die Strömungs- bzw. Partikelbahnberechnung, die Partikelanlagerung, die Anpassung der lokalen Gitterauflösung und die Glättung des Gitters.

Für die Realisierung der Datenstruktur gibt es unterschiedliche Möglichkeiten. Für äquidistante kartesische Gitter bietet sich eine mehrdimensionale Vektorstruktur an, da die Gitterknoten direkt mit den Einträgen im Vektor in Verbindung gebracht werden können. Die Koordinaten eines Gitterpunkts lassen sich direkt mit Indizes des entsprechenden Eintrags im Vektor identifizieren. Der Aufwand für z. B. den Zugriff auf benachbarte Gitterknoten ist damit sehr gering und bedarf keiner weiteren Berechnungsroutinen. Die Abbildung a priori nicht-äquidistanter Gebiete durch eine Vektorstruktur ist dagegen aufwändiger, da die direkte Zuordnung für die Indizes der Gitterknoten im Vektor modifiziert werden muss. Der Aufwand für diese Anpassung steigt nochmals deutlich an, falls sich das Gitter während der Laufzeit der Simulation an beliebigen Orten aufgrund von z. B. Partikelanlagerungen automatisch erweitert.

Für die Anforderungen in dieser Arbeit stellt eine Baumdatenstruktur eine geeignete Alternative zu einer Vektorstruktur dar. Diese Struktur besteht aus Baumknoten und Verbindungen zwischen den Baumknoten, die Kanten genannt werden.

Jeder Baumknoten bis auf die Wurzel und die Blätter hat einen Vorgänger und vier Nachfolger in 2D bzw. acht Nachfolger in 3D. Ausnahmen von dieser Regel sind die Wurzel, die als einziger Baumknoten keinen Vorgänger hat, und die Blätter, die keinen Nachfolger haben. Die Blätter des Baums werden, wie in Abbildung 6.2 dargestellt ist, mit den Gitterzellen des Berechnungsgebiets identifiziert. Durch die Anzahl der Nachfolger ist auch die Ordnung des Baums bestimmt: Für 2D spricht man von einem Quad- und für 3D von einem Oktalbaum. Ein Pfad durch den Baum ist durch eine Folge von Baumknoten, die nacheinander durch das Abgehen von Kanten besucht werden, definiert. Bei der so genannten Traversierung eines Baums werden durch geeignete Algorithmen Pfade zwischen verschiedenen Baumknoten gebildet.

Der Vorteil der Baumdatenstruktur liegt in der Flexibilität der Struktur während der Laufzeit einer Simulation. Grundlage für diese Flexibilität sind die gleichartigen und rekursiv erstellbaren Baumknoten und Kanten, aus denen der Baum besteht. Zur Initialisierung des Baums wird die Rekursion bei der Wurzel des Baums gestartet und bricht in den Blättern ab. Zu jedem Zeitpunkt der Simulation kann die Rekursion in den Blättern des Baums erneut gestartet werden.

Zur Veranschaulichung der verwendeten Baumdatenstruktur ist in Abbildung 6.2 der Beginn des Aufbaus eines Gitters in 2D dargestellt. Das quadratische Grundgebiet wird in der Datenstruktur durch die Wurzel repräsentiert. Wird die Wurzel unterteilt, entstehen vier neue Gitterzellen und damit auch vier neue Baumknoten. Die Lage der unteren linken bzw. rechten Zelle bzgl. der unterteilten Zelle, in diesem Fall die Wurzel, wird mit $(0,0)$ bzw. $(1,0)$ bezeichnet. Die Lage der beiden oberen linken bzw. rechten Zellen wird mit $(0,1)$ bzw. $(1,1)$ beschrieben. Mit diesen Bezeichnungen, ist es möglich, einen Weg von der Wurzel zu einem bestimmten Baumknoten zu beschreiben. Dieser Weg wird mit $\boldsymbol{s}$ bezeichnet:

$$\boldsymbol{s} = W \longrightarrow \begin{pmatrix} (s_{1,i})_{i=1,\ldots,N} \\ (s_{1,i})_{i=1,\ldots,N} \end{pmatrix}, \tag{6.1}$$

wobei die erste Komponente $s_{1,i}$ die Lage des Quadranten bzgl. der x_1-Koordinate und die zweite Komponente $s_{2,i}$ die Lage des Nachfolgers der Ebene i bzgl. der x_2-Koordinate beschreibt. Für das Beispiel in Abbildung 6.2 gilt für den Weg $\boldsymbol{s}$ nach der letzten Verfeinerung:

$$\boldsymbol{s} = W \longrightarrow \begin{pmatrix} 1,1,0 \\ 0,1,0 \end{pmatrix}. \tag{6.2}$$

Durch die rekursive Erstellung der Baumdatenstruktur gibt es bereits zahlreiche Verweise zwischen den Baumknoten. Um die Effizienz der Datenstruktur zu erhö-

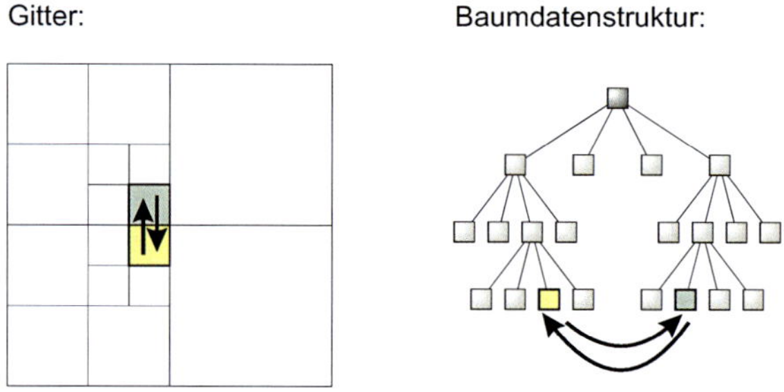

Abbildung 6.3: Nachbarschaftsbeziehungen von Gitterzellen und die Lage der Blätter im Baum.

hen, wird zusätzlich eine Reihe von weiteren Verweisen erzeugt. Die Nachbarschaftsbeziehung zwischen Gitterzellen, d. h. Blättern im Baum ist z. B. eine nicht triviale Beziehung. Besitzen zwei Blätter nicht denselben Vater, so können die zugehörigen Gitterzellen an völlig unterschiedlichen Stellen im Berechnungsgebiet liegen. In Abbildung 6.3 liegen die gelb und grün markierten Gitterzellen im Berechnungsgebiet unmittelbar nebeneinander. In der Datenstruktur kann aber nicht direkt auf diese Beziehungen geschlossen werden, und daher wird eine entsprechende Traversierung des Baums nach Bhattacharya [8] zur Bestimmung der Nachbarn in die Initialisierung des Gitters eingebunden.

In der Baumdatenstruktur werden bei der Initialisierung den Blättern des Baums entsprechend den Vorgaben für das Berechnungsgitter z. B. die Randbedingungen oder ein erhöhter Strömungswiderstand aufgeprägt. Diese Eigenschaften der Blätter werden während einer Anpassung des Berechnungsgitters aufgrund einer Partikelanlagerung entsprechend aktualisiert. Des Weiteren werden Algorithmen bereitgestellt, mit denen eine Gitterglättung nach einer Partikelanlagerung durchgeführt werden kann.

6.3 Umsetzung der Partikelanlagerung

Während der Partikelbahnberechnung muss in jedem Partikelzeitschritt überprüft werden, ob die Partikeloberfläche eine feste Wand bzw. abgeschiedene Partikel durchdringt. Aufgrund der hohen Anzahl der Randgitterzellen, erfordert diese Abfrage im Vergleich zur Strömungsberechnung selbst für die Berechnung weniger tausend Partikel einen erheblichen Anteil an der gesamten Simulationszeit. Um die Anzahl der Abfragen zu reduzieren, wird deshalb das Berechnungsprogramm um zusätzliche Routinen erweitert, deren wesentlicher Kern nachfolgend erläutert wird.

Das Berechnungsgebiet und damit auch insbesondere die Wandoberfläche werden innerhalb der Implementierung vollständig durch einfache geometrische Objekte wie z. B. Quader oder Sphären beschrieben. Für jedes Objekt, durch das eine Wandoberfläche bestimmt ist, wird ein zweites Objekt der gleichen Form in der Datenstruktur vorgehalten. Dieses Duplikat hat größere Abmessungen als das Original und ist nur für die Partikelbahnberechnung sichtbar. Die Größe ist hierbei auf den Partikeldurchmesser abgestimmt. Nur wenn sich der Partikelmittelpunkt innerhalb eines Duplikats befindet, ist eine Durchdringung der Partikeloberfläche mit der festen Wand möglich und muss geprüft werden.

Als Beispiel ist in Abbildung 6.4(a) bis 6.4(c) ein Rechteck (graue Markierung) dargestellt, an dessen fester Oberfläche sich Partikel aus der Gasphase, die sich darüber befindet, anlagern können. Die Regionen, in denen eine Durchdringung der Partikeloberfläche mit der Wandoberfläche abgeprüft wird, sind gelb markiert. Dieses Vorgehen ist für die Anwendungen in dieser Arbeit sehr effizient, weil zwischen dem Eintritt des Partikels in eine der wandnahen Regionen (gelbe Markierung) und dem Kontakt des Partikels mit der festen Wand für sehr kleine Partikel i. a. nur wenige Zeitschritte benötigt werden.

Zur Laufzeit der Simulation aufwachsender Partikelstrukturen werden an denjenigen Stellen, an denen sich Partikel anlagern, kreisförmige bzw. sphärische Gebiete hinzugefügt (siehe Abbildungen 6.4(e) und 6.4(f), gelbe Markierungen).

6.4 Fazit zur Realisierung

Mit dem vorgestellten Simulationsablauf ist es möglich, aufgewachsene Partikelstrukturen in drei Dimensionen hochaufgelöst unter Berücksichtigung verschiedener Arten der Rückwirkung angelagerter Partikel auf der Porenskala zu simulieren. Die wesentlichen Kräfte und Effekte für Partikel mit einem Durchmesser von weniger als 500 nm werden hierbei berücksichtigt. Zudem ermöglicht das nicht-äquidistante und adaptive Rechengitter erstmals die Simulation der Strukturen mit der zur Verfügung stehenden Rechnerkapazität. Mit Hilfe des bereitgestellten Berechnungsprogramms können die Einflüsse von Strömungsgeschwindigkeit und Sieblochgröße auf die Zielgrößen Porosität und Permeabilität von aufgewachsenen Partikelstrukturen untersucht werden. Hierbei werden alle in Frage kommenden Abscheideregime berücksichtigt.

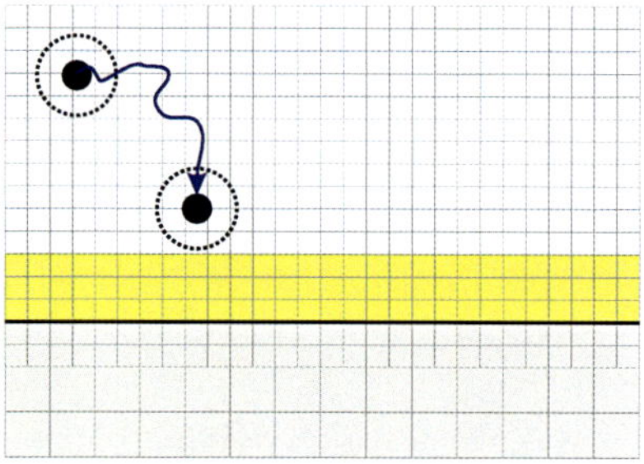

(a) Keine Kontaktüberprüfung zur festen Wand bei hinreichend großem Abstand vom Partikelmittelpunkt (schwarze Markierung) zur Wand (graue Markierung).

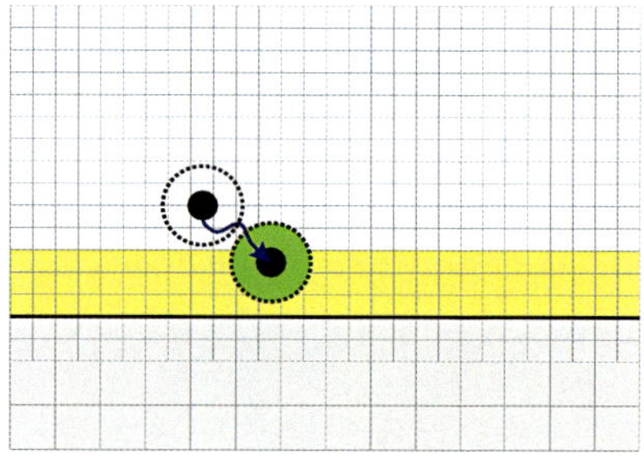

(b) Überprüfung des Wandabstands in wandnahen Gebieten (gelbe Markierung), die durch die Datenstruktur bereitgestellt werden.

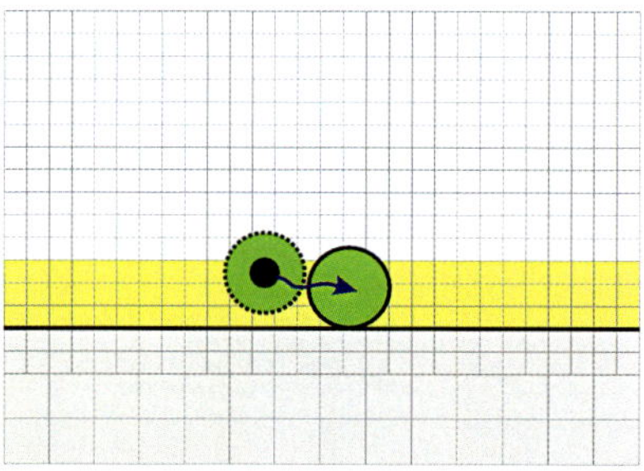

(c) Anlagerung bei Kontakt mit der Wand. Es ist keine Ablösung von angelagerten Partikeln möglich.

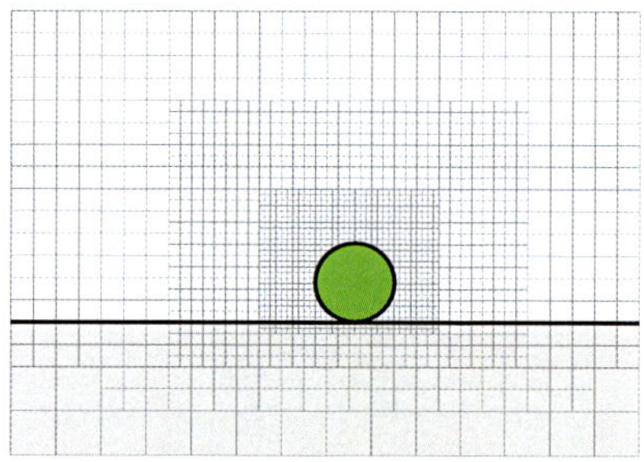

(d) Verfeinerung des Gitters in der Umgebung der Partikelanlagerung bis das vorgegebene Niveau erreicht ist.

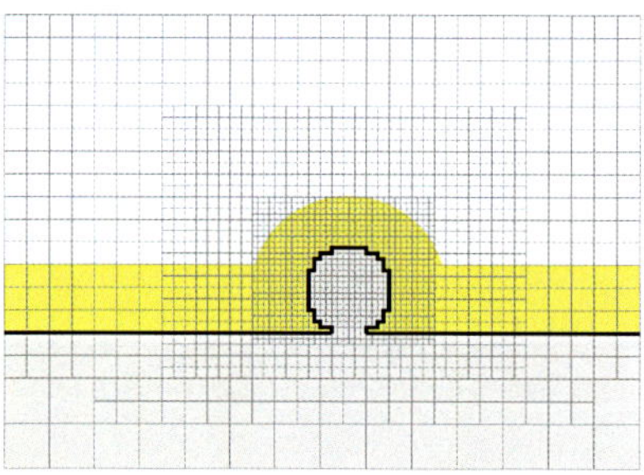

(e) Änderung der Eigenschaften der von dem Partikel überdeckten Gitterzellen und Anpassung der wandnahen Regionen.

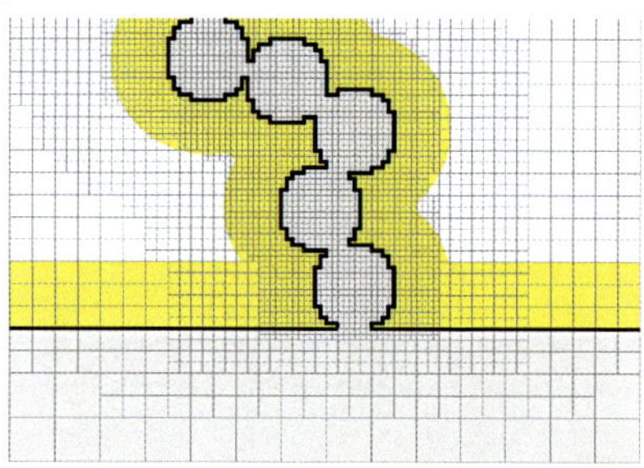

(f) Gitter nach mehreren Partikelanlagerungen.

Abbildung 6.4: Durch eine Partikelanlagerung ausgelöste lokale Gitterverfeinerung.

Teil III

Ergebnisse

Kapitel 7

Partikelabscheidung an einer Einzelfaser

In diesem Kapitel wird die Partikelabscheidung an einer Einzelfaser mit verschiedenen Anlagerungsmodellen untersucht. Dabei werden neben der initialen Filtrationseffizienz auch aufwachsende Strukturen betrachtet. Die Ergebnisse der Simulationen werden mit den semi-empirischen Modellen von Davies [25] bzw. Kirsch und Stechkina [62] zur Bestimmung des initialen Abscheidegrads verglichen. Des Weiteren werden die experimentellen Untersuchungen von Kanaoka et al. [57] zum Abgleich der aufgewachsenen Strukturen herangezogen. Anhand der Ergebnisse soll ein Anlagerungsmodell für die weiteren Untersuchungen ausgewählt werden.

In den Simulationen können die Werte für die Reynolds-, Stokes-, Interzeptions- und Péclet-Zahl im Gegensatz zu den Experimenten in einem sehr großen Bereich variiert werden. Eine Übersicht dieser Wertebereiche wird in Tabelle 7.1 gegeben.

7.1 Initiale Partikelanlagerung

Für die Analyse der initialen Partikelabscheidung auf der Faseroberfläche wird das Berechnungsgebiet aus Abschnitt 4.4.5 (Abbildung 4.17) verwendet. Der Faserdurchmesser beträgt hierbei $d_F = 1\,\mu m$. Zunächst werden die Ergebnisse für den initialen Abscheidegrad validiert. Danach wird die Erweiterung der Auswertung auf

Kennzahl	Minimaler Wert	Maximaler Wert
Re_F	$1{,}0 \times 10^{-3}$	1
St_F	$1{,}4 \times 10^{-5}$	14,9
Pe_F	2,8	$2{,}9 \times 10^{5}$
In_F	0,01	0,6

Tabelle 7.1: Wertebereiche der dimensionslosen Kennzahlen bei den Untersuchungen zur Einzelfaserabscheidung.

lokale Ergebnisgrößen vorgestellt. In den nachfolgenden Abschnitten werden hierbei die Gebietshöhe h_G und die minimale Auflösung Δx_min in Fasernähe variiert, um den Einfluss dieser numerischen Parameter zu beurteilen. Anschließend werden die Ergebnisse unter Verwendung verschiedener Partikeldurchmesser d_P und Einlassgeschwindigkeiten $\boldsymbol{v}_\mathrm{EL}$ vorgestellt.

7.1.1 Validierung der numerisch bestimmten Filtrationseffizienz

Für die Definition des initialen Partikelabscheidegrads nach Jordan [56] wird die so genannte Grenztrajektorie betrachtet, wobei zunächst die Brownsche Bewegung vernachlässigt wird. Bei der Grenztrajektorie handelt es sich um diejenige Partikeltrajektorie, auf der Partikel gerade noch an der Faser abgeschieden werden. In Abbildung 7.1(a) ist diese Trajektorie mit dem Ursprungsort $(0, a)$ zu sehen. Für alle Partikel, die innerhalb des Bereichs $0 \leq x_2 \leq a$ aufgegeben werden, beträgt die Abscheidewahrscheinlichkeit 100 %. Partikel, deren Ursprungsort außerhalb dieses Bereichs liegen ($x_2 > a$), werden nicht abgeschieden. Der Faserabscheidegrad wird unter Verwendung dieser Grenztrajektorie durch das Verhältnis

$$\eta = \frac{2a}{d_\mathrm{F}} \tag{7.1}$$

definiert. Wird die Brownsche Bewegung bei der Partikelbahnberechnung berücksichtigt, kann der vorgestellte Ansatz zur Bestimmung des Abscheidegrads durch die Definition einer äquivalenten Grenztrajektorie erweitert werden (siehe [56]). Für die Aufgabeorte der Partikel wird hierbei die Wahrscheinlichkeit $p_\mathrm{A}(x_2)$ bestimmt, mit der sich ein Partikel an der unbeladenen Faser anlagert (Abbildung 7.1(b)). Der Wert des Integrals

$$a = \int_0^\infty p_\mathrm{A}(x_2)\,\mathrm{d}x_2 \tag{7.2}$$

wird dann als Grenztrajektorie a interpretiert und zur Bestimmung des Abscheidegrads nach Gleichung (7.1) verwendet.

Die Modelle zur Charakterisierung der Partikelabscheidung von Davies [25] bzw. Kirsch und Stechkina [62] basieren auf einem stationären Strömungsfeld nach Kuwabara [72]. Bei diesem Ansatz wird unter Verwendung der Faserpackungsporosität $\varepsilon_\mathrm{FP} = 1 - V_\mathrm{F}/V_\mathrm{ges}$ der so genannte hydrodynamische Faktor durch

$$k_\mathrm{h} = -\frac{1}{2}\ln\varepsilon_\mathrm{FP} - \frac{3}{4} + \varepsilon_\mathrm{FP} - \frac{1}{4}\varepsilon_\mathrm{FP}^2 \tag{7.3}$$

definiert. Werden Trägheit und Interzeption als Abscheidemechanismus ausgeschlossen, wird nach Kirsch und Stechkina [62] die diffusionsbedingte Abscheidung in

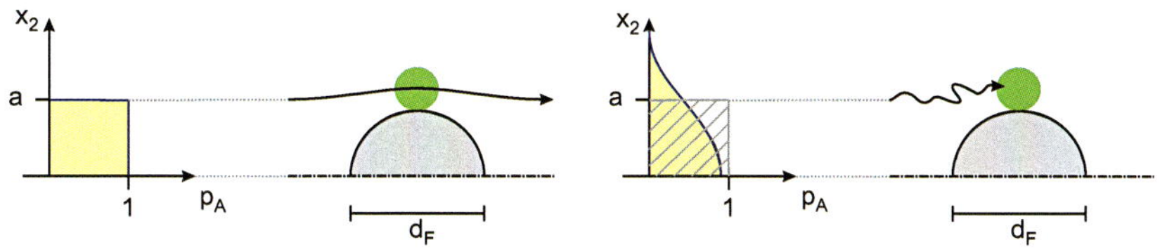

(a) Ohne Brownsche Bewegung. (b) Mit Brownscher Bewegung.

Abbildung 7.1: Definition der Grenztrajektorie a und der Abscheidewahrscheinlichkeit $p_{\mathrm{A}}(x_2)$.

Abhängigkeit von der Péclet-Zahl (5.37) und des hydrodynamischen Faktors (7.3) durch die Gleichung

$$\eta_{\mathrm{D}} = 2{,}9 k_{\mathrm{h}}^{-\frac{1}{3}} \, \mathrm{Pe}_{\mathrm{F}}^{-\frac{2}{3}} + 0{,}624 \, \mathrm{Pe}_{\mathrm{F}}^{-1} \tag{7.4}$$

berechnet. Hierbei wird angenommen, dass die Packungsporosität $\varepsilon_{\mathrm{FP}}$ hoch ist, was für die hier betrachteten Beispiele der Fall ist. Falls die Partikel nicht als Massepunkte betrachtet werden, sondern eine bestimmte räumliche Ausdehnung besitzen, ist die Abscheideeffizienz von dem Verhältnis von Partikel- und Faserdurchmesser nach Gleichung (5.41) abhängig:

$$\eta_{\mathrm{I}} = \frac{1}{2k_{\mathrm{h}}} \left[\frac{1}{1 + \mathrm{In}_{\mathrm{F}}} - (1 + \mathrm{In}_{\mathrm{F}}) + 2\,(1 + \mathrm{In}_{\mathrm{F}}) \ln (1 + \mathrm{In}_{\mathrm{F}}) \right]. \tag{7.5}$$

Die Trägheitsabscheidung wird in der Arbeit von Davies [25] durch die Beziehung

$$\eta_{\mathrm{T}} = 0{,}16 \left[\mathrm{In}_{\mathrm{F}} + (0{,}5 + 0{,}8 \, \mathrm{In}_{\mathrm{F}}) \, \mathrm{St}_{\mathrm{F}} - 0{,}105 \, \mathrm{In}_{\mathrm{F}} \, \mathrm{St}_{\mathrm{F}}^2 \right] \tag{7.6}$$

modelliert, wobei die Interzeptions- und Stokes-Zahl nach den Gleichungen (5.41) und (5.39) eingehen.

Die Filtrationsmechanismen sind nicht unabhängig voneinander, und deshalb kann der Gesamtabscheidegrad nicht durch Addition der einzelnen Abscheidegrade berechnet werden. Aus diesem Grund wird von Kirsch und Stechkina ein Mischterm in [62] eingeführt:

$$\eta_{\mathrm{D,I}} = 1{,}24 \frac{\mathrm{In}_{\mathrm{F}}^{\frac{2}{3}}}{\sqrt{k_{\mathrm{h}} \, \mathrm{Pe}_{\mathrm{F}}}}. \tag{7.7}$$

Der Gesamtabscheidegrad an einer Einzelfaser wird damit durch die Gleichung

$$\eta_{\mathrm{ges}} = \eta_{\mathrm{D}} + \eta_{\mathrm{I}} + \eta_{\mathrm{T}} + \eta_{\mathrm{D,I}} \tag{7.8}$$

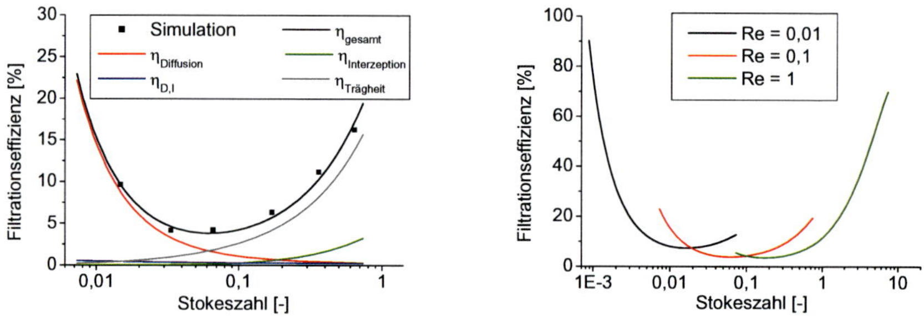

(a) Vergleich von Simulation und Modell nach [25, 62]. Parameter siehe Tabelle C.6.

(b) Vergleich der Filtrationseffizienzen nach den Modellen in [25, 62] bei verschiedenen Reynolds-Zahlen. Für jede der drei Kurven variiert die Interzeptions-Zahl zwischen $In_F = 0,01$ und $In_F = 0,4$.

Abbildung 7.2: Initiale Filtrationseffizienz an einer Einzelfaser.

bestimmt. In Abbildung 7.2(a) sind die einzelnen Abscheidegrade nach Kirsch und Stechkina bzw. Davies, die daraus resultierende gesamte Filtrationseffizienz und die Simulationsergebnisse über der Stokes-Zahl aufgetragen. Dabei wird der Partikeldurchmesser bei einer konstanten Anströmgeschwindigkeit zwischen 10 nm und 400 nm variiert, wobei für die Faser-Reynolds-Zahl nach Gleichung (4.74) $Re_F = 0{,}1$ gilt.

Grundsätzlich ist eine gute Übereinstimmung zwischen Simulation und Modell festzustellen. Die Partikelanlagerung an einer Einzelfaser ist für kleine Stokes-Zahlen (in diesem Beispiel für Partikeldurchmesser von 10 bis 100 nm) durch die Diffusionsabscheidung dominiert. Für $St = 0{,}05$ (d. h. für Partikel mit 100 nm Durchmesser) liegt in diesem Beispiel die typische Filtrationslücke vor. Die Diffusionsabscheidung hat in diesem Punkt bereits erheblich an Bedeutung abgenommen, und die Interzeption bzw. Trägheit haben noch keinen relevanten Anteil an der Partikelanlagerung. Wird die Stokes-Zahl erhöht bzw. der Partikeldurchmesser vergrößert, steigen sowohl die Interzeptions- als auch Trägheitsabscheidung an. Die Partikelträgheit hat hierbei einen deutlich größeren Anteil an der Partikelanlagerung.

In Abbildung 7.2(b) sind für drei Faser-Reynolds-Zahlen die Filtrationseffizienzen nach den Modellen von Davies [25] bzw. Kirsch und Stechkina [62] dargestellt. Hierzu wurde die Anströmgeschwindigkeit bei einem Partikeldurchmesser zwischen 10 und 400 nm und einem Faserdurchmesser von 1 µm variiert. Die Stokes- und Péclet-Zahl haben somit für jeden der drei Fälle andere Wertebereiche, die in Tabelle 7.2 zusammengefasst sind. Bei einem konstanten Partikeldurchmesser von

10 nm nimmt die Filtrationseffizienz mit steigender Reynolds-Zahl ab. Die Erklärung für diesen Effekt ist, dass der konvektive Transport gegenüber der diffusiven Partikelbewegung an Bedeutung gewinnt. Steigt die Bedeutung des konvektiven Transports, sinkt die mittlere Verweildauer der Partikel in der Nähe der Faseroberfläche und Partikel berühren entsprechend seltener diese Oberfläche. Die Filtrationseffizienz, die für Partikel mit einem Durchmesser von 400 nm erreicht wird, steigt mit größer werdender Reynolds-Zahl an. Hierdurch wird deutlich, dass die Trägheitsabscheidung signifikant durch die Strömungs- bzw. Partikelgeschwindigkeit beeinflusst wird.

7.1.2 Analyse der numerisch bestimmten Dichteverteilung

Bei der Abscheideeffizienz handelt es sich um eine globale Größe, die nur grobe Rückschlüsse auf das Anlagerungsverhalten zulässt. Im Gegensatz hierzu bietet sich an, die Dichteverteilung der Aufgabeorte abgeschiedener Partikel und die Anlagerungsdichte auszuwerten. Diese Ergebnisgrößen ermöglichen Aussagen über das lokale Anlagerungsverhalten.

In Abbildung 7.3 wird das Vorgehen bei der Bestimmung der Anlagerungsdichte verdeutlicht. Die Faser wird von links angeströmt. Lagert sich ein Partikel an der Faseroberfläche an, werden sowohl der Aufgabe- als auch der Abscheideort des Partikels erfasst. Das Partikel wird danach aus dem Berechnungsgebiet entfernt (initiales Anlagerungsmodell, siehe Abschnitt 5.3.2). Nach 100.000 angelagerten Partikeln wird das Simulationsergebnis ausgewertet, indem die Dichtefunktion der Aufgabeorte ρ_{EL} in Abhängigkeit von der Höhe des Einlasses und des Faserdurchmessers berechnet wird. Analog hierzu wird die Dichte der Anlagerungsorte ρ_{U} in Abhängigkeit von dem Faserumfang $0 \leq U \leq \pi$ bestimmt. Der vordere Staupunkt entspricht hierbei $U = 0$. Wie in Abbildung 7.3 dargestellt ist, wird hierzu die Höhe des Gebiets bzw. die Faseroberfläche in Sektoren unterteilt und anschließend eine entsprechende Normierung des Flächeninhalts durchgeführt.

Kurve (Markierung)	$\mathrm{Re_F}$ [−]	$\mathrm{Pe_F}$ [−]	$\mathrm{In_F}$ [−]
schwarz	0,01	[2,8; 1764]	[0,01; 0,4]
rot	0,1	[28; 17641]	[0,01; 0,4]
grün	1,0	[279; 176412]	[0,01; 0,4]

Tabelle 7.2: Wertebereiche der Péclet-Zahl für verschiedene Reynolds-Zahlen für das Beispiel der Einzelfaserabscheidung in Abbildung 7.2(b).

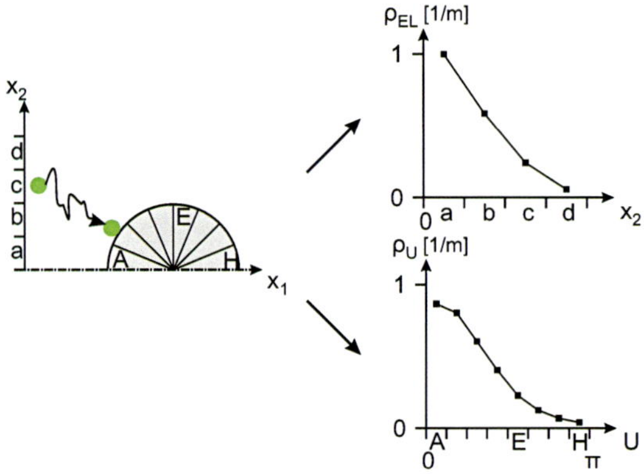

Abbildung 7.3: Initiale Anlagerung und resultierende Verteilungsdichte über der Faseroberfläche (schematische Darstellung). Die Faser wird von links angeströmt und die Dichte unter Ausnutzung der Symmetrie aufgetragen.

Die Gebietslänge vor der Faser hat auf die Dichtefunktionen ρ_{EL} und ρ_{U} einen wesentlichen Einfluss. Wird dieses Gebiet verlängert, halten sich die Partikel entsprechend länger im Strömungsgebiet auf. Dadurch gewinnt der diffusive Transport quer zur Hauptströmungsrichtung an Bedeutung. Partikel, die an der Faseroberfläche deponieren, können dadurch auch aus weiter vom Nullpunkt entfernten Regionen am Einlass zur Faser gelangen. Aus diesem Grund werden für alle Untersuchungen in diesem Kapitel die Gebietslänge und die Faserposition nicht variiert.

7.1.3 Variation der Gitterauflösung und der Gebietshöhe

In diesem Abschnitt wird der Einfluss der Ortsdiskretisierung und der Höhe des Rechengebiets auf die Anlagerungsdichte ρ_{U} diskutiert. Die Erkenntnisse sind direkt auf die Dichte ρ_{EL} übertragbar, sodass sie im Folgenden nicht dargestellt wird.

In Abbildung 7.4(a) ist der Einfluss der Auflösung auf die Anlagerungsdichte ρ_{U} für eine Faser-Reynolds-Zahl von $\mathrm{Re_F} = 0{,}1$ visualisiert. Für diesen Testfall wird der Nahbereich der Faseroberfläche mit drei verschiedenen Gitterschrittweiten aufgelöst, sodass der Faserdurchmesser 10, 20 bzw. 40 Zellen entspricht. Mit gröberer Diskretisierung ändert sich das Abscheideverhalten signifikant. Der Unterschied zwischen den Anlagerungsdichten für $\Delta x/d_{\mathrm{F}} = 0{,}1$ und $\Delta x/d_{\mathrm{F}} = 0{,}05$ ist hierbei deutlich größer als die Differenz der Ergebnisse für die Auflösungen $\Delta x/d_{\mathrm{F}} = 0{,}05$

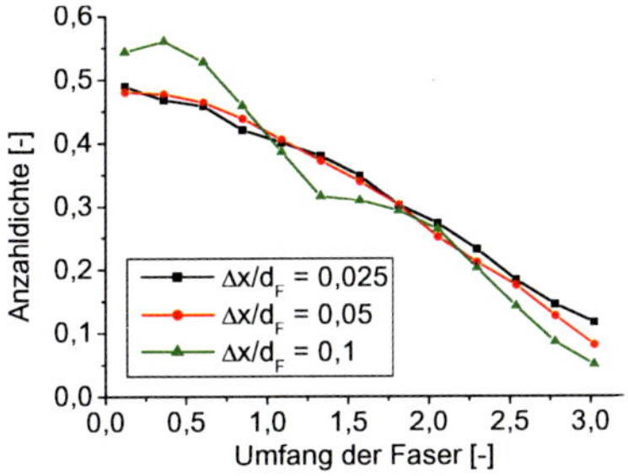

(a) Variation der Faserauflösung.

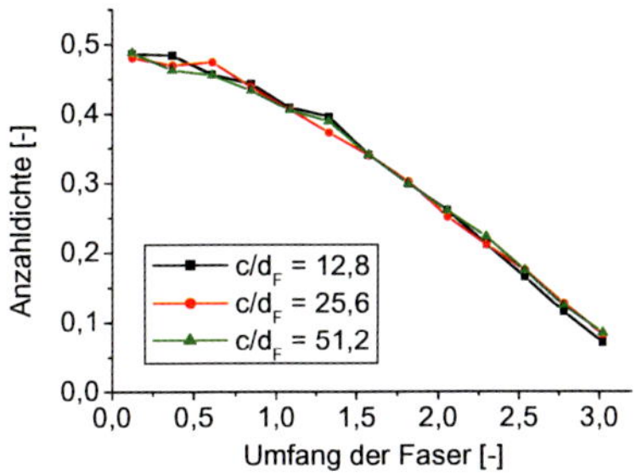

(b) Variation der Höhe des Strömungsgebiets.

Abbildung 7.4: Einfluss der Auflösung und Gebietshöhe auf die Anlagerungsdichte ρ_{U} für eine Faser-Reynolds-Zahl von 0,1. Parameter siehe Tabelle C.6.

und $\Delta x/d_{\mathrm{F}} = 0{,}025$. Zur Minimierung des Gittereinflusses wird für die nachfolgenden Simulationen eine Auflösung von $\Delta x/d_{\mathrm{F}} = 0{,}025$ gewählt.

Wird die Höhe des Berechnungsgebiets c unter Beibehaltung aller anderen Randbedingungen variiert, ändert sich das Abscheideverhalten nur unwesentlich, wie in Abbildung 7.4(b) zu erkennen ist. Demnach ergibt sich für $c/d_{\mathrm{F}} = 12{,}8$ eine von der Gebietshöhe unabhängige Lösung. Allerdings hat die Brownsche Diffusion in den hier betrachteten Fällen z. T. einen erheblichen Einfluss auf die Partikelbewegung, sodass die Gebietshöhe hinreichend groß sein muss, damit sich keine Partikel aus den Randgebieten des Einlasses an der Faser anlagern. Auf der anderen Seite steigt der Berechnungsaufwand, falls das Gebiet größer wird. Eine Gebietshöhe von $c/d_{\mathrm{F}} = 25{,}6$ stellt hierbei einen guten Kompromiss für die weiteren Berechnungen dar.

7.1.4 Variation des Partikeldurchmessers für $\mathrm{Re}_{\mathrm{F}} = 0{,}1$

In der Simulationsreihe A wird der Partikeldurchmesser bei konstanter Anströmgeschwindigkeit $\boldsymbol{v}_{\infty}$ variiert, sodass eine konstante Faser-Reynolds-Zahl von $\mathrm{Re}_{\mathrm{F}} = 0{,}1$ resultiert. Die dimensionslosen Kennzahlen für diese Reihe sind in Tabelle 7.3 aufgelistet. Die Werte der Kennzahlen decken den mittleren Bereich der hier untersuchten Wertebereiche ab (siehe Tabelle 7.2). Des Weiteren ist in der Tabelle die jeweilige Filtrationseffizienz nach Davies [25] bzw. Kirsch und Stechkina [62] sowie der mittels Simulation bestimmte Abscheidegrad dargestellt. Die Simulationsergebnisse für den Abscheidegrad stimmen sehr gut mit dem Modell überein und weichen für diese Randbedingungen um weniger als 5 % von den Modellen ab.

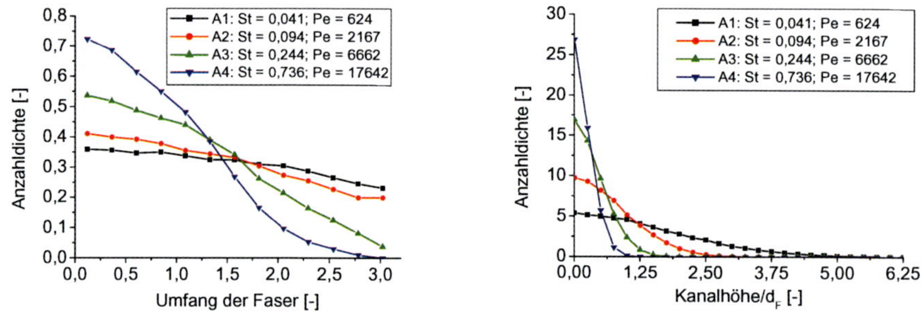

(a) Anlagerungsdichte ρ_U der Partikel auf der Faseroberfläche.

(b) Dichtefunktion ρ_{EL} der Partikelaufgabeorte am Einlass.

Abbildung 7.5: Variation des Partikeldurchmessers von 50 nm bis 400 nm für eine konstante Faser-Reynolds-Zahl von $\mathrm{Re_F} = 0{,}1$. Parameter siehe Tabelle C.6.

In Abbildung 7.5 sind die Resultate für die Dichtefunktionen ρ_{EL} und ρ_U zusammengefasst. Darüber hinausgehend sind in Abbildung 7.6 die Mediane der Anzahldichten über den Umfang der Faser aufgetragen. Für die Simulation A1 wird eine klar diffusionsdominierte Abscheidung beobachtet. Partikel deponieren, wie in Abbildung 7.5(a) zu sehen ist, annähernd homogen verteilt auf der Faseroberfläche. Sowohl auf der strömungszugewandten als auch auf der strömungsabgewandten Faseroberfläche lagern sich in vergleichbarem Maß Partikel an. Während anströmseitig grundsätzlich alle drei Abscheidemechanismen zur Anlagerung beitragen, lagern sich abströmseitig Partikel nur aufgrund von Diffusion an. Zudem liegt der Median der Anzahldichte bzgl. des Faserumfangs nach Abbildung 7.6 etwa in der Nähe des Faseräquators an der Stelle $U = \pi/2$.

Partikel, die an der Faser abgeschieden werden, kommen aus einem breiten Bereich des Einlasses, wie in Abbildung 7.5(b) zu erkennen ist. Auch diese Eigenschaft lässt auf eine eindeutig diffusionsdominierte Anlagerung schließen. Die Stromlinien sind

Simulation	d_P [nm]	$\mathrm{St_F}$ [−]	$\mathrm{Pe_F}$ [−]	$\mathrm{In_F}$ [−]	Initiale Effizienz [%]	
					Modell	Simulation
A1	50	0,041	624	0,05	4,16	3,98
A2	100	0,094	2167	0,1	4,12	4,18
A3	200	0,244	6662	0,2	7,43	7,64
A4	400	0,736	17642	0,4	19,45	18,91

Tabelle 7.3: Initiale Abscheideeffizienz (Modell nach [25, 62] und Simulation) in Abhängigkeit von der Stokes-, Péclet- und Interzeptions-Zahl für $\mathrm{Re_F} = 0{,}1$.

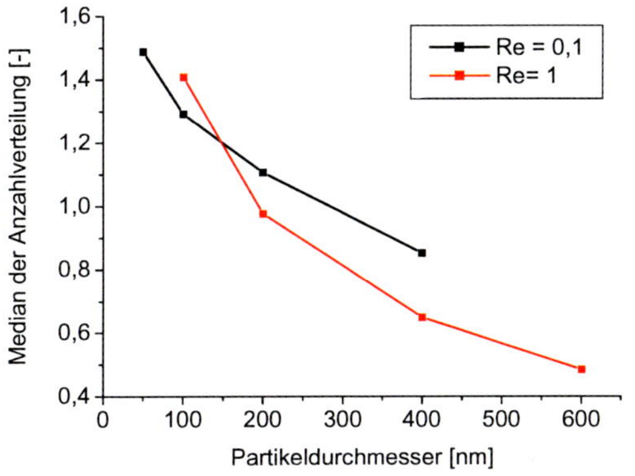

Abbildung 7.6: Median der Anzahldichte ρ_U für zwei Faser-Reynolds-Zahlen $Re_F = 0{,}1$ und $Re_F = 1{,}0$ in Abhängigkeit von dem Partikeldurchmesser.

im vorderen Drittel des Berechnungsgebiets, das für den Partikeltransport zur Faser relevant ist, annähernd parallel zueinander. Partikel können sich in diesem Bereich nur durch die Brownsche Bewegung quer zur Hauptströmungsrichtung bewegen. Wenn die Aufgabeorte der abgeschiedenen Partikel wie in diesem Fall annähernd homogen über den Einlass verteilt sind, muss die Diffusion einen dominierenden Einfluss auf die Bewegung und damit Anlagerung haben.

Wird der Partikeldurchmesser bei konstanter Strömungsgeschwindigkeit vergrößert, nehmen die Stokes-, Péclet- und Interzeptions-Zahlen zu. Die Diffusion nimmt in ihrer Bedeutung als Abscheideursache ab, und die Partikelträgheit und Interzeption werden relevant, wie in Abbildung 7.5(a) zu erkennen ist. Partikel deponieren mit zunehmendem Partikeldurchmesser immer seltener auf der abströmseitigen Faseroberfläche, sondern lagern sich bereits anströmseitig an. Aus Abbildung 7.5(b) wird zudem ersichtlich, dass abgeschiedene Partikel nur noch aus einem schmalen Bereich des Einlasses stammen. Die Erklärung hierfür ist, dass die Partikel im vorderen Drittel des Berechnungsgebiets in diesem Regime der Strömung folgen, und sich wegen der verminderten Diffusion kaum quer zur Hauptströmungsrichtung bewegen. Des Weiteren nimmt der Median der Anlagerungsdichte über den Umfang der Faser deutlich ab. Für $d_P = 400\,\mathrm{nm}$ liegt der Wert des Medians bei $0{,}543\frac{\pi}{2}$ und damit signifikant niedriger als für Partikel mit einem Durchmesser von $50\,\mathrm{nm}$.

Die Ergebnisse der Simulationen A1 und A2 zeigen bzgl. der Anlagerungsdichte über den Faserumfang und der Dichte der Partikelaufgabeorte die größten Ähnlichkeiten innerhalb der Simulationsreihe A. Für eine Stokes-Zahl von bis zu 0,1 und Péclet-Zahl bis zu 4.000 liegt demnach eine diffusionsdominierte Anlagerung

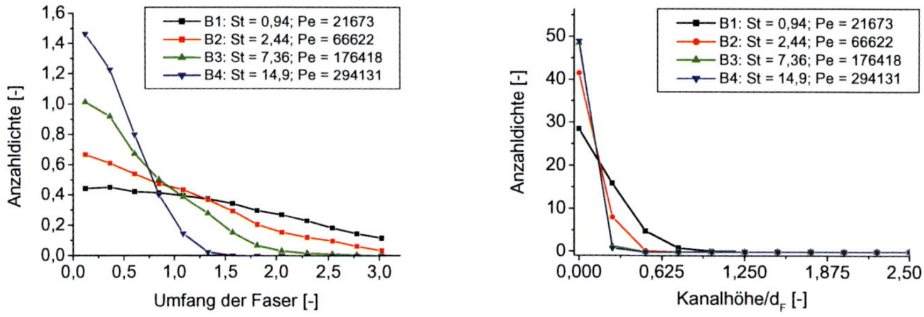

(a) Anlagerungsdichte ρ_U der Partikel auf der Faseroberfläche.

(b) Dichtefunktion ρ_{EL} der Partikelaufgabeorte am Einlass.

Abbildung 7.7: Variation des Partikeldurchmessers von 100 nm bis 400 nm für eine konstante Faser-Reynolds-Zahl von $Re_F = 1{,}0$. Parameter siehe Tabelle C.6.

vor. Die Simulation A3 kennzeichnet den Übergangsbereich und A4 eine trägheits- und interzeptionsdominierte Abscheidung.

7.1.5 Variation des Partikeldurchmessers für $Re_F = 1{,}0$

In der Simulationsreihe B wird die Einlassgeschwindigkeit der Strömung im Vergleich zur Reihe A um den Faktor zehn vergrößert. Außerdem wird der Bereich, in dem der Partikeldurchmesser variiert wird, verändert. Damit ergeben sich die dimensionslosen Kennzahlen, die in Tabelle 7.4 zusammengefasst sind. Insgesamt wird dabei der mittlere bis obere Wertebereich der Kennzahlen in diesem Abschnitt abgedeckt (siehe Abbildung 7.2).

Der Verlauf der Anlagerungsdichte der Simulation B1 in Abbildung 7.7(a) lässt auf eine diffusionsdominierte Abscheidung schließen. Im Gegensatz zu den Simulati-

Simulation	d_P $[nm]$	St_F $[-]$	Pe_F $[-]$	In_F $[-]$	Initiale Effizienz [%]	
					Modell	Simulation
B1	100	0,936	21673	0,1	10,71	10,21
B2	200	2,436	66622	0,2	28,02	27,10
B3	400	7,360	176418	0,4	59,93	57,31
B4	600	14,900	294131	0,6	78,45	76,13

Tabelle 7.4: Initiale Abscheideeffizienz (Modell nach [25, 62] und Simulation) in Abhängigkeit von der Stokes-, Péclet- und Interzeptions-Zahl für $Re_F = 1{,}0$.

onen A1 und A2 deponieren die Partikel tendenziell eher anströmseitig. Für einen zunehmenden Partikeldurchmesser (B2 bis B4) steigt der Anteil der Interzeption bzw. Trägheit stärker als in den Simulationen A3 und A4 an. Im Vergleich zu den Resultaten für $\mathrm{Re_F} = 0{,}1$ werden die Partikel in den Simulationen der Reihe B aus einem erheblich kleineren Bereich des Einlasses abgeschieden, wie in Abbildung 7.7(b) ersichtlich ist.

Die Mediane der Anlagerungsdichten ρ_U in Abbildung 7.6 zeigen qualitativ die gleiche Abhängigkeit von dem Partikeldurchmesser wie für $\mathrm{Re_F} = 0{,}1$. Im direkten Vergleich zu den Ergebnissen für $\mathrm{Re_F} = 0{,}1$ ist die Kurve der Mediane für $\mathrm{Re_F} = 1$ in Richtung eines größeren Partikeldurchmessers verschoben.

Aus den Analysen in diesem Abschnitt folgt, dass für $\mathrm{Re_F} = 1$ bis zu einer Stokes-Zahl von eins und einer Péclet-Zahl von etwa 40.000 eine diffusionsdominierte Abscheidung vorliegt. Mit den Ergebnissen des vorherigen Abschnitts ergibt sich, dass für die quantitative Einordnung und Bewertung des Einflusses der Abscheidemechanismen die Berücksichtigung der Reynolds-Zahl notwendig ist. Es bleibt die Frage zu klären, inwieweit sich das Anlagerungsregime für Partikel mit einem für diese Arbeit typischen Durchmesser von 100 nm in Richtung der Diffusionsabscheidung verschieben lässt.

7.1.6 Variation der Anströmgeschwindigkeit v_EL

Um neben der Bedeutung des Partikeldurchmessers für die Partikelanlagerung den Einfluss der Einlassgeschwindigkeit beurteilen zu können, wird in der Simulationsreihe C die Strömungsgeschwindigkeit über einen großen Wertebereich variiert (siehe Tabelle 7.5). Die Werte für die Stokes-Zahl sind für alle Simulationen kleiner als eins, sodass keine trägheitsdominierte Abscheidung zu erwarten ist. Die Péclet-Zahl nimmt zwar für $\mathrm{Re_F} = 1$ den Wert $\mathrm{Pe_F} = 21673$ an, aber mittels der Anlagerungsdichten in Abbildung 7.8(a) erkennt man, dass die Partikeldeposition auf der Rückseite der Faser in der Simulation C4 abnimmt. Betrachtet man die Dichte der Aufgabeorte am Einlass, wird deutlich, dass sich Partikel mit zunehmender Reynolds-Zahl aus einem schmaler werdenden Bereich am Einlass an der Faser anlagern. Für das Ergebnis der Simulation C4 kann festgestellt werden, dass die Abscheidung zwischen Trägheits- und Diffusionsabscheidung einzuordnen ist. Die abgeschiedenen Partikel wurden in diesem Regime hauptsächlich in Höhe des Staupunkts der Faser aufgegeben. Verkleinert man hingegen die Reynolds-Zahl, erkennt man, dass die Partikel eher homogen verteilt über der Faseroberfläche deponieren. Zudem werden in den Simulationen aus dem ganzen Bereich des Einlasses Partikel mit gleicher Häufigkeit abgeschieden.

Simulation	Re_F [−]	St_F [−]	Pe_F [−]	Initiale Effizienz [%]	
				Modell	Simulation
C1	0,001	0,00094	22	31,17	30,28
C2	0,01	0,0094	217	8,20	7,13
C3	0,1	0,094	2167	4,12	4,18
C4	1	0,936	21673	10,71	10,21

Tabelle 7.5: Initiale Abscheideeffizienz (Modell nach [25, 62] und Simulation) in Abhängigkeit von der Stokes-, Péclet- und Interzeptions-Zahl für verschiedene Anströmgeschwindigkeiten und für einen konstanten Partikeldurchmesser von 100 nm.

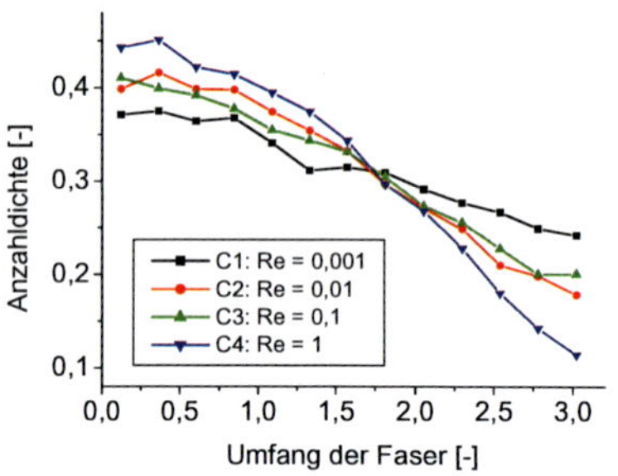

(a) Anlagerungsdichte ρ_U der Partikel auf der Faseroberfläche.

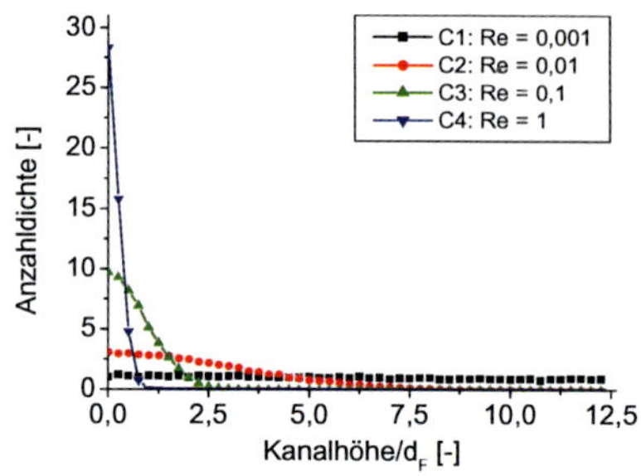

(b) Dichtefunktion ρ_{EL} der Partikelaufgabeorte am Einlass.

Abbildung 7.8: Variation der Anströmgeschwindigkeit bei einem konstanten Partikeldurchmesser von $d_P = 100$ nm. Parameter siehe Tabelle C.6.

7.2 Aufwachsende Strukturen

In diesem Teil der Arbeit werden im Gegensatz zu den bisherigen Simulationen zur initialen Partikelabscheidung aufwachsende Strukturen auf einer Faser betrachtet. Dabei beträgt der Faserdurchmesser 3 µm. Die minimale Auflösung beträgt wie bisher in der Nähe der Faseroberfläche $\Delta x = 25$ nm. Kommt es während der Simulation zu einer Partikelanlagerung in Bereichen mit einer gröberen Auflösung, wird das Gitter auch dort entsprechend verfeinert.

Durch die Verwendung von Symmetrierandbedingungen handelt es sich bei den Berechnungen nicht um die Simulation von Einzelfaserumströmungen, sondern um die Simulation der Durchströmung einer Schicht parallel angeordneter Fasern. Da die Höhe des Rechengebiets im Vergleich zum Faserdurchmesser groß ist, kann man davon ausgehen, dass der hierdurch verursachte Fehler bei der initialen Faserbeladung klein ist. Wachsen allerdings Partikeldendriten auf der Faser auf, verringert sich der frei durchströmbare Querschnitt sehr schnell, und das Strömungsfeld weicht zunehmend von dem der Einzelfaserumströmung ab. Auch aus diesem Grund werden die Berechnungen aufwachsender Partikelstrukturen schon nach Bildung relativ kurzer Partikeldendriten abgebrochen, um die Abweichung möglichst gering zu halten.

7.2.1 Vergleich mit Ergebnissen von Kanaoka et al.

An dieser Stelle werden die Ergebnisse der experimentellen Untersuchungen von Kanaoka et al. [57] vorgestellt. Damit wird einerseits eine Vergleichsmöglichkeit für die bisher betrachtete initiale Partikelanlagerung und andererseits für aufwachsende Strukturen, die im Folgenden systematisch analysiert werden, geschaffen.

In den Versuchen von Kanaoka et al. wurden Metall- und Glasfasern eines Durchmessers von 5 bis 60 µm mit Rhodamin- bzw. Bleipartikel, die eine Dichte von 2330 bzw. 11340 kg/m^3 und Durchmesser von 0,3 bis 1 µm aufwiesen, beladen und mit einem REM ausgewertet. Bei der Versuchsdurchführung konnten unter diesen Voraussetzungen mit einer Variation der Anströmgeschwindigkeit große Wertebereiche der dimensionslosen Kennzahlen betrachtet werden. Die Ergebnisse der experimentellen Untersuchungen sind durch Kanaoka et al. in einer schematischen Darstellung zusammengefasst worden (Abbildung 7.9). Die von Kanaoka et al. betrachteten Wertebereiche der dimensionslosen Kennzahlen stimmen im Wesentlichen mit den hier untersuchten Bereichen überein (siehe Tabelle 7.2).

Die Ergebnisse von Kanaoka et al. wurden durch diverse numerische und experimentelle Analysen bestätigt, und deshalb dient die schematische Veranschaulichung von Kanaoka et al. als Referenz für die Wirkungsweise der drei Abscheidemechanismen in Abbildung 1.4. Für den diffusionsdominierten Grenzfall, der in Abbildung 7.9 mit D1 bezeichnet wird, lagern sich Partikel aufgrund von Diffusion homogen über den Umfang verteilt an der Faser an. Für den trägheitsdominierten Extremfall D5 sorgt nur die Trägheit der Partikel für die Anlagerung an der Faser. In diesem Fall deponiert kein Partikel auf der Rückseite der Faser und die Struktur wächst entgegen der Anströmung. In dem Bereich zwischen diesen beiden Extremzuständen nimmt der durch Partikel benetzte Umfang von links nach rechts gehend immer weiter ab. Außerdem wachsen im Fall einer großen Péclet- und kleiner Stokes-Zahl (D3) die Partikeldendriten vorrangig quer zu Strömungsrichtung.

Die Darstellung von Kanaoka et al. zeigt weiterhin, dass mit zunehmender Interzeptions-Zahl die äußere Form der aufgewachsenen Partikelstruktur grundsätzlich gleich bleibt. Die Kompaktheit der Strukturen nimmt dagegen mit steigender Interzeptions-Zahl zu.

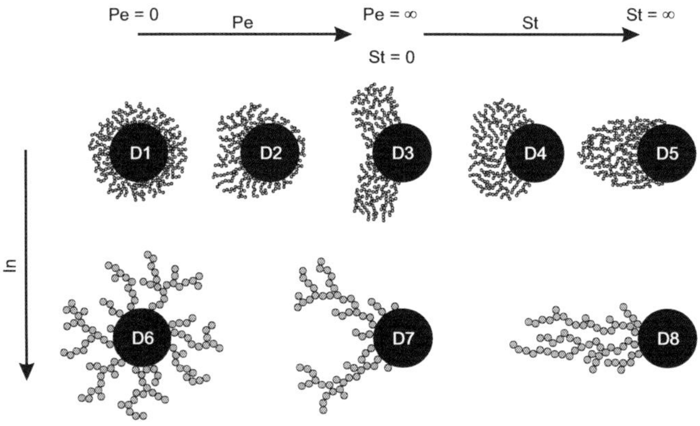

Abbildung 7.9: Schematische Darstellung aufgewachsener Partikelstrukturen nach Kanaoka et al. [57]. Anströmung der Faser von links. Die Stokes-Zahl liegt in dem Bereich zwischen $4{,}1 \times 10^{-3}$ und 3,5, die Péclet-Zahl zwischen 257 und $5{,}4 \times 10^{6}$, und die Interzeptions-Zahl zwischen $7{,}2 \times 10^{-2}$ und 0,1. Die Reynolds-Zahl variiert von $1{,}7 \times 10^{-3}$ bis 12.

Die Simulationsergebnisse zur initialen Partikelanlagerung aus Abschnitt 7.1 können mit den Resultaten von Kanaoka et al. bzgl. des benetzten Faserumfangs qualitativ verglichen werden. Hierbei zeigt sich, dass bei Kanaoka et al. auf der abströmseitigen Faserhälfte grundsätzlich weniger Partikel deponieren. Dies ist durch die ersten Anlagerungskeime auf der Faservorderseite begründet, weil diese Keime für die nachfolgenden Partikel eine Versperrwirkung haben. Der benetzte Umfang wird somit in den Simulationsergebnissen zur initialen Anlagerung im Vergleich zu den Experimenten eher überschätzt.

Der benetzte Umfang der Anlagerungsstruktur D1 stimmt gut mit den Ergebnissen der Simulationen A1, A2, B1 und C1 bis C3 überein, weil sich in allen Fällen Partikel auf der gesamten Oberfläche anlagern. Des Weiteren wird der trägheitsdominierte Grenzfall D5 durch die Simulationen A4, B3, B4 und C4 sehr gut wiedergegeben.

7.2.2 Motivation der Anlagerungsmodelle

In Abbildung 7.10 sind die Partikelstrukturen, die mithilfe der Anlagerungsmodelle (siehe Tabelle 5.1) simuliert wurden, dargestellt. Das nicht-äquidistante adaptive Berechnungsgitter ist grau und die Stromlinien sind schwarz eingefärbt. In allen drei Fällen beträgt der Partikeldurchmesser 500 nm bei einem Faserdurchmesser

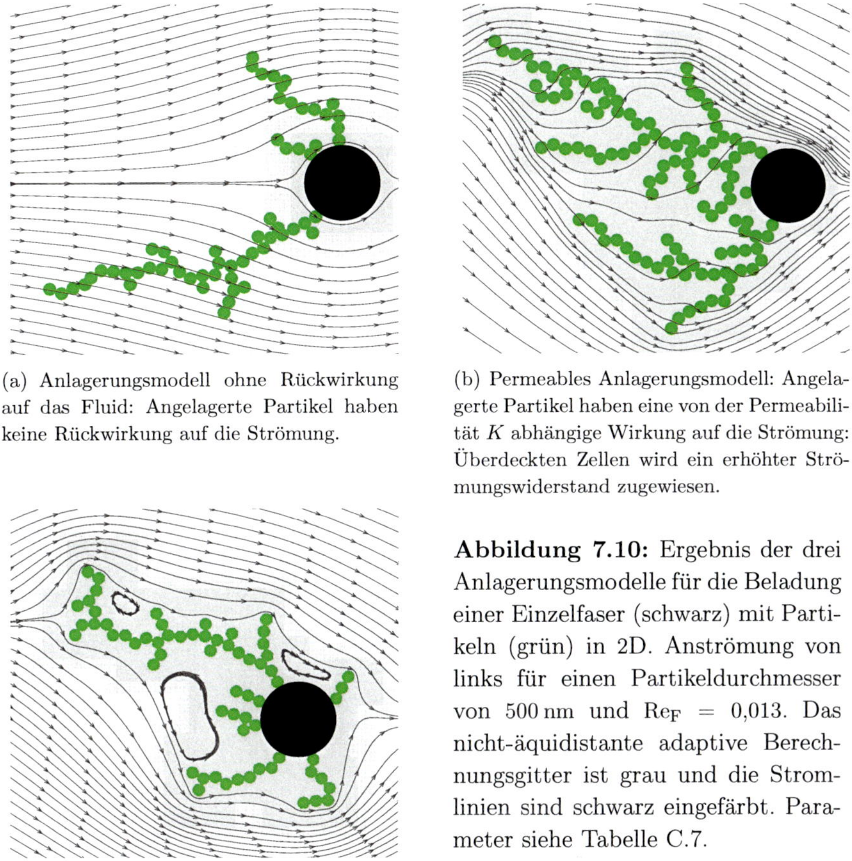

(a) Anlagerungsmodell ohne Rückwirkung auf das Fluid: Angelagerte Partikel haben keine Rückwirkung auf die Strömung.

(b) Permeables Anlagerungsmodell: Angelagerte Partikel haben eine von der Permeabilität K abhängige Wirkung auf die Strömung: Überdeckten Zellen wird ein erhöhter Strömungswiderstand zugewiesen.

(c) Solid-Anlagerungsmodell: Angelagerte Partikel haben eine Rückwirkung auf die Strömung: Überdeckte Zellen sind nicht mehr durchströmbar.

Abbildung 7.10: Ergebnis der drei Anlagerungsmodelle für die Beladung einer Einzelfaser (schwarz) mit Partikeln (grün) in 2D. Anströmung von links für einen Partikeldurchmesser von 500 nm und $\mathrm{Re_F} = 0{,}013$. Das nicht-äquidistante adaptive Berechnungsgitter ist grau und die Stromlinien sind schwarz eingefärbt. Parameter siehe Tabelle C.7.

von 3 µm und einer Anströmung von links. Partikel können sich in den drei Modellen an bereits abgeschiedenen Partikeln anlagern, wobei sie je nach Modell eine unterschiedliche Rückwirkung auf die Strömung haben.

Das Ergebnis der Simulation mit dem Modell, bei dem angelagerte Partikel keine Wirkung auf die Strömung haben, ist in Abbildung 7.10(a) veranschaulicht. Der Berechnungsaufwand unter Verwendung dieses Modells reduziert sich im Wesentlichen auf die Bestimmung des initialen Strömungsfelds. Stromlinien durchdringen die deponierten Partikel ungehindert und der Druckabfall bleibt im Gegensatz zur Filtrationseffizienz während der Beladung konstant. In Abbildung 7.10(b) ist das Ergebnis einer Simulation mittels des permeablen Anlagerungsmodells zu sehen. Durch angelagerte Partikel überdeckte Zellen wird eine Permeabilität zugewiesen und sind daher nur vermindert durchströmbar. Es ist gut zu erkennen, dass es zwar Stromlinien gibt, die die Partikelstruktur durchdringen, aber die Struktur hauptsächlich um- und nicht durchströmt wird. Aufgrund der regelmäßigen Anpassung des Strömungsfelds an die veränderte Partikelstruktur ist der numerische Aufwand deutlich höher als bei dem Modell ohne Rückwirkung auf das Fluid.

Als Grenzfall für die Erhöhung des Strömungswiderstands in den überdeckten Zellen kann das Solid-Modell interpretiert werden (Abbildung 7.10(c)). Hier dringt das Fluid nicht in die überdeckten Zellen ein, und die aufwachsende Struktur wird vollständig umströmt. Für diese Simulation sind analog zum permeablen Modell häufige Aktualisierungen für die Strömung erforderlich.

7.2.3 Statistische Auswertung

Die Simulation aufwachsender Partikelstrukturen in 2D unter identischen Randbedingungen führt aufgrund der zufälligen Partikelaufgabe am Einlass und der Brownschen Bewegung der Partikel bei jeder Simulation zu unterschiedlichen Resultaten. Durch die Abbildungen 7.11(a) bis 7.11(d) wird deutlich, wie stark sich die einzelnen Strukturen verschiedener Simulationsläufe unter identischen Randbedingungen unterscheiden können. Eine Aussage über ein typisches Anlagerungsverhalten für einen bestimmten Satz von Parametern ist nicht möglich. Um die Strukturen trotzdem bewerten zu können, werden mehrere Simulationen unter jeweils denselben Randbedingungen durchgeführt. Anschließend werden die einzelnen Strukturen übereinander gelegt und es wird mittels einer Normierung die Partikeldichte bestimmt. Ein typisches Ergebnis dieser Anlagerungsdichte ist in Abbildung 7.11(e) visualisiert.

Neben den bevorzugten Anlagerungsgebieten, die einem hohen Wert der Verteilungsdichte entsprechen, kann auch eine Aussage über die äußere Gestalt der gemittelten Strukturen getroffen werden. Im Beispiel in Abbildung 7.11(e) lagern sich die Partikel grundsätzlich über den gesamten Umfang der Faser an. Sowohl die Verteilungsdichte als auch die äußere Gestalt der Anlagerung weisen bzgl. der An- und Abströmseite eine Asymmetrie auf.

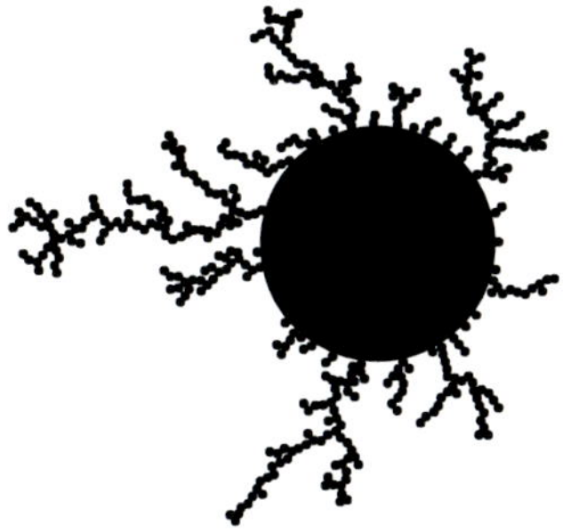

(a) Einzelsimulation A.

(b) Einzelsimulation B.

(c) Einzelsimulation C.

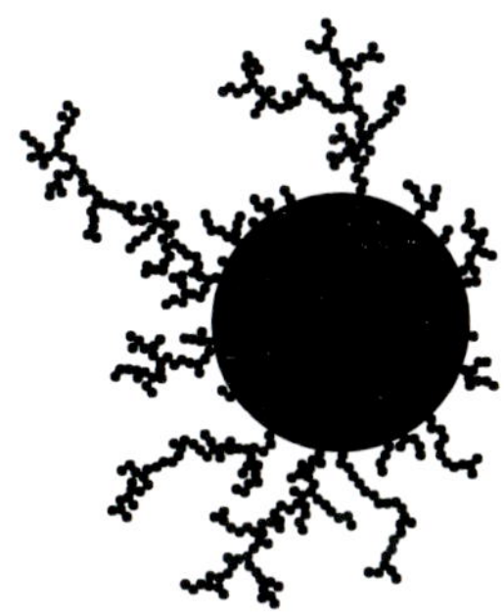

(d) Einzelsimulation D.

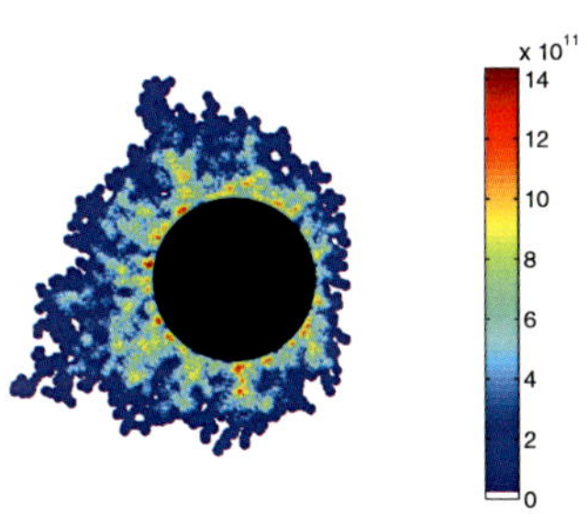

(e) Partikeldichte basierend auf 15 einzelnen Simulationen (u. a. A-D).

Abbildung 7.11: Statistische Auswertung der Anlagerung von Partikeln mit einem Durchmesser von 100 nm an einer Faser mit einem Durchmesser von 3 µm: Vier Beispiele für aufwachsende Partikelstrukturen unter identischen Randbedingungen und der hieraus resultierenden Partikeldichte, Anströmung von links mit $\mathrm{Re_F} = 0{,}013$. Parameter siehe Tabelle C.7.

7.2.4 Vergleich der Anlagerungsmodelle

In Abbildung 7.12 sind die Ergebnisse der drei in den Abschnitten 5.3.2 und 7.2.2 beschriebenen Anlagerungsmodelle für aufwachsende Strukturen (ohne Rückwirkung, permeabel und solid) für jeweils zwei Partikeldurchmesser und Anströmgeschwindigkeiten dargestellt. Für die Simulationen mit einem Partikeldurchmesser von $d_\mathrm{P} = 100\,\mathrm{nm}$ ergeben sich für die Stokes- und Péclet-Zahl: $\mathrm{St_F} = 0{,}014$ und $\mathrm{Pe_F} = 2890$. Für $d_\mathrm{P} = 500\,\mathrm{nm}$ ergibt sich $\mathrm{St_F} = 0{,}016$ und $\mathrm{Pe_F} = 3130$.

Vergleicht man für Partikel mit $d_\mathrm{P} = 100\,\mathrm{nm}$ die Resultate des rückwirkungsfreien Modells in Abbildung 7.12(a) mit dem Ergebnis des permeablen Modells in Abbildung 7.12(c), sind kaum Unterschiede im Abscheideverhalten zu erkennen. In beiden Fällen lagern sich nur wenige Partikel auf der Rückseite der Faser an. Zudem wachsen die Strukturen vorrangig entgegen der Hauptströmungsrichtung und nur in geringem Maß quer zur Strömung.

In Abbildung 7.12(e) ist das Ergebnis unter Verwendung des Solid-Modells zu sehen. Im Vergleich zu den anderen beiden Modellen lagern sich mehr Partikel auf der Rückseite der Faser an. Des Weiteren wächst die Struktur stärker quer zur Hauptströmungsrichtung. Zudem sind die Gebiete höchster Anlagerungswahrscheinlichkeit annähernd homogen um die Faser verteilt.

Für einen Partikeldurchmesser von 500 nm liefern alle drei Anlagerungsmodelle unterschiedliche Ergebnisse, wie in den Abbildungen 7.12(b), 7.12(d) und 7.12(f) zu erkennen ist. Der größte Unterschied der Anlagerungsdichten liegt zwischen dem Ergebnis des Modells ohne Rückwirkung und den beiden Resultaten der Rechnungen mit Berücksichtigung der Rückwirkung. Bei Verwendung des Modells ohne Rückwirkung lagern sich keine Partikel auf der Rückseite der Faser an. Die Partikeldendriten wachsen außerdem bevorzugt entgegengesetzt zur Strömung. Die höchste Anlagerungsdichte befindet sich direkt vor der Faser. Bei den anderen beiden Ergebnissen in Abbildung 7.12(d) und 7.12(f) teilt sich das bevorzugte Anlagerungsgebiet in mehrere Regionen auf. Für das permeable Modell gibt es zwar direkt am Staupunkt an der Stelle $U = 0$ noch ein lokales Maximum der Anlagerung, die meisten Partikel deponieren jedoch zwischen vorderem Staupunkt und der Rückseite.

Der Hauptgrund für die Unterschiede zwischen den Ergebnissen des Solid-Modells und den anderen beiden Modellen sind die unterschiedlichen Strömungsfelder. Nur im Solid-Modell werden die Partikeldendriten vollständig umströmt, und deshalb werden Partikel zur Rückseite der Faser transportiert. In den beiden anderen Anlagerungsmodellen führen die fasernahen Partikelbahnen i. a. durch mehrere Partikeldendriten, die bevorzugt entgegen der Strömung wachsen. Sobald die Bahnlinie durch einen Partikeldendrit führt, wird das Partikel dort abgeschieden. Durch

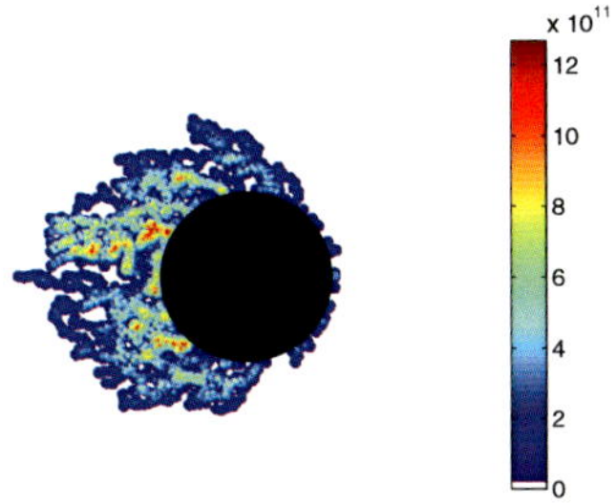

(a) Partikelanlagerung ohne Rückwirkung, $d_\mathrm{P} = 100\,\mathrm{nm}$ und $\mathrm{Re}_\mathrm{F} = 0{,}13$. 140 angelagerte Partikel je Einzelsimulation.

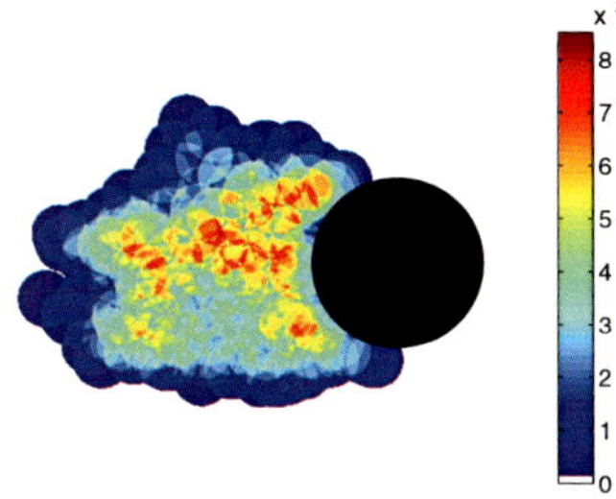

(b) Partikelanlagerung ohne Rückwirkung, $d_\mathrm{P} = 500\,\mathrm{nm}$ und $\mathrm{Re}_\mathrm{F} = 0{,}013$. 16 angelagerte Partikel je Einzelsimulation.

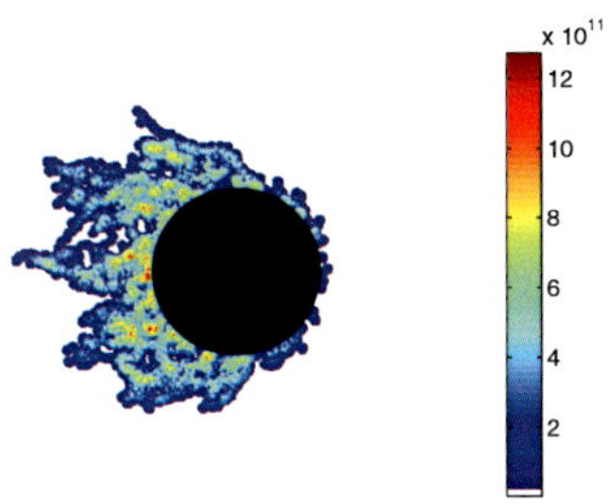

(c) Angelagerte Partikel prägen den überdeckten Gitterzellen eine verminderte Durchströmbarkeit $K = 2{,}6 \times 10^{-3}\,\mathrm{D}$ auf, $d_\mathrm{P} = 100\,\mathrm{nm}$ und $\mathrm{Re}_\mathrm{F} = 0{,}13$. 140 angelagerte Partikel je Einzelsimulation.

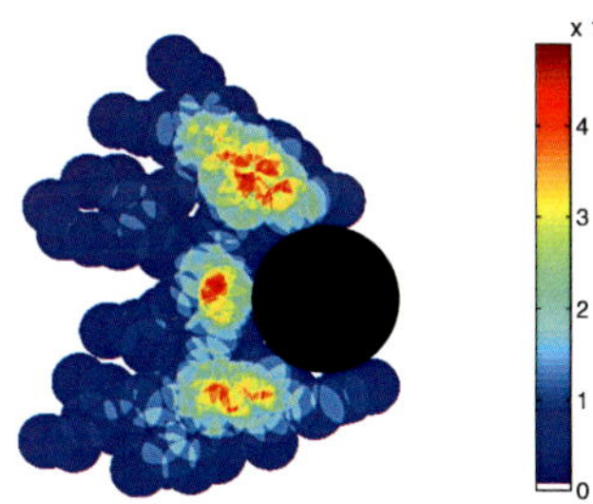

(d) Angelagerte Partikel prägen den überdeckten Gitterzellen eine verminderte Durchströmbarkeit $K = 2{,}6 \times 10^{-3}\,\mathrm{D}$ auf, $d_\mathrm{P} = 500\,\mathrm{nm}$ und $\mathrm{Re}_\mathrm{F} = 0{,}013$. 16 angelagerte Partikel je Einzelsimulation.

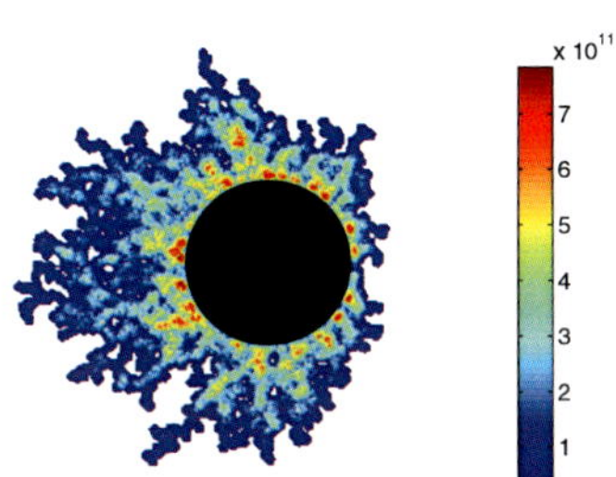

(e) Angelagerte Partikel sind nicht durchströmbar, $d_\mathrm{P} = 100\,\mathrm{nm}$ und $\mathrm{Re}_\mathrm{F} = 0{,}13$. 140 angelagerte Partikel je Einzelsimulation.

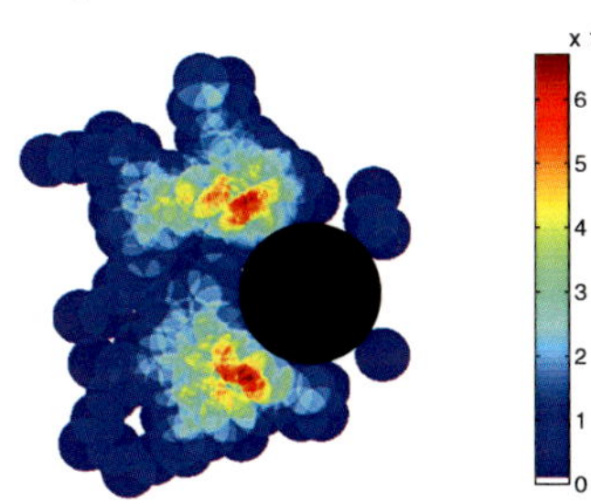

(f) Angelagerte Partikel sind nicht durchströmbar, $d_\mathrm{P} = 500\,\mathrm{nm}$ und $\mathrm{Re}_\mathrm{F} = 0{,}013$. 16 angelagerte Partikel je Einzelsimulation.

Abbildung 7.12: Vergleich der drei Anlagerungsmodelle, Anströmung von links. Parameter siehe Tabelle C.7.

diesen Vorgang wird das Wachstum der Dendriten entgegen der Hauptströmungsrichtung verstärkt. Dieser Interzeptionseffekt wird besonders in Abbildung 7.12(d) deutlich. Bei dem Solid-Modell in Abbildung 7.12(f) lagern sich nur wenige Partikel im Staupunkt an. Der Grund hierfür ist, dass die Strömung nach den ersten Partikel, die sich zwischen vorderem Staupunkt und der Rückseite angelagert haben, um die aufwachsenden Partikeldendriten herum geleitet wird.

Aus dieser Betrachtung folgt, dass die Rückwirkung der angelagerten Partikel deutlichen Einfluss auf die Struktur haben kann. Sowohl die äußere Gestalt der Regionen, in denen sich Partikel anlagern, als auch die Regionen mit hoher Anlagerungsdichte können stark voneinander abweichen, wenn unterschiedliche Modelle verwendet werden. Insgesamt ist festzustellen, dass sich die Resultate für kleine Partikel deutlich stärker als für größere Partikel unterscheiden. Des Weiteren haben die Ergebnisse, die mit dem permeablen Modell bestimmt wurden, für kleine Partikel eine hohe Ähnlichkeit zu dem Resultat, das mit dem Modell ohne Rückwirkung auf die Strömung erzielt wurde. Für große Partikel ähneln sich eher die Ergebnisse des permeablen Modells und des Solid-Modells.

Im Vergleich der drei Ergebnisse für $d_\mathrm{P} = 500\,\mathrm{nm}$ mit dem Resultat für das Übergangsregime von Kanaoka et al. (Abbildung 7.9, Struktur D3), ist anzumerken, dass das Solid-Anlagerungsmodell die beste Übereinstimmung bietet. Sowohl das Modell ohne Rückwirkung als auch das permeable Modell weichen deutlich vom Resultat nach Kanaoka et al. ab. Es bleibt die Frage zu beantworten, ob das permeable Modell für kleine Partikel Vorteile gegenüber dem Solid Modell hat.

7.2.5 Einfluss der Permeabilität

Im Anlagerungsmodell mit permeablen Zellen geht die Permeabilität K als Parameter ein und wird in diesem Abschnitt über mehrere Größenordnungen variiert, um den Einfluss dieser Größe auf die Anlagerungsdichte und die Filtrationseffizienz zu klären. In der Abbildung 7.13 sind für einen Partikeldurchmesser von $100\,\mathrm{nm}$ die resultierenden Anlagerungsdichten für drei verschiedene Permeabilitäten dargestellt. Wie im vorherigen Abschnitt diskutiert, werden die Partikeldendriten von einigen Stromlinien durchkreuzt, sodass Partikel von den Dendriten vorrangig durch die Interzeption und Trägheit zur Abscheidung gebracht werden. Die Partikeldiffusion hat in diesem Fall für die Strukturbildung nur eine geringe Bedeutung.

Mit abnehmender Permeabilität sinkt die Anzahldichte der Stromlinien, die durch die aufwachsende Partikelstruktur führen. Aus diesem Grund ist zu erwarten, dass sich die Ergebnisse der Simulation für eine kleiner werdende Durchlässigkeit den Resultaten, die mit dem Solid-Modell berechnet werden, annähern.

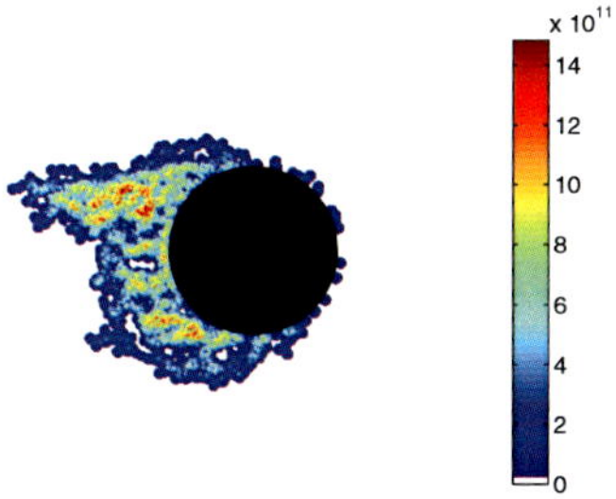

(a) Permeabilität $K = 2{,}6 \times 10^{-5}$ D.

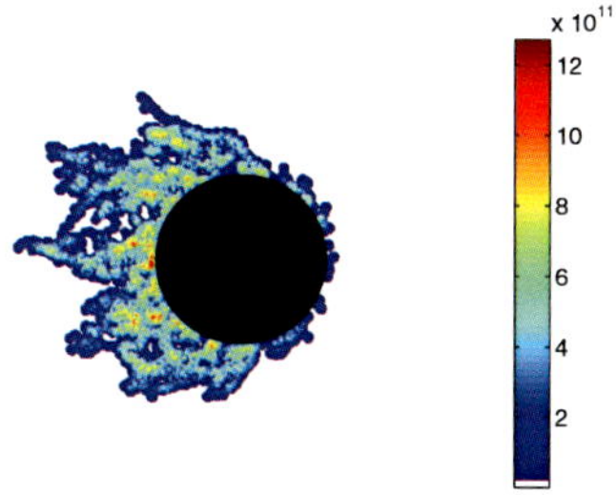

(b) Permeabilität $K = 2{,}6 \times 10^{-3}$ D.

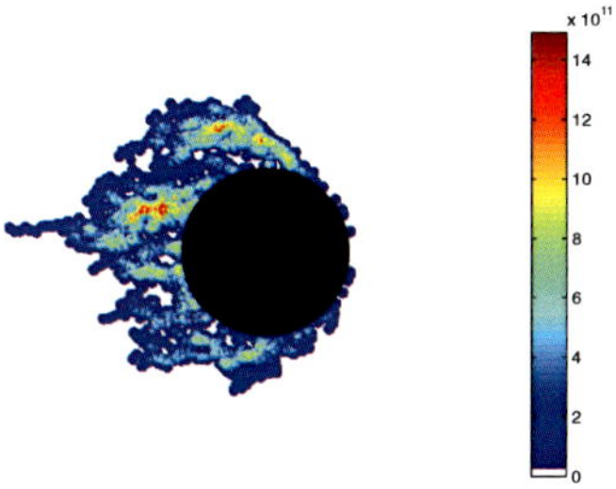

(c) Permeabilität $K = 0{,}26$ D.

Abbildung 7.13: Variation der Permeabilität K über mehrere Größenordnungen für einen Partikeldurchmesser von $d_\mathrm{P} = 100\,\mathrm{nm}$ und einer Reynolds-Zahl von $\mathrm{Re}_\mathrm{F} = 0{,}13$. Parameter siehe Tabelle C.7.

Die Anlagerungsstrukturen unterscheiden sich trotz der großen Variation der Permeabilität nicht wesentlich voneinander. Die Entwicklung der äußeren Kontur und der lokalen Anlagerungsdichte lassen keine eindeutigen Tendenzen mit zu- oder abnehmender Permeabilität erkennen. Dieses Verhalten kann durch das charakteristische Strömungsfeld in Abbildung 7.10(b) erklärt werden. Wenn die Permeabilität der Dendriten größer als null ist, gibt es unabhängig von dem genauen Wert der Permeabilität in jedem Fall Stromlinien, die die Dendriten durchkreuzen. Partikel werden damit vor allem an der strömungszugewandten Dendritseite durch den Sperreffekt abgeschieden. Des Weiteren gelangen kaum Partikel an die Rückseite der Faser oder die Rückseite der Dendriten, weil die fasernahen Stromlinien nicht um die Partikelstruktur herum führen. Mit steigender Durchlässigkeit nimmt die Dichte der Stromlinien in den Partikeldendriten zu. Dies hat jedoch keine signifikanten Auswirkungen auf die Strukturen.

Eine weitere Möglichkeit zum Vergleich der Ergebnisse bietet die Filtrationseffizienz in Abhängigkeit von der Partikelbeladung. In den Einzelsimulationen wird hierzu der Abscheidegrad nach einer bestimmten Partikelanzahl bestimmt. Anschließend werden die Einzelergebnisse über mehrere Simulationen gemittelt, um statistisch abgesicherte Werte zu erhalten. In dem hier vorliegenden Beispiel beträgt die maximale Abweichung der Einzelergebnisse vom Mittelwert nach 140 angelagerten Partikeln höchstens ±5 %. Zum Vergleich der Ergebnisse werden die Abscheideeffizienzen, die mit dem initialen Modell, dem Modell ohne Rückwirkung auf die Strömung und dem Solid-Modell berechnet wurden, herangezogen und zusammen mit den anderen Ergebnissen in Abbildung 7.14 dargestellt.

Es ist zu erkennen, dass mit zunehmender Permeabilität die Abscheideeffizienz steigt. Die Erklärung für dieses Verhalten ist, dass der Luftmassenstrom und damit auch der Partikelmassenstrom durch aufwachsende permeable Partikeldendriten mit zunehmender Permeabilität zunehmen, und deshalb auch mehr Stromlinien durch die Dendriten hindurch führen. Hierdurch wird eine größer werdende Anzahl von Partikeln in die Nähe der Struktur transportiert, und der Abscheidegrad steigt entsprechend. Die Filtrationseffizienz nähert sich hierbei dem Wert an, der durch das Modell ohne Rückwirkung auf die Strömung berechnet wurde.

Nimmt umgekehrt die Durchlässigkeit der angelagerten Partikel ab, nähert sich die Filtrationseffizienz immer weiter an die Abscheideeffizienz, die mittels des Solid-Modells bestimmt wurde, an. Insgesamt liegen alle Ergebnisse oberhalb des Werts der initialen Filtrationseffizienz. Das permeable Anlagerungsmodell weist damit auch für kleine Partikel keine Vorteile gegenüber dem Solid-Modell auf. Aus diesem Grund wird für die weiteren Analysen das Solid-Modell verwendet.

7.2.6 Variation des Partikeldurchmessers für $\mathrm{Re_F} = 0{,}013$

In den folgenden Abschnitten wird das Solid-Anlagerungsmodell verwendet. Zunächst wird in diesem Teil der Arbeit für eine konstante Faser-Reynolds-Zahl von 0,013 der Partikeldurchmesser variiert. Für alle Durchmesser resultieren sehr kleine Stokes- und Péclet-Zahlen.

Für einen Partikeldurchmesser von 20 nm (Abbildung 7.15(a)) ergibt sich eine über den gesamten Umfang der Faser annähernd gleichmäßig verteilte Partikelschicht. Dieses Regime ist maßgeblich durch die Brownsche Partikelbewegung gekennzeichnet. Vergleicht man die Kontur der Anlagerungsdichte mit den Ergebnissen von Kanaoka et al. in Abbildung 7.9, dann entspricht sie dem Grenzfall D1 für eine diffusionsdominierte Abscheidung. Die Stokes- und Péclet-Zahlen sind für diesen Fall sehr klein und liegen bei $\mathrm{St_F} = 2{,}2 \times 10^{-4}$ und $\mathrm{Pe_F} = 14{,}5$.

Auch für Partikeldurchmesser von 50 nm und 100 nm in den Abbildungen 7.15(b) und 7.15(c) ist der gesamte Umfang der Faser mit einer Partikelschicht bedeckt.

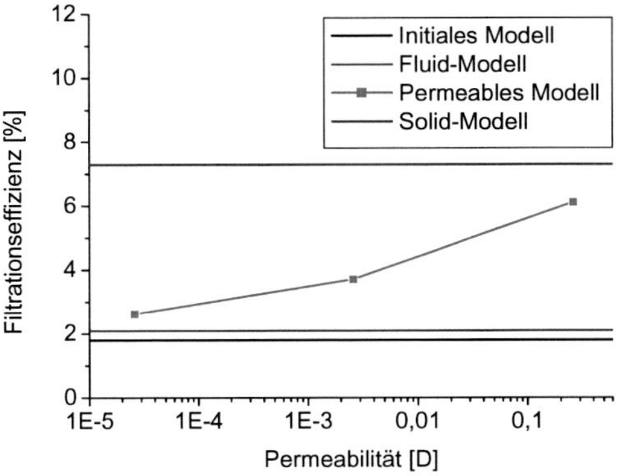

Abbildung 7.14: Abscheideeffizienzen an einer Einzelfaser für das initiale Modell, das Modell ohne Rückwirkung auf die Strömung, das permeable Modell und das Solid-Modell nach 140 angelagerten Partikeln. Variation der Permeabilität K für eine Faser-Péclet-Zahl von 2817 und eine Faser-Stokes-Zahl von 0,0135. Parameter siehe Tabelle C.7.

Die Strukturen werden bzgl. der Schichtdicke auf An- und Abströmseite im Vergleich zum Fall $d_P = 20\,\mathrm{nm}$ zunehmend asymmetrischer, wobei sich anströmseitig mehr Partikel als abströmseitig anlagern. Die Begründung hierfür liegt darin, dass der konvektive Transport die Brownsche Bewegung zunehmend dominiert. Damit deponieren Partikel vorrangig an den aufwachsenden Partikeldendriten, die sich auf der Vorderseite der Faser gebildet haben, und werden in abnehmendem Maß zur Faserrückseite transportiert. Die beiden Ergebnisse stimmen sehr gut mit der Struktur D2 von Kanaoka et al. in Abbildung 7.9 überein.

Die Partikelstruktur in Abbildung 7.15(d) für $d_P = 200\,\mathrm{nm}$ weist auf der strömungsabgewandten Seite der Faser bereits eine kleine Lücke auf, die für Partikel mit $d_P = 500\,\mathrm{nm}$ in Abbildung 7.15(e) anwächst. Hier scheiden sich nur wenige Partikel hinter dem Faseräquator an der Stelle $U = \pi/2$ ab. Zudem weist die Anlagerungsdichte zwei klar voneinander trennbare lokale Maxima auf. An dieser Stelle befindet sich der Übergangsbereich zwischen diffusions- und trägheitsdominierter Anlagerung. Die Struktur D3 von Kanaoka et al. ist hierbei mit dieser Anlagerungsform vergleichbar, wobei die Péclet-Zahl bereits den Wert 3130 annimmt, und die Stokes-Zahl mit $\mathrm{St_F} = 0{,}016$ immer noch klein ist.

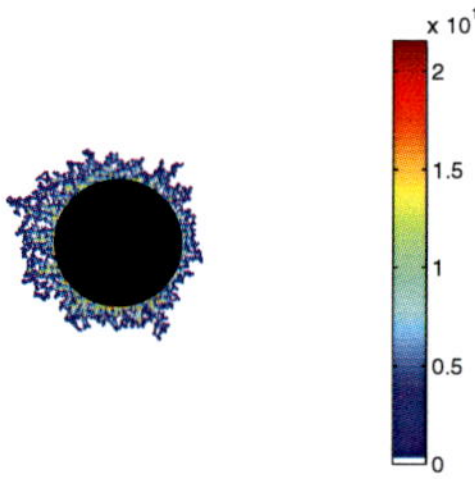

(a) $d_\mathrm{P} = 20\,\mathrm{nm}$, $\mathrm{St_F} = 2{,}2 \times 10^{-4}$ und $\mathrm{Pe_F} = 14{,}5$.

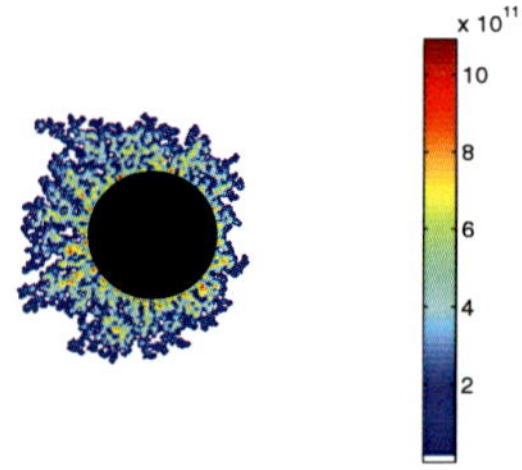

(b) $d_\mathrm{P} = 50\,\mathrm{nm}$, $\mathrm{St_F} = 6{,}0 \times 10^{-4}$ und $\mathrm{Pe_F} = 83$.

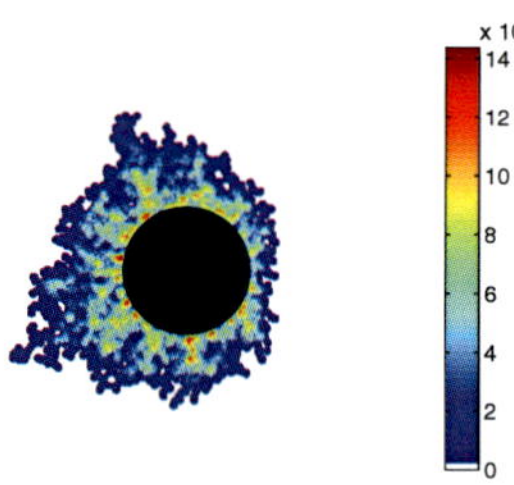

(c) $d_\mathrm{P} = 100\,\mathrm{nm}$, $\mathrm{St_F} = 1{,}4 \times 10^{-3}$ und $\mathrm{Pe_F} = 289$.

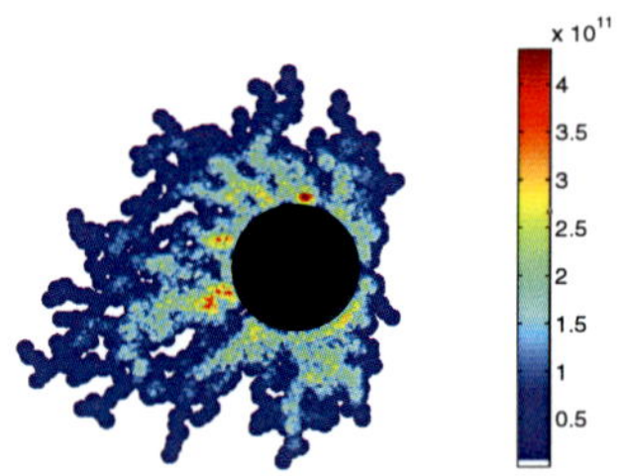

(d) $d_\mathrm{P} = 200\,\mathrm{nm}$, $\mathrm{St_F} = 3{,}6 \times 10^{-3}$ und $\mathrm{Pe_F} = 888$.

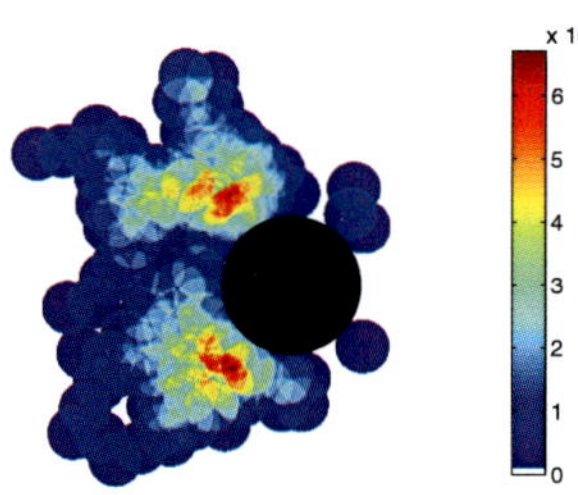

(e) $d_\mathrm{P} = 500\,\mathrm{nm}$, $\mathrm{St_F} = 0{,}016$ und $\mathrm{Pe_F} = 3130$.

Abbildung 7.15: Vergleich der Anlagerungsdichten für verschiedene Partikeldurchmesser und einer Faser-Reynolds-Zahl von $\mathrm{Re_F} = 0{,}013$. Parameter siehe Tabelle C.7.

7.2.7 Variation des Partikeldurchmessers für $\mathrm{Re_F} = 0{,}13$

Im Vergleich zum vorherigen Abschnitt wird hier der Partikeldurchmesser bei einer zehnfach größeren Anströmgeschwindigkeit variiert. Die Variation des Partikeldurchmessers bei einer Faser-Reynolds-Zahl von $\mathrm{Re_F} = 0{,}13$ führt für $d_\mathrm{P} = 50\,\mathrm{nm}$ und $d_\mathrm{P} = 100\,\mathrm{nm}$ zu ähnlichen Stokes- und Péclet-Zahlen wie in der vorangegangenen Versuchsreihe für Partikel mit $d_\mathrm{P} = 200\,\mathrm{nm}$ und $d_\mathrm{P} = 500\,\mathrm{nm}$. Demnach wäre an dieser Stelle zu erwarten, dass bereits für Partikel mit $d_\mathrm{P} = 100\,\mathrm{nm}$ der Übergangsbereich zwischen diffusions- und trägheitsdominierter Abscheidung erreicht ist.

Für Partikel mit einem Durchmesser von 50 nm überwiegt die Diffusion bei der Anlagerung (Abbildung 7.16(a)), wobei die aufwachsende Struktur schon hier eine

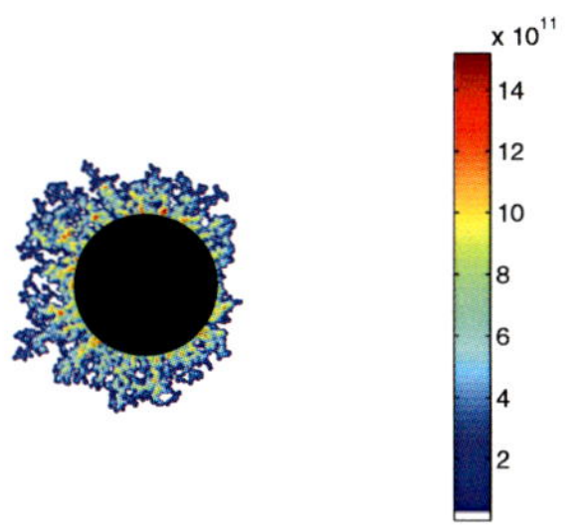

(a) $d_\mathrm{P} = 50\,\mathrm{nm}$, $\mathrm{St_F} = 0{,}004$ und $\mathrm{Pe_F} = 832$.

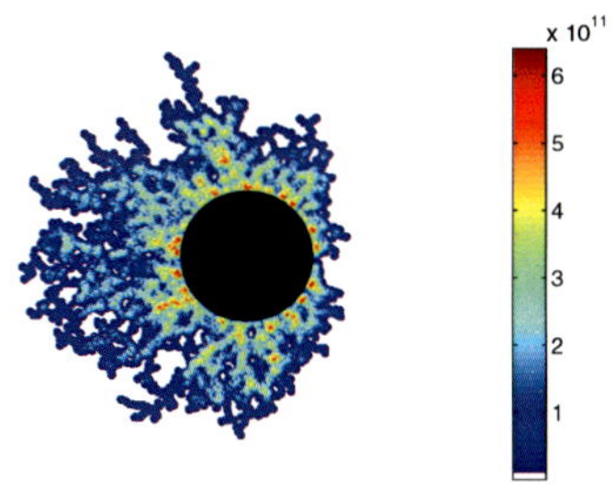

(b) $d_\mathrm{P} = 100\,\mathrm{nm}$, $\mathrm{St_F} = 0{,}014$ und $\mathrm{Pe_F} = 2890$.

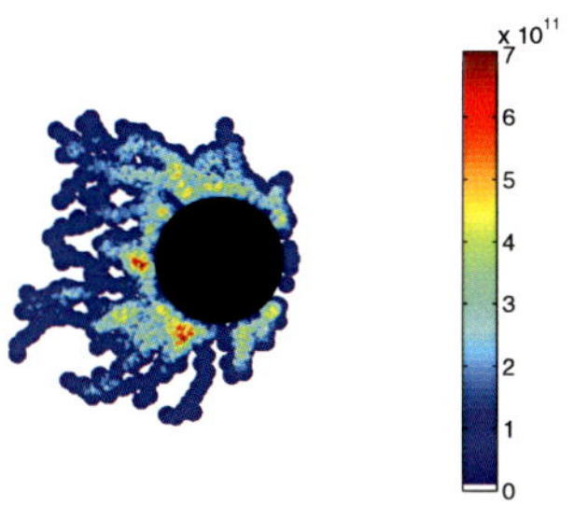

(c) $d_\mathrm{P} = 200\,\mathrm{nm}$, $\mathrm{St_F} = 0{,}036$ und $\mathrm{Pe_F} = 8883$.

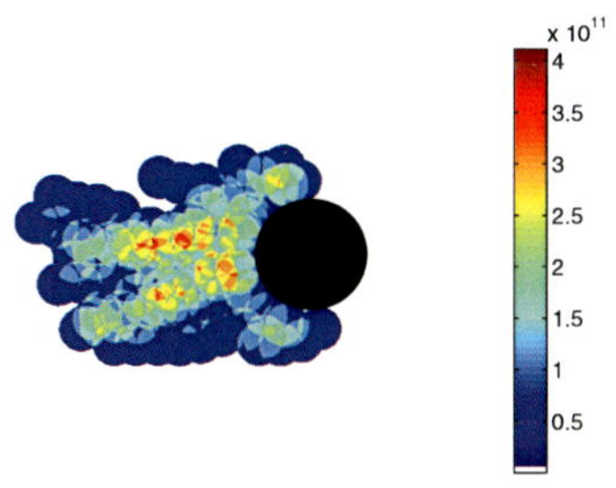

(d) $d_\mathrm{P} = 500\,\mathrm{nm}$, $\mathrm{St_F} = 0{,}160$ und $\mathrm{Pe_F} = 31.000$.

Abbildung 7.16: Vergleich der Anlagerungsdichten für verschiedene Partikeldurchmesser und einer Faser-Reynolds-Zahl von $\mathrm{Re_F} = 0{,}13$. Parameter siehe Tabelle C.7.

Asymmetrie zwischen An- und Abströmseite der Faser aufweist. Diese Asymmetrie wird für Partikel mit $d_P = 100\,\text{nm}$ in Abbildung 7.16(b) stärker. Auch hier gibt es deutliche Unterschiede zu den Simulationen bei $\text{Re}_F = 0{,}013$ und $d_P = 500\,\text{nm}$, die auf ähnliche Stokes- und Péclet-Zahlen führen.

In den Einzelsimulationen mit $d_P = 200\,\text{nm}$ deponieren deutlich weniger Partikel an der abströmseitigen Faserhälfte als für kleinere Partikeldurchmesser. Für $d_P = 500\,\text{nm}$ lagert sich in keiner Einzelsimulation ein Partikel auf der Abströmseite der Faser an (Abbildung 7.16(d)). Die Abscheidung ist somit eindeutig trägheitsdominiert. Die Gegenüberstellung mit den Resultaten von Kanaoka et al. ergibt eine hohe Ähnlichkeit mit der Struktur D5 in Abbildung 7.9.

Insgesamt zeigt sich, dass bei einer Erhöhung der Faser-Reynolds-Zahl von 0,013 auf 0,13 der Péclet-Zahlenbereich, in dem eine diffusionsdominierte Abscheidung vorliegt, vergrößert wird. Gleichzeitig wird der Übergangsbereich und die trägheitsdominierte Abscheidung leicht in Richtung größerer Péclet- bzw. Stokes-Zahlen verschoben. Grundsätzlich stimmen die Simulationsergebnisse mit den Resultaten von Kanaoka et al. gut überein, wobei eine zusätzliche Abhängigkeit der Strukturen von der Strömungsgeschwindigkeit beobachtet wird.

Im folgenden Abschnitt wird geklärt, ob die Strömungsgeschwindigkeit einen signifikanten Einfluss auf die Ergebnisse hat.

7.2.8 Variation der Anströmgeschwindigkeit

In diesem Teil der Arbeit wird im Gegensatz zu den beiden vorangegangenen Abschnitten die Anströmgeschwindigkeit bei konstantem Partikeldurchmesser $d_P = 100\,\text{nm}$ variiert. Die Reynolds-Zahlen, die sich für die Simulationen ergeben, liegen hierbei zwischen $1{,}3 \times 10^{-4}$ und 0,13.

Jede der vier Anlagerungsdichten, die in Abbildung 7.17 dargestellt sind, lässt auf eine diffusionsdominierte Anlagerung schließen. Ausgehend von den bereits vorgestellten Anlagerungsstrukturen für $\text{Re}_F = 0{,}13$ und $\text{Re}_F = 0{,}013$ nimmt die Asymmetrie der Konturen mit kleiner werdender Reynolds-Zahl leicht ab. Bei einer Reynolds-Zahl von $\text{Re}_F = 1{,}3 \times 10^{-4}$ in Abbildung 7.17(a) verteilt sich die Partikelschicht nahezu homogen um die Faser. Insgesamt folgt, dass für Partikel mit einem Durchmesser von 100 nm und für eine Reynolds-Zahl von weniger als 0,013 eine diffusionsdominierte Abscheidung vorliegt.

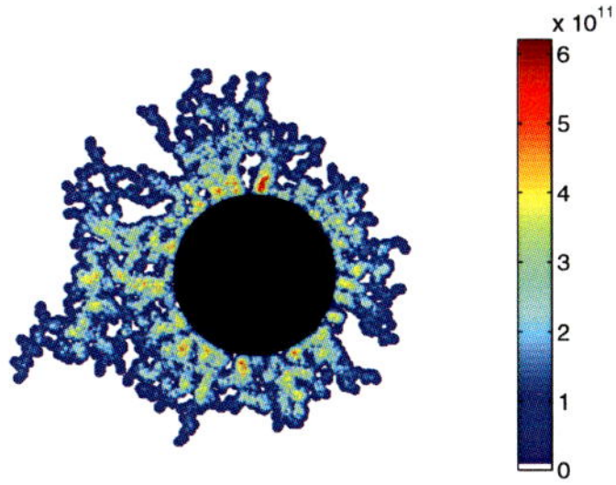

(a) $\mathrm{Re_F} = 1{,}3 \times 10^{-4}$, $\mathrm{St_F} = 1{,}4 \times 10^{-5}$ und $\mathrm{Pe_F} = 2{,}9$.

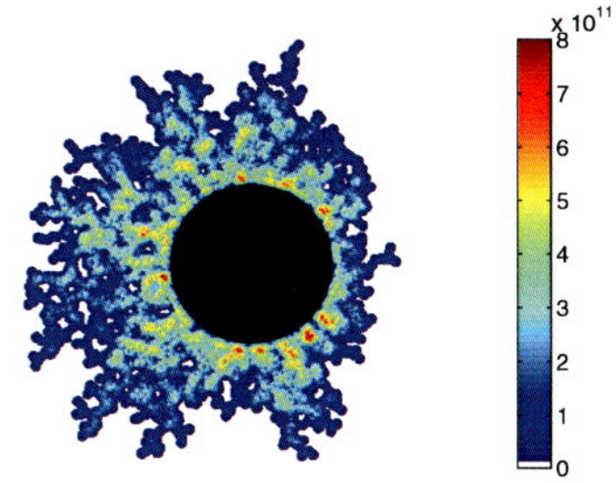

(b) $\mathrm{Re_F} = 1{,}3 \times 10^{-3}$, $\mathrm{St_F} = 1{,}4 \times 10^{-4}$ und $\mathrm{Pe_F} = 28{,}9$.

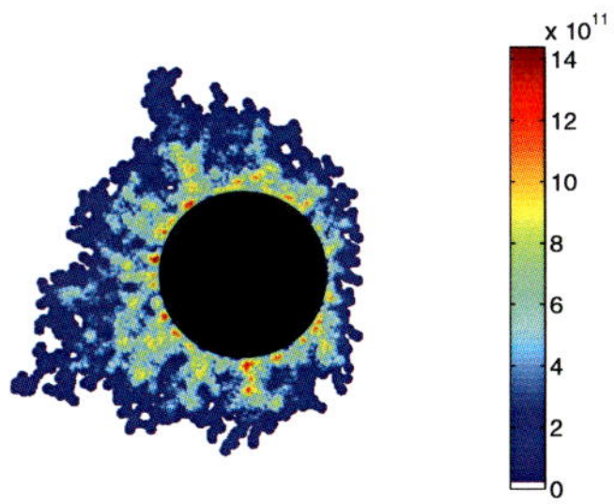

(c) $\mathrm{Re_F} = 1{,}3 \times 10^{-2}$, $\mathrm{St_F} = 1{,}4 \times 10^{-3}$ und $\mathrm{Pe_F} = 288{,}9$.

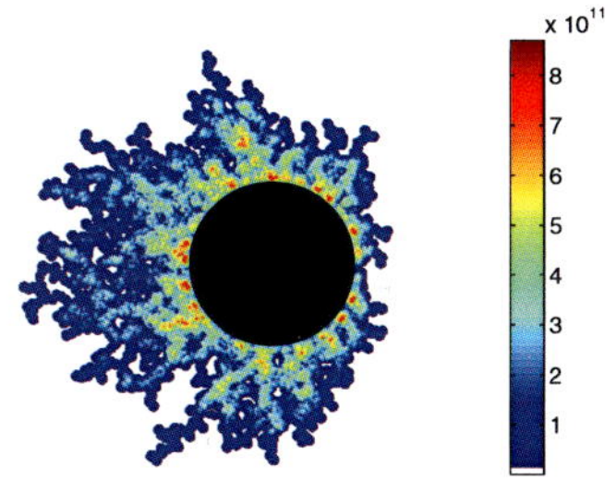

(d) $\mathrm{Re_F} = 0{,}13$, $\mathrm{St_F} = 0{,}014$ und $\mathrm{Pe_F} = 2889{,}9$.

Abbildung 7.17: Vergleich der Anlagerungsdichten für verschiedene Anströmgeschwindigkeiten und $d_\mathrm{P} = 100\,\mathrm{nm}$. Parameter siehe Tabelle C.7.

7.3 Zusammenfassung der Ergebnisse zur Partikelabscheidung an einer Einzelfaser

In diesem Kapitel wurde das entwickelte Berechnungsprogramm erfolgreich an semi-empirischen Modellen und experimentellen Untersuchungen aus bisher veröffentlichten Arbeiten zur Faserabscheidung validiert. Neben den Resultaten für die initiale Filtrationseffizienz konnten auch die Ergebnisse bzgl. aufwachsender Strukturen bestätigt werden. Dabei wurde das Solid-Modell aufgrund der besten Übereinstimmungen als Anlagerungsmodell für die weiteren Analysen identifiziert. Zudem wurden die einzelnen Anlagerungsmechanismen anhand von Kennzahlen charakterisiert und die für diese Arbeit relevanten Regime klassifiziert. Damit ist die Grundlage für die numerische Analyse der Partikelanlagerung an Mikrosieben, die im nächsten Kapitel vorgestellt wird, geschaffen.

Kapitel 8

Partikelabscheidung an einem Mikrosieb

8.1 Motivation für die Modellgeometrie

Wie in der Einleitung ausgeführt, soll in dieser Arbeit das Anlagerungsverhalten von Rußpartikeln in einer Pore analysiert werden. Insbesondere sollen aufwachsende Partikelstrukturen in einer Pore bzgl. ihrer Morphologie für verschiedene Randbedingungen charakterisiert werden. In den Simulationen können die Werte für die Reynolds-, Stokes-, Péclet- und Interzeptions-Zahl wie schon bei der Partikelabscheidung an einer Einzelfaser in einem sehr großen Bereich variiert werden. Dieser Bereich ist für die experimentellen Analysen durch die zur Verfügung stehende Messtechnik deutlich eingeschränkt. Eine Übersicht der Wertebereiche wird in Tabelle 8.1 gegeben.

Wie in der Einleitung ausgeführt wurde, werden die hoch komplexen keramischen Substrate durch eine Modellgeometrie vereinfacht. Die Geometrie dieser Modellpore ist in Abbildung 8.1(a) in der Draufsicht und in Abbildung 8.1(b) in der Seitenansicht dargestellt. Das Einlaufgebiet der Länge l_{EL} muss hierbei hinreichend groß gewählt werden, um eine Rückwirkung der nachfolgenden Verengung der Länge $l_{\mathrm{V}} = 2\,\mu\mathrm{m}$ zu vermeiden. Die Porenöffnung hat einen quadratischen Querschnitt mit der Kantenlänge $d_{\mathrm{h}} = 4\,\mu\mathrm{m}$. Im Inneren der Pore beträgt die Höhe $a + d_{\mathrm{h}} = 8\,\mu\mathrm{m}$ bei einer Länge von $l_{\mathrm{Pore}} = 10\,\mu\mathrm{m}$. Weiter stromabwärts verengt sich der quadratische Querschnitt wieder und hat eine Kantenlänge von $d_{\mathrm{h}} = 4\,\mu\mathrm{m}$.

Kennzahl	Simulation		Experiment	
	Min. Wert	Max. Wert	Min. Wert	Max. Wert
Re_{h}	$1{,}0 \times 10^{-3}$	1	0,15	0,62
St_{h}	$9{,}8 \times 10^{-5}$	1	$5{,}0 \times 10^{-3}$	0,14
Pe_{h}	109	$2{,}9 \times 10^{4}$	6380	$5{,}2 \times 10^{4}$

Tabelle 8.1: Wertebereiche der dimensionslosen Kennzahlen bei den Untersuchungen zur Abscheidung in einem Mikrosieb.

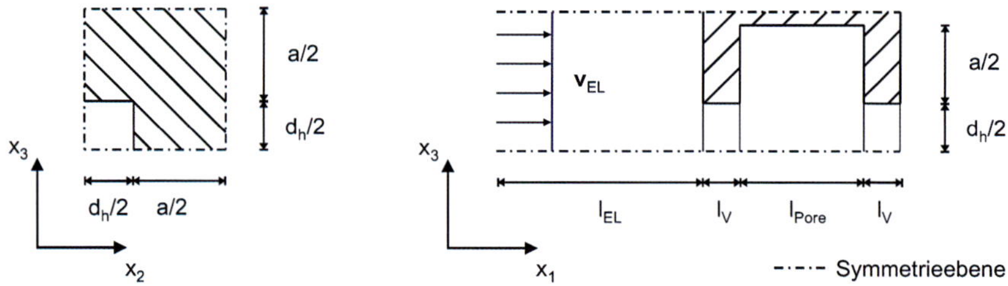

(a) Draufsicht. (b) Seitenansicht. Anströmung von links.

Abbildung 8.1: Berechnungsgebiet für die Untersuchung der bevorzugten Anlagerungsgebiete in einer frei angeströmten Modellpore mit einer quadratischen Porenöffnung.

Im Folgenden werden Beladungssimulationen auf der Basis dieser Geometrie für verschiedene Partikeldurchmesser und Anströmgeschwindigkeiten durchgeführt, um die Partikelabscheidung in der Pore zu charakterisieren. Insbesondere soll geklärt werden, ob es unabhängig von den Randbedingungen Teilbereiche der Pore gibt, in denen Partikel bevorzugt abgeschieden werden. Anhand dieser Informationen kann anschließend das Berechnungsgebiet angepasst werden, um die wesentlichen Anlagerungsregionen möglichst effizient in den Simulationen abbilden zu können.

In Abbildung 8.2 ist das Ergebnis der Strömungsberechnung innerhalb der Modellpore visualisiert. In einem Schnitt an der Stelle $x_2 = 0$ ist die Geschwindigkeit des Fluids in Hauptströmungsrichtung in der x_1-x_3 Ebene mit den zugehörigen Stromlinien dargestellt. Es ist zu erkennen, dass die Strömungsgeschwindigkeit in Höhe der beiden Verengungen die größten Werte erreicht. Es stellt sich die Frage, ob es an dieser Stelle zu einer vermehrten Anlagerung von Partikeln kommt, oder die Pore von innen zuwächst. In der Verengung treten zwei konkurrierende Effekte auf. Zum einen gelangen im Vergleich zum restlichen Berechnungsgebiet überproportional viele Partikel in die Nähe einer Oberfläche, weil sich der Querschnitt deutlich

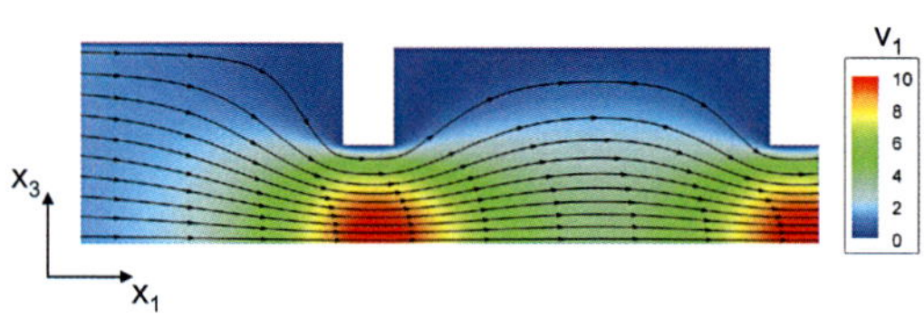

Abbildung 8.2: Porendurchströmung für $\mathrm{Re_h} = 0{,}2$. Darstellung von v_1 $[m/s]$ in der x_1-x_3 Ebene. Schnitt durch die Kanalmitte an der Stelle $x_2 = 0$. Durchströmung von links nach rechts.

verengt. Zum anderen liegt in der Verengung eine entsprechend höhere Strömungsgeschwindigkeit vor, sodass der Zeitraum, in dem sich Partikel anlagern können, im Vergleich zum Poreninneren klein ist.

Das Resultat der initialen Beladungssimulation für einen Partikeldurchmesser von 100 nm und einer Reynolds-Zahl von $\mathrm{Re_h} = 0{,}2$ zeigt Abbildung 8.3. Die Reynolds-Zahl bezieht sich hierbei wie in Gleichung (4.75) auf die mittlere Strömungsgeschwindigkeit in der Verengung. In der Abbildung ist die Anzahldichte $\rho_A(x_1)$ der angelagerten Partikel über der gesamten Länge des Berechnungsgebiets aufgetragen. Im vorderen Bereich von $x_1 = 0$ bis l_{EL} befindet sich keine feste Wand, und deshalb hat die Dichte hier den Wert null. Partikel haben erst an der Stirnseite der Pore zum ersten Mal die Gelegenheit, in Kontakt mit einer festen Wand zu kommen. Die Anlagerungsdichte nimmt hier den maximalen Wert an.

Unmittelbar danach sinkt die Anlagerungsdichte. Zum einen wird die betrachtete Oberfläche deutlich kleiner und andererseits hat die Partikelkonzentration im Nahbereich der festen Wand durch die erhöhte Abscheidung an der Stelle $x_1 = l_{\mathrm{EL}}$ stark abgenommen. Über die Länge der ersten Verengung nimmt die Abscheidung kontinuierlich zu. Der Grund hierfür liegt in dem Konzentrationsausgleich durch die Brownsche Bewegung und die Krümmung der Stromlinien bzw. dem konvektiven Transport. Hierdurch werden Partikel von der Kanalmitte in die Nähe der Wand transportiert.

An der Hinterkante der ersten Verengung $x_1 = l_{\mathrm{EL}} + l_{\mathrm{V}}$ ist erneut eine Zunahme der Abscheidung zu beobachten. Die Begründung ist, dass die Strömung sich hinter der Kante aufweitet und deshalb die Stromlinien der Wand an dieser Stelle bereits näher kommen. Somit werden dort diejenigen Partikel durch Diffusion und den Sperreffekt abgeschieden, die durch den Konzentrationsausgleich in die Nähe der Wand transportiert worden sind.

Im Hohlraum der Pore und insbesondere auf der Rückseite der ersten Verengung lagern sich nur sehr wenige Partikel an. Der einzige Grund für eine Deposition an der Rückwand ist analog zur Faseranlagerung die Abscheidung durch Diffusion. Die Partikelkonzentration hat insgesamt durch die Abscheidung an den vorderen Kanten der Verengung bereits stark abgenommen. Damit steigt die wandnahe Partikelkonzentration in der Pore nur langsam wieder an. An der zweiten Verengung ist prinzipiell das gleiche Anlagerungsprofil wie schon an der ersten Verengung zu beobachten. Die Werte der Anzahldichte in den beiden Maxima an der Vorder- und Hinterkante der Verengung nehmen jedoch deutlich ab. Die relative Anzahldichte angelagerter Partikel ρ_A von der ersten zur zweiten Vorder- bzw. Hinterkante wird

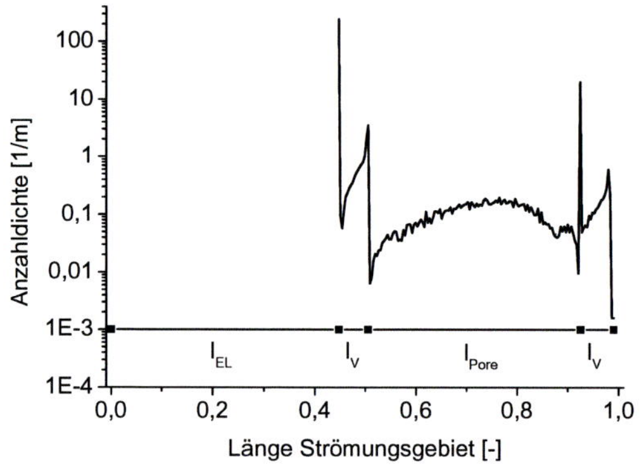

Abbildung 8.3: Anzahldichte der Partikelanlagerung für $d_P = 100\,\text{nm}$ und $\text{Re}_\text{h} = 0{,}2$ über der Kanallänge. Parameter siehe Tabelle C.8.

durch

$$\tilde{\rho}_A^1 = \frac{\rho_A(l_\text{EL} + l_\text{V} + l_\text{Pore})}{\rho_A(l_\text{EL})} \quad \text{bzw.} \quad \tilde{\rho}_A^2 = \frac{\rho_A(l_\text{ges})}{\rho_A(l_\text{EL} + l_\text{V})} \tag{8.1}$$

definiert. In Abbildung 8.4 ist diese relative Dichte in Abhängigkeit von dem Partikeldurchmesser (Abbildung 8.4(a)) und der Reynolds-Zahl (Abbildung 8.4(b)) visualisiert. Die schwarze Kurve bezieht sich hierbei auf $\tilde{\rho}_A^1$ und die rote Kurve auf $\tilde{\rho}_A^2$.

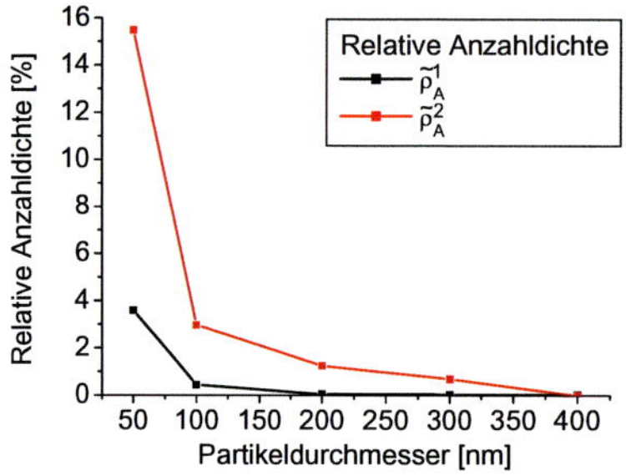

(a) Variation des Partikeldurchmessers für $\text{Re}_\text{h} = 1$.

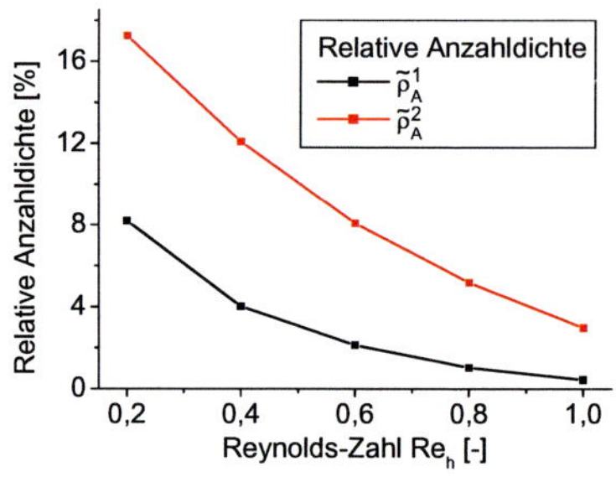

(b) Variation der Reynolds-Zahl für $d_P = 100\,\text{nm}$.

Abbildung 8.4: Relative Abnahme der Werte der Anlagerungsdichten $\rho_A(x_1)$ von der ersten Vorder- bzw. Hinterkante zur zweiten Vorder- bzw. Hinterkante der Verengung. Parameter siehe Tabelle C.8.

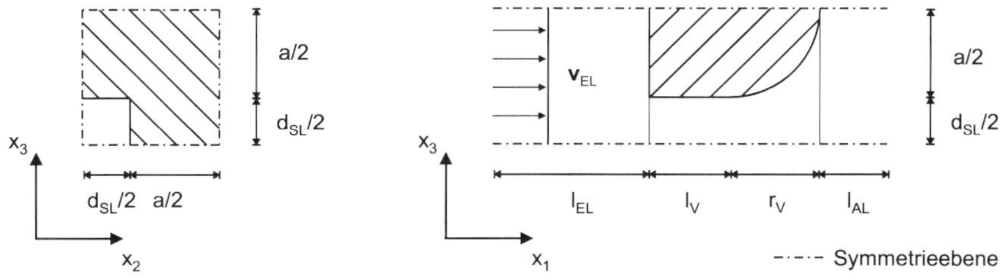

(a) Draufsicht. (b) Seitenansicht. Anströmung von links.

Abbildung 8.5: Berechnungsgebiet für die Untersuchungen der initialen Anlagerung und aufwachsenden Partikelstrukturen.

Für $d_\mathrm{P} = 50\,\mathrm{nm}$ und $\mathrm{Re_h} = 1$ nimmt die Anlagerungsdichte ρ_A bezogen auf die Vorderkante der ersten Verengung an der Vorderkante der zweiten Verengung auf 3,6 % ab. Analog hierzu reduziert sich die Anlagerungsdichte ρ_A von der vorderen zur hinteren Hinterkante auf 15,5 %. Damit wird klar, dass sich die bevorzugte Anlagerungsregion am Einlass der Pore befindet. In Abbildung 8.4(a) ist außerdem zu erkennen, dass die relativen Anlagerungsdichten ρ_A^1 und ρ_A^2 für größer werdende Partikeldurchmesser erheblich abnehmen. Für einen Partikeldurchmesser von $d_\mathrm{P} = 400\,\mathrm{nm}$ scheiden sich an der Vorder- und Rückkante der zweiten Verengung keine Partikel mehr ab.

Für zunehmende Reynolds-Zahlen und einen festen Partikeldurchmesser von 100 nm ist in Abbildung 8.4(b) der gleiche Zusammenhang zu beobachten. Für $\mathrm{Re_h} = 0{,}2$ betragen die Dichten an der zweiten Verengung nur noch 8,197 % bzw. 17,265 % von den Werten an der ersten Verengung. Steigt die Reynolds-Zahl auf eins, sinken die Werte der Anlagerungsdichte signifikant.

Das bevorzugte Gebiet der initialen Abscheidung für Partikel in einer Pore liegt also nicht innerhalb der Pore, sondern direkt an der strömungszugewandten Verengung. Nachdem die Partikel diese Stelle passiert haben, nimmt die Anzahldichte der angelagerten Partikel erheblich ab. Lagern sich Partikel in der Verengung an, verengt sich der frei durchströmbare Querschnitt und es kommt somit an dieser Stelle zu einer verstärkten Deposition von Partikeln. Die erste Verengung wächst mit zunehmender Partikelbeladung zu, noch bevor Partikelstrukturen im Poreninneren oder an der nächsten Verengung nennenswert aufwachsen können. Aus diesem Grund werden die weiteren Betrachtungen auf die erste Verengung reduziert. Der Vorteil dieser Vorgehensweise ist die erhebliche Verringerung der erforderlichen Gitterzellenanzahl und die damit verkürzte Berechnungszeit für aufwachsende Partikelstrukturen.

In Abbildung 8.5 ist das für die folgenden Simulationen verwendete Berechnungsgebiet abgebildet. Die Geometrie orientiert sich an den experimentell untersuchten Mikrosieben, die im Abschnitt 2.3 vorgestellt wurden. Die Kantenlänge eines Sieblochs wird mit d_{SL} und die Länge der sich erweiternden Verengung mit $l_{\mathrm{V}} + r_{\mathrm{V}}$ bezeichnet. Die Höhe und Breite des Berechnungsgebiets sind identisch und werden im Folgenden mit

$$c = \frac{a + d_{\mathrm{SL}}}{2} \tag{8.2}$$

abgekürzt. Diese Abkürzung wird in der Darstellung der Ergebnisse verwendet, wobei die Gebietsabmessungen bzgl. c normiert werden. In den folgenden Abschnitten werden die dimensionslosen Kennzahlen in Bezug auf die mittlere Strömungsgeschwindigkeit in den Sieböffnungen bzw. der Kantenlänge der Öffnungen angegeben und im Index mit SL bezeichnet.

8.2 Initiale Partikelanlagerung

Analog zu den Analysen zur initialen Partikelabscheidung an einer Einzelfaser wird in diesem Abschnitt der Einfluss verschiedener Parameter auf das initiale Anlagerungsverhalten bei der Beladung eines Mikrosiebs mit Partikeln untersucht. Dabei werden insbesondere die numerischen Resultate mit den experimentellen Ergebnissen verglichen.

8.2.1 Vergleich von numerisch und experimentell bestimmten Abscheidegraden

Die Vorteile der Simulation im Vergleich zum Experiment liegen u. a. darin, dass die Ergebnisgrößen wie die lokale Dichteverteilung abgeschiedener Partikel und die zugehörigen Aufgabeorte leicht zugänglich sind. Des Weiteren können die Resultate bzgl. der initialen Filtrationseffizienz durch eine hinreichend große Anzahl betrachteter Partikel pro Simulation mit geringem Aufwand sehr gut statistisch abgesichert werden. Die Analyse der initialen Abscheideeffizienz im Experiment unterliegt im Vergleich zur Simulation einer deutlich höheren Unsicherheit. Die Wiederholgenauigkeit der Experimente zur initialen Filtrationseffizienz liegt aufgrund der hohen Anzahl von Sieböffnungen aber dennoch in einem akzeptablen Bereich, wie in Abschnitt 3.3.2 ausgeführt wurde.

Für die initiale Abscheidung wird in der Simulation das Strömungsfeld berechnet. Anschließend werden die Partikel in das Berechnungsgebiet aufgegeben und

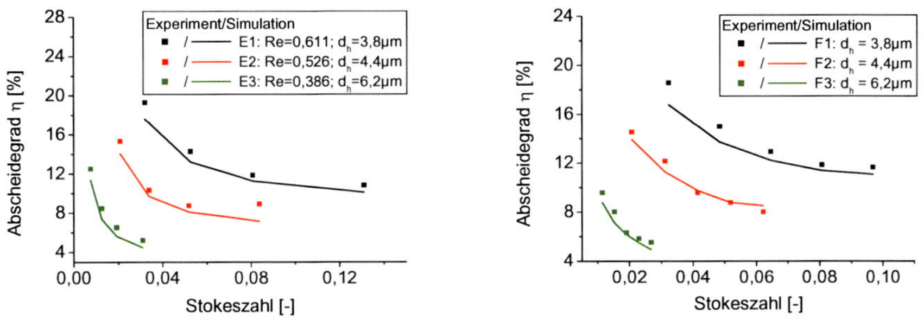

(a) Variation des Partikeldurchmessers für drei jeweils konstante Kantenlängen der Prüflinge und einer festen Anströmgeschwindigkeit. Die Péclet-Zahl Pe_{SL} variiert zwischen 8689 und 51518.

(b) Variation der Anströmgeschwindigkeit für drei jeweils konstante Kantenlängen der Prüflinge und einem Partikeldurchmesser von 169 nm. Die Péclet-Zahl Pe_{SL} variiert zwischen 11039 und 38483.

Abbildung 8.6: Initiale Abscheideeffizienz an einem Mikrosieb: Vergleich von Experiment und Simulation. Parameter siehe Tabelle C.8 und C.12.

die zugehörigen Partikelbahnen bestimmt. Die Aufgabeorte sind hierbei über den Einlass gleichverteilt. Die Strömungsgeschwindigkeit am Einlass des Berechnungsgebiets ist so gewählt, dass die Reynolds-Zahl des Experiments nach Gleichung (2.5) und der Simulation nach Gleichung (2.6) übereinstimmen. Die Verteilungen der Partikeldurchmesser in den Simulationen entsprechen den logarithmischen Normalverteilungen, die in Abschnitt 3.1 vorgestellt wurden. Für die Darstellung und Beschreibung der Resultate wird stellvertretend für die jeweilige Verteilung der arithmetische Mittelwert der zugrunde liegenden Verteilung verwendet. Der Mittelwert wird wegen der Übersichtlichkeit mit d_P bezeichnet. Die Bestimmung des Abscheidegrads erfolgt über die Bilanzierung der aufgegebenen Partikel und der im Berechnungsgebiet abgeschiedenen Partikel. In der Simulation werden Mikrosiebe mit drei verschiedenen Kantenlängen nachgebildet. Hierbei werden das Berechnungsgebiet in Abbildung 8.5 und die Parameter in Tabelle C.8 verwendet.

In den Abbildungen 8.6 und 8.7 werden die Resultate der numerischen und experimentellen Untersuchungen bzgl. der initialen Filtrationseffizienz miteinander verglichen. Gleichzeitig werden darin die Einflüsse des Partikeldurchmessers, der Öffnungskantenlänge und der Strömungsgeschwindigkeit zusammengefasst.

Zunächst wird der Partikeldurchmesser in der Versuchs- und Simulationsreihe E für drei unterschiedliche Öffnungskantenlängen mit jeweils konstanter Anströmgeschwindigkeit variiert. Für jede der drei Versuchsreihen E1, E2 und E3 ergeben sich damit unterschiedliche Reynolds-Zahlen (Abbildung 8.6(a)). Für jede Kantenlänge der drei Reihen gilt, dass die Filtrationseffizienz mit zunehmendem Partikeldurchmesser, d. h. steigender Stokes- und Péclet-Zahl, abnimmt. Dieser Effekt lässt sich mit dem abnehmenden Einfluss der Brownschen Partikelbewegung im Vergleich zum konvektiven Transport erklären. Die Partikelträgheit spielt für diesen Bereich noch keine Rolle, und die Filtrationslücke ist noch nicht erreicht.

Die Kantenlänge der Mikrosieböffnungen hat ebenfalls einen Einfluss auf die initiale Abscheideeffizienz. Wenn diese Kantenlänge für eine konstante Anströmgeschwindigkeit und einen festen Partikeldurchmesser vergrößert wird, gibt es zwei konkurrierende Effekte, deren Gewichtung nachfolgend diskutiert wird. Bei größer werdender Kantenlänge und konstanter Anströmgeschwindigkeit sinkt die auf den freien Querschnitt der Öffnungen bezogene Partikelanzahlkonzentration, die durch die Pore transportiert wird. Damit nimmt auch die Partikelkonzentration in Wandnähe ab, weshalb sich weniger Partikel aufgrund von Diffusion anlagern können.

Auf der anderen Seite sinkt die mittlere Geschwindigkeit in den Öffnungen mit zunehmender Kantenlänge, und die Verweilzeit der Partikel in der Nähe der Sieboberfläche steigt dementsprechend. Damit wird das Abscheideregime in Richtung der diffusionsdominierten Filtration verschoben, in dem grundsätzlich eine höhere Abscheideeffizienz als im Übergangsregime zwischen Diffusions- und Trägheitsanlagerung vorliegt. Wie in Abbildung 8.6(a) zu beobachten ist, reicht dieser zweite Effekt jedoch nicht aus, um die verringerte Partikelkonzentration zu kompensieren. Damit ergibt sich bei einer konstanten Stokes- bzw. Péclet-Zahl mit zunehmender Kantenlänge der Siebe eine abnehmende Anlagerungseffizienz.

In der Mess- und Simulationsreihe F wird der Partikeldurchmesser von 169 nm für alle 15 Experimente konstant gehalten. Für jede der drei Reihen F1, F2 und F3 werden Mikrosiebe gleicher Öffnungskantenlängen verwendet, wobei innerhalb jeweils einer Reihe die Anströmgeschwindigkeit variiert wird. Mit dieser Variation ergeben sich verschiedene Reynolds-Zahlen, für die $\mathrm{Re}_{\mathrm{SL}} < 1$ gilt. Betrachtet man die einzelnen Reihen, ist zu beobachten, dass mit zunehmender Stokes-Zahl und konstanter Kantenlänge der Sieböffnungen die Filtrationseffizienz sinkt. In dem hier betrachteten Regime liegt wie in Reihe E eine diffusionsdominierte Abscheidung vor. Daher lagern sich weniger Partikel an, wenn die Anströmgeschwindigkeit ansteigt und sich die Partikel immer kürzer in der Nähe der Sieboberfläche und in den Sieböffnungen aufhalten.

Bei konstanter Strömungsgeschwindigkeit und größer werdender Kantenlänge resultiert ein kleiner werdender Abscheidegrad. Der Grund hierfür liegt darin, dass die flächenspezifische Kantenlänge d_{A} einer Sieböffnung umgekehrt proportional

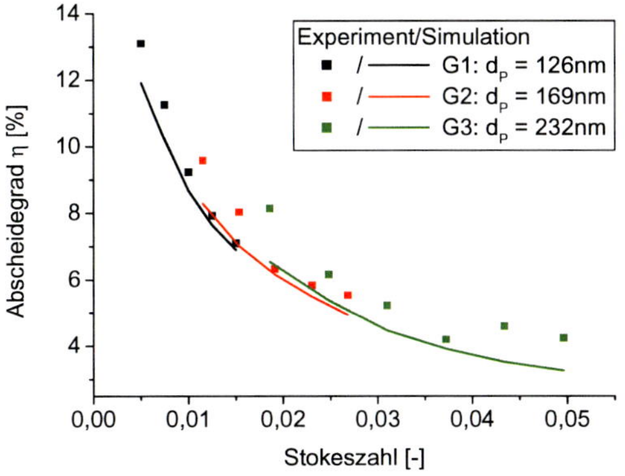

Abbildung 8.7: Initiale Abscheideeffizienz an einem Sieb: Vergleich von Experiment und Simulation. Variation der Anströmgeschwindigkeit für drei jeweils konstante Partikeldurchmesser und einer Kantenlänge der Prüflinge von 6,2 µm. Die Péclet-Zahl variiert zwischen 4937 und 52091. Parameter siehe Tabelle C.9 und C.13.

zur Kantenlänge ist:

$$d_{\mathrm{A}} = \frac{4d_{\mathrm{SL}}}{A_{\mathrm{SL}}} = \frac{4}{d_{\mathrm{SL}}}. \tag{8.3}$$

Vergrößert man die Kantenlänge der Öffnung, reduziert sich die flächenspezifische Kantenlänge d_{A}. Es steht somit ein kleinerer Bereich zur Partikelanlagerung zur Verfügung. Partikel lagern sich, wie später gezeigt wird, zu Beginn der Beladung bevorzugt an diesen Kanten an, und deshalb ist dieser Einfluss signifikant.

Die Experimente und Simulationen der Reihe G, deren Ergebnisse in Abbildung 8.7 dargestellt sind, basieren auf Mikrosieben mit einer Öffnungskantenlänge von 6,2 µm. Jeder der drei Reihen G1, G2 und G3 liegt ein anderer Partikeldurchmesser d_{P} zugrunde. Innerhalb jeder Versuchsreihe wird die Anströmgeschwindigkeit $\boldsymbol{v}_{\mathrm{EL}}$ variiert.

Es ist sehr gut zu erkennen, dass sich durch die Verwendung von Proben mit Öffnungen gleicher Kantenlänge und die Variation von Anströmgeschwindigkeit und Partikeldurchmesser in der Simulation eine geschlossene Kurve ergibt. Die Experimente weichen bedingt durch die Messungenauigkeiten von diesen Ergebnissen ab, stimmen aber in der Tendenz mit den Simulationen gut überein. Auch in dieser Reihe sinkt die Abscheideeffizienz mit zunehmender Stokes- bzw. Péclet-Zahl, ohne für die betrachteten Stokes- bzw. Péclet-Zahlen wieder anzusteigen. D. h. die Abscheidung ist in diesem Bereich diffusionsdominiert.

Insgesamt stimmen die Simulationsergebnisse mit den Resultaten der Experimente, wie in den Abbildungen 8.6 und 8.7 zu erkennen ist, gut überein. Grundsätzlich wird der Abscheidegrad allerdings in der Simulation unterschätzt. Eine mögliche Erklärung für dieses Phänomen ist die Abstraktion der Rußagglomerate durch sphärische Partikel. Die maximale geometrische Ausdehnung der Rußagglomerate ist gerade für langkettige Agglomerate i. a. größer als der entsprechende Durchmesser der simulierten Sphären. Insgesamt wird der Sperreffekt in der Simulation untergewichtet, und trägt demzufolge auch weniger zur Abscheidung bei. Des Weiteren ist festzuhalten, dass im untersuchten Bereich die Diffusionsabscheidung dominiert. Der Übergangsbereich wird z. T. erreicht, was an einer Abflachung der initialen Filtrationseffizienz zu erkennen ist.

8.2.2 Einfluss des Partikeldurchmessers auf den Abscheidegrad

Die Variation des Partikeldurchmessers und der Anströmgeschwindigkeit ist im Experiment durch die verfügbare Messtechnik und den Rußgenerator auf relativ kleine Wertebereiche beschränkt. In den Simulationen können diese Parameter in einem größeren Bereich modifiziert werden. In diesem Abschnitt werden deshalb Simulationen durchgeführt, in denen der Partikeldurchmesser zwischen 20 nm und 600 nm für zwei verschiedene Anströmgeschwindigkeiten variiert wird. Mit dieser Untersuchung soll derjenige Partikeldurchmesser, für den die minimale Filtrationseffizienz vorliegt, identifiziert werden. Diese Filtrationslücke charakterisiert den Übergang zwischen der diffusionsdominierten Partikelanlagerung und dem Regime der Trägheits- und Interzeptionsabscheidung. Mit dieser Information für die initiale Partikeldeposition kann im Weiteren abgeschätzt werden, welche Rolle die einzelnen Abscheidemechanismen für aufwachsende Partikelstrukturen spielen.

In Abbildung 8.8 ist die numerisch ermittelte Filtrationseffizienz für zwei Reynolds-Zahlen dargestellt. Für kleine Stokes-Zahlen und $\mathrm{Re}_{\mathrm{SL}} = 0{,}1$ liegt der Abscheidegrad bei über 60 % und sinkt für größer werdende Stokes-Zahlen, um anschließend wieder anzusteigen. Wie auch schon bei der Partikelabscheidung an einer Einzelfaser dominiert die Brownsche Bewegung den Transport der Partikel in der Gasphase, wenn die Stokes- und Péclet-Zahl klein genug sind. Durch die zunehmende zufällige Beschleunigung der Partikel in beliebige Richtungen, d. h. in diesem Fall kleiner werdende Partikeldurchmesser, gelangen Partikel aus immer wandferneren Regionen an die festen Oberflächen. Für größere Stokes- bzw. Péclet-Zahlen nimmt die Diffusion in der Bedeutung ab, und der konvektive Transport gewinnt bei der Deposition an Einfluss.

Wird der Partikeldurchmesser bei einer Reynolds-Zahl von eins variiert, verhält sich

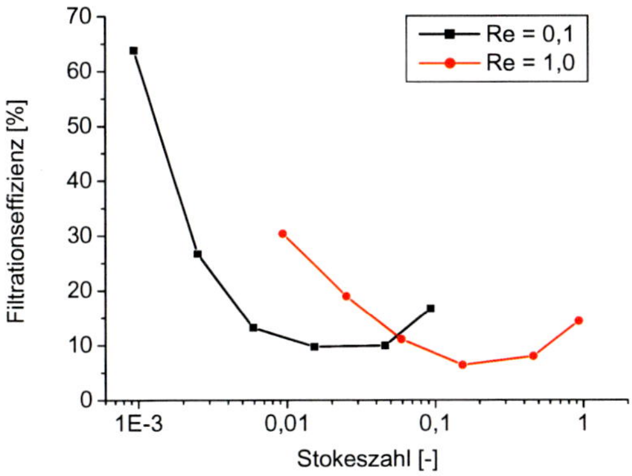

Abbildung 8.8: Simulation des initialen Abscheidegrads in einem frei angeströmten Sieb mit einer Öffnungskantenlänge von $d_{SL} = 4\,\mu m$. Variation des Partikeldurchmessers für zwei Anströmgeschwindigkeiten. Die Péclet-Zahl variiert für die Reynolds-Zahl 0,1 zwischen $Pe_{SL} = 109$ und $Pe_{SL} = 29413$ bzw. für $Re_{SL} = 1$ zwischen $Pe_{SL} = 1086$ und $Pe_{SL} = 294130$. Berechnungsgebiet siehe Abbildung 8.5, Parameter siehe Tabelle C.9.

der Abscheidegrad ähnlich wie schon für eine Reynolds-Zahl von 0,1 mit dem Unterschied, dass die Filtrationskurve in Richtung größerer Stokes-Zahlen verschoben ist. In Abschnitt 7.1.1 wurde der gleiche Effekt bei der Partikelabscheidung an einer Einzelfaser beobachtet. In dem hier betrachteten Fall ist die Lage der Filtrationslücke bzgl. des Partikeldurchmessers allerdings nur schwach von der Strömungsgeschwindigkeit abhängig und liegt für beide Reynolds-Zahlen bei etwa $d_P = 200\,nm$.

8.2.3 Einfluss des Partikeldurchmessers auf die lokale Anlagerung

Analog zur Analyse des lokalen Abscheideverhaltens von Partikeln an einer Einzelfaser in Kapitel 7.1.2 wird in diesem und im nächsten Abschnitt die lokal aufgelöste Partikelanlagerung an Mikrosieben durch Simulationen untersucht. Im Gegensatz zur Faserabscheidung wird die Abscheidung nicht im gesamten Berechnungsgebiet sondern nur an der Stirnseite der Siebe ausgewertet. Alle Einzelsimulationen haben gemeinsam, dass dieses Gebiet die bevorzugte Anlagerungsregion ist. Falls der Partikeldurchmesser klein genug ist, was typischerweise für $d_P \leq 100\,nm$ der Fall ist, lagern sich Partikel nicht nur an der Stirnseite, sondern auch an den übrigen Wänden der Verengung an. Dies gilt für alle in dieser Arbeit betrachteten Werte der Strömungsgeschwindigkeit. Die Anzahl der Partikel, die dort abgeschieden werden, liegt analog zu Abschnitt 8.1 in allen Berechnungen mindestens eine Größenordnung unter der Anzahl der stirnseitig deponierten Partikel. Nimmt der Partikeldurchmesser zu ($d_\mathrm{P} \geq 100\,\mathrm{nm}$), sinkt die Anzahl der Partikel, die sich nicht an der Stirnseite anlagern, erheblich. Für einen Partikeldurchmesser von 600 nm deponiert letztlich kein Partikel mehr an den Innenseiten der Verengung. Dieses Verhalten wird nachfolgend detailliert diskutiert.

Die Vergrößerung des Partikeldurchmessers bei einer konstanten Anströmgeschwindigkeit führt zu einer zunehmenden Trägheit der Partikel. Damit sind die Partikel immer weniger in der Lage, den umgelenkten Stromlinien zu folgen. Im Grenzfall der rein trägheitsdominierten Partikelbewegung ist deshalb zu erwarten, dass es zu einer vermehrten Partikeldeposition im Staupunkt

$$\boldsymbol{x}_\mathrm{SP} = (l_\mathrm{EL}, c, c)^t \tag{8.4}$$

kommt. Es stellt sich allerdings die Frage, inwieweit sich die in dieser Arbeit relevanten Fälle an diesen Grenzfall annähern.

In Abbildung 8.9 ist die Anzahldichte der abgeschiedenen Partikel auf der Stirnseite des Siebs visualisiert. Es ist klar zu erkennen, dass sich die bevorzugten Anlagerungsregionen an den Kanten der Sieböffnung befinden. In den übrigen Bereichen der Stirnseite deponieren kaum Partikel. Lediglich kleine Partikel mit einem Durchmesser von bis zu 100 nm lagern sich auch in geringem Maß auf der restlichen strömungszugewandten Siebseite an. Größere Partikel, wie z. B. für $d_\mathrm{P} = 600\,\mathrm{nm}$ in Abbildung 8.9(f), scheiden nahezu ausschließlich an den Kanten ab. Insbesondere gibt es keine Tendenz zu einer Abscheidung der großen Partikel im Bereich des Staupunkts $\boldsymbol{x}_\mathrm{SP}$. Die Partikeldeposition ist deshalb für $\mathrm{Re}_\mathrm{SL} = 0{,}1$ und $d_\mathrm{P} = 600\,\mathrm{nm}$ deutlich vom Grenzfall der Trägheitsabscheidung entfernt.

In Abbildung 8.10 ist die Anzahldichte der Aufgabeorte am Einlass von allen abgeschiedenen Partikeln ausgewertet. Für kleine Partikel mit einem Durchmesser von 20 nm sind die Aufgabeorte der deponierten Partikel annähernd gleichmäßig über den Einlass verteilt, wie in Abbildung 8.10(a) erkennbar ist. Die Werte der Anzahldichte variieren bei einer geringen Streuung um eins. Dies ist ein klarer Indikator, dass in diesem Regime die Brownsche Bewegung den konvektiven Partikeltransport dominiert. Nimmt der Partikeldurchmesser zu (Abbildung 8.10(b)), verschieben sich die Aufgabeorte der abgeschiedenen Partikel in Richtung des Punkts $\boldsymbol{x} = (0, c, c)^t$. Der Staupunkt der Strömung auf der Stirnseite des Siebs $\boldsymbol{x}_\mathrm{SP} = (l_\mathrm{EL}, c, c)^t$ liegt hierbei auf dem gleichen Niveau. Damit scheidet ein Partikel, das auf Höhe des Staupunkts aufgegeben wird, mit höherer Wahrscheinlichkeit ab, als ein Partikel, das seinen Ursprungsort auf der Höhe der Kanalmitte hat. Für

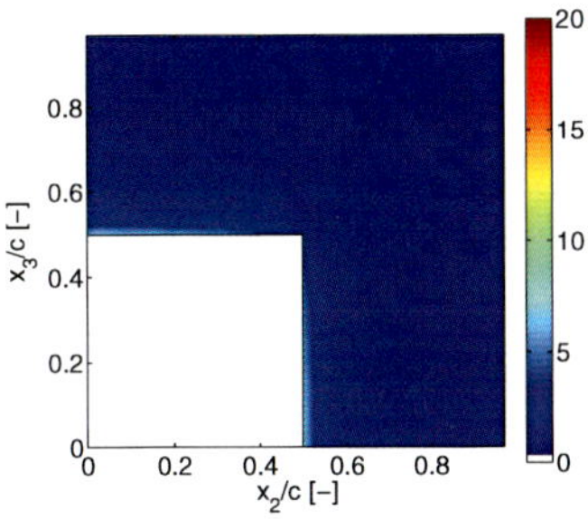

(a) $d_P = 20\,\text{nm}$, $\text{St}_{SL} = 9{,}34 \times 10^{-4}$, $\text{Pe}_{SL} = 109$ und $\text{In}_{SL} = 0{,}005$.

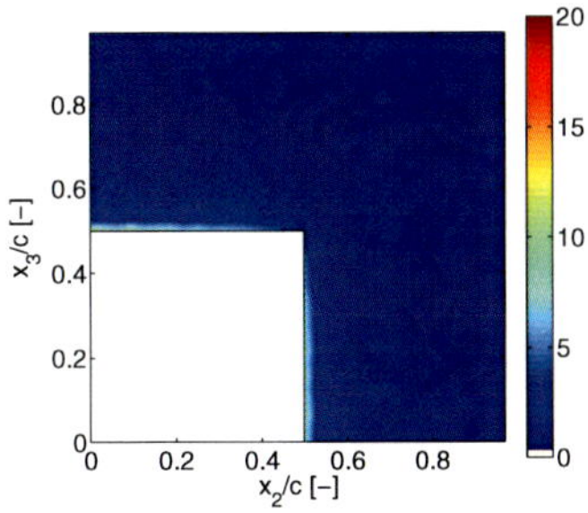

(b) $d_P = 50\,\text{nm}$, $\text{St}_{SL} = 2{,}54 \times 10^{-3}$, $\text{Pe}_{SL} = 624$ und $\text{In}_{SL} = 0{,}0125$.

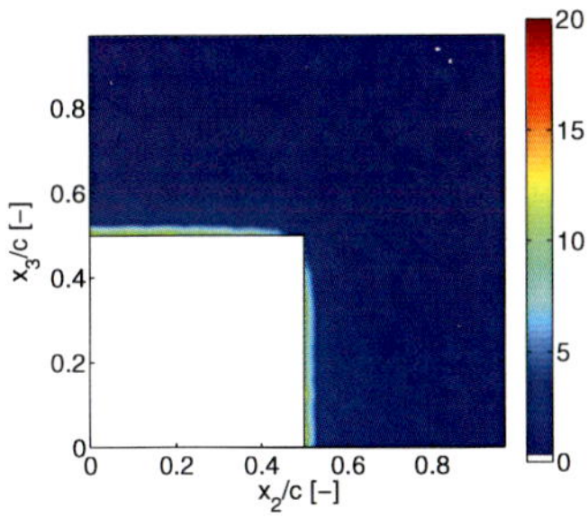

(c) $d_P = 100\,\text{nm}$, $\text{St}_{SL} = 5{,}85 \times 10^{-3}$, $\text{Pe}_{SL} = 2167$ und $\text{In}_{SL} = 0{,}025$.

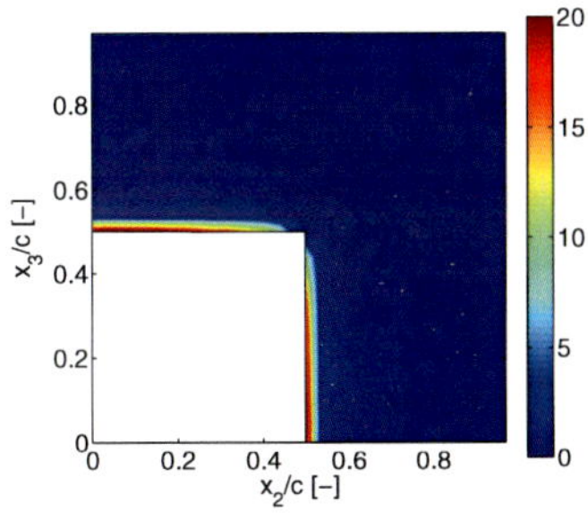

(d) $d_P = 200\,\text{nm}$, $\text{St}_{SL} = 1{,}50 \times 10^{-2}$, $\text{Pe}_{SL} = 6662$ und $\text{In}_{SL} = 0{,}05$.

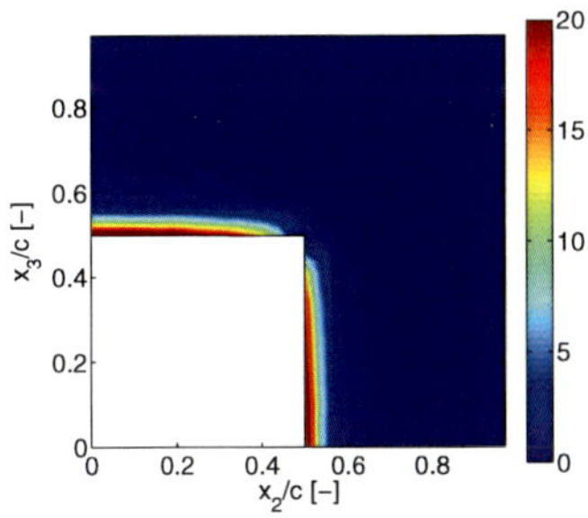

(e) $d_P = 400\,\text{nm}$, $\text{St}_{SL} = 4{,}60 \times 10^{-2}$, $\text{Pe}_{SL} = 17642$ und $\text{In}_{SL} = 0{,}1$.

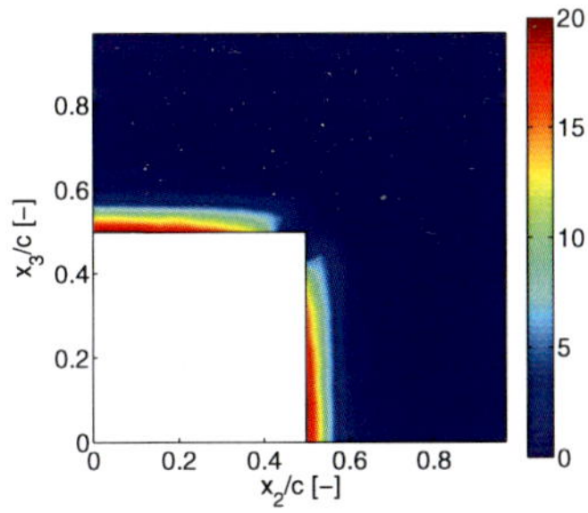

(f) $d_P = 600\,\text{nm}$, $\text{St}_{SL} = 9{,}30 \times 10^{-2}$, $\text{Pe}_{SL} = 29413$ und $\text{In}_{SL} = 0{,}15$.

Abbildung 8.9: Normierte Anzahldichte der an der Stirnfläche des angeströmten Siebs angelagerten Partikel ($x_1 = l_{EL}$). Berechnungsgebiet siehe Abbildung 8.5, Parameter siehe Tabelle C.9.

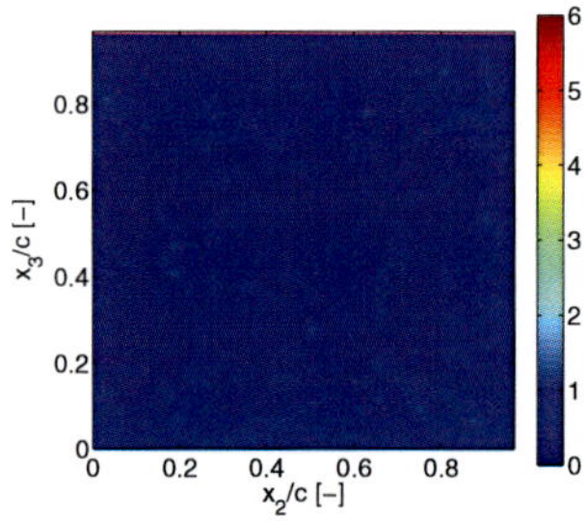

(a) $d_{\mathrm{P}} = 20\,\mathrm{nm}$, $\mathrm{St}_{\mathrm{SL}} = 9{,}34 \times 10^{-4}$, $\mathrm{Pe}_{\mathrm{SL}} = 109$ und $\mathrm{In}_{\mathrm{SL}} = 0{,}005$.

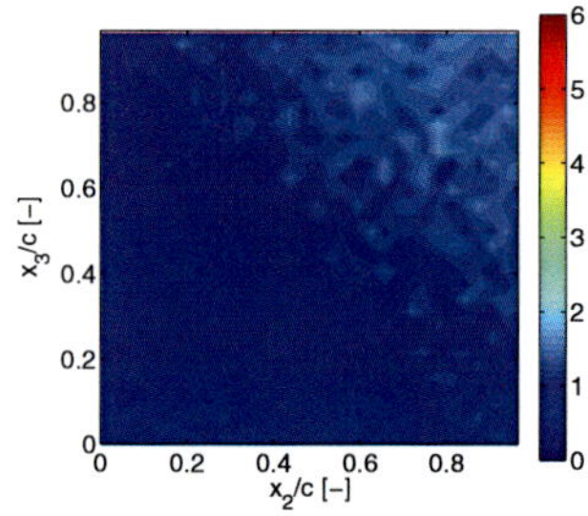

(b) $d_{\mathrm{P}} = 50\,\mathrm{nm}$, $\mathrm{St}_{\mathrm{SL}} = 2{,}54 \times 10^{-3}$, $\mathrm{Pe}_{\mathrm{SL}} = 624$ und $\mathrm{In}_{\mathrm{SL}} = 0{,}0125$.

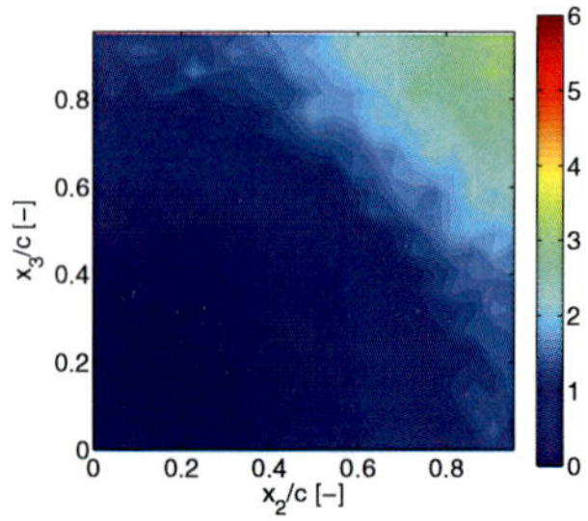

(c) $d_{\mathrm{P}} = 100\,\mathrm{nm}$, $\mathrm{St}_{\mathrm{SL}} = 5{,}85 \times 10^{-3}$, $\mathrm{Pe}_{\mathrm{SL}} = 2167$ und $\mathrm{In}_{\mathrm{SL}} = 0{,}025$.

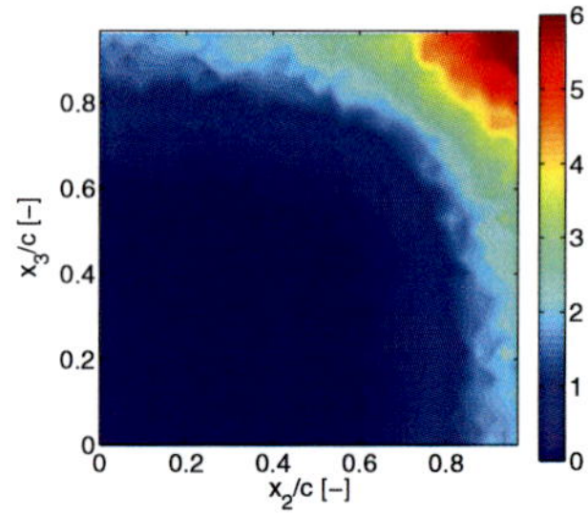

(d) $d_{\mathrm{P}} = 200\,\mathrm{nm}$, $\mathrm{St}_{\mathrm{SL}} = 1{,}50 \times 10^{-2}$, $\mathrm{Pe}_{\mathrm{SL}} = 6662$ und $\mathrm{In}_{\mathrm{SL}} = 0{,}05$.

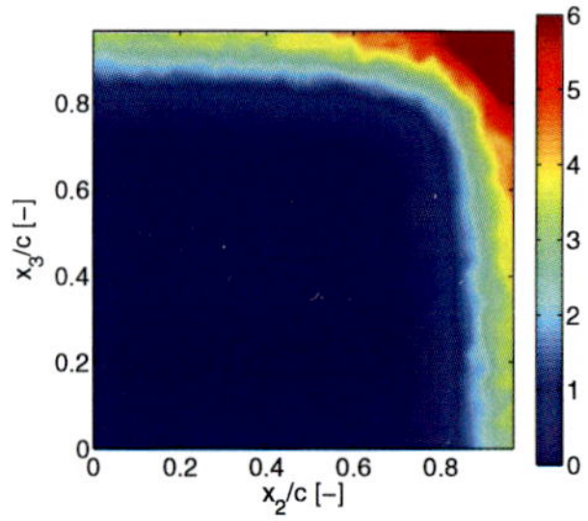

(e) $d_{\mathrm{P}} = 400\,\mathrm{nm}$, $\mathrm{St}_{\mathrm{SL}} = 4{,}60 \times 10^{-2}$, $\mathrm{Pe}_{\mathrm{SL}} = 17642$ und $\mathrm{In}_{\mathrm{SL}} = 0{,}1$.

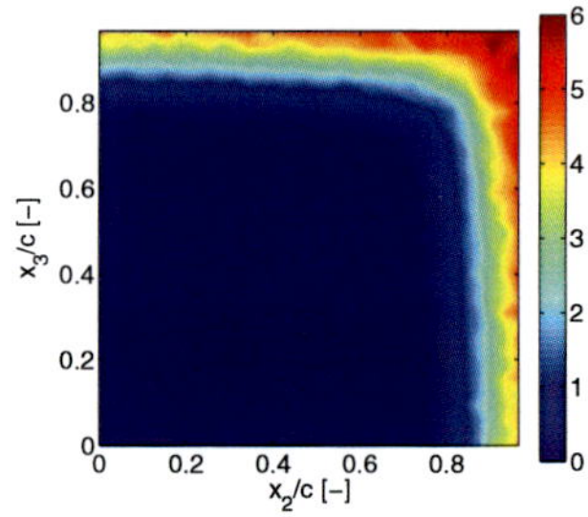

(f) $d_{\mathrm{P}} = 600\,\mathrm{nm}$, $\mathrm{St}_{\mathrm{SL}} = 9{,}30 \times 10^{-2}$, $\mathrm{Pe}_{\mathrm{SL}} = 29413$ und $\mathrm{In}_{\mathrm{SL}} = 0{,}15$.

Abbildung 8.10: Anzahldichte der Aufgabeorte von Partikeln, die im Berechnungsgebiet abgeschieden wurden ($x_1 = 0$). Variation des Partikeldurchmessers für $\mathrm{Re}_{\mathrm{SL}} = 0{,}1$ und einer Öffnungskantenlänge von $d_{\mathrm{SL}} = 4\,\mathrm{\mu m}$. Berechnungsgebiet siehe Abbildung 8.5, Parameter siehe Tabelle C.9.

einen zunehmenden Partikeldurchmesser von 100 bis 600 nm konzentrieren sich die Aufgabeorte der abgeschiedenen Partikel auf den Punkt $\boldsymbol{x} = (0, c, c)^t$.

Insgesamt wird die Partikeldeposition für kleine Partikel vorrangig durch die Diffusion dominiert. Werden die Partikel größer, trägt die Interzeption und Trägheit entscheidend zur Abscheidung bei.

8.2.4 Einfluss der Anströmgeschwindigkeit auf die lokale Anlagerung

Die Variation der Anströmgeschwindigkeit $\boldsymbol{v}_{\mathrm{EL}}$ führt zu Reynolds-Zahlen von 0,01 bis eins. Der Partikeldurchmesser beträgt in diesem Abschnitt 100 nm. Die Ergebnisse der Partikelanlagerung an der Stirnfläche und der Verteilung der Aufgabeorte sind in Abbildung 8.11 zusammengefasst. Die Partikel lagern sich in allen drei Fällen bevorzugt an den Kanten der Sieböffnung an. Für eine kleine Reynolds-Zahl von 0,01 (Abbildung 8.11(a)) deponiert ein kleiner Anteil der Partikel (weniger als 10 %) homogen verteilt an der Stirnfläche. Dieser Anteil nimmt bei einer Reynolds-Zahl von 0,1 und eins ab (Abbildung 8.11(c) und 8.11(e)). Der Anteil beträgt in diesen Fällen weniger als 2 % und 0,5 % der gesamten angelagerten Partikel. Für höhere Strömungsgeschwindigkeiten gibt es des Weiteren keine Tendenz zu einer verstärkten Anlagerung im Staupunkt der Stirnfläche des Siebs.

Für eine Reynolds-Zahl von 0,01 lagern sich Partikel aus allen Bereichen des Einlasses an dem Mikrosieb an, wie in Abbildung 8.11(b) zu erkennen ist. Es gibt keinen Bereich am Einlass, aus dem Partikel bevorzugt im Berechnungsgebiet zur Abscheidung kommen. Verkleinert man die Reynolds-Zahl, ist keine Änderung dieses Verhaltens zu beobachten. D. h. es liegt für $\mathrm{Re}_{\mathrm{SL}} = 0{,}01$ bereits der Grenzfall der reinen Diffusionsabscheidung vor. Steigt die Reynolds-Zahl jedoch an, konzentriert sich die Abscheidung der Partikel auf den Punkt $\boldsymbol{x} = (0, c, c)^t$, wie in Abbildung 8.11(d) und 8.11(f) ersichtlich ist. Partikel, deren Aufgabeorte in der Nähe des Ursprungs $\boldsymbol{x} = (0, 0, 0)^t$ liegen, werden nicht abgeschieden. Steigt die Reynolds-Zahl auf eins, deponieren Partikel nur aus einem sehr kleinen Bereich des Einlasses.

Auch an dieser Stelle bestätigt sich die Beobachtung aus dem vorherigen Abschnitt, dass die Trägheit der Partikel für den hier betrachteten Parameterraum nicht zur Abscheidung an der Stirnseite oder im Staupunkt führt. Die einsetzende Trägheit führt zusammen mit der Interzeption vielmehr dazu, dass Partikel vermehrt an den Kanten des Siebs deponieren. Folglich ist die Brownsche Partikelbewegung für die hier relevanten Anwendungsfälle der einzige Abscheidemechanismus, der zu einer Anlagerung an der Stirnseite der Siebe führt.

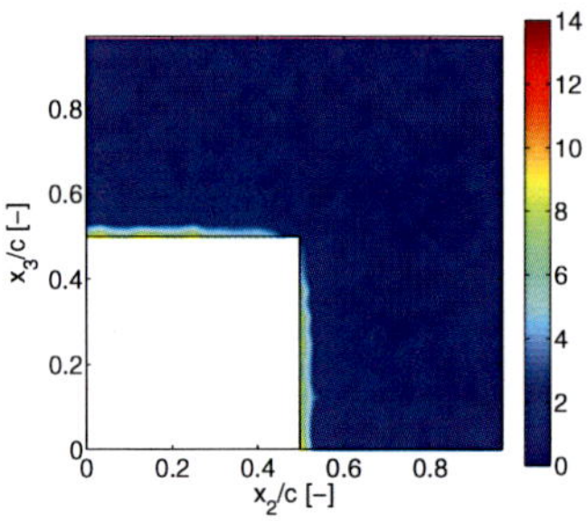

(a) $\mathrm{Re_{SL}} = 0{,}01$, $\mathrm{St_{SL}} = 5{,}85 \times 10^{-4}$ und $\mathrm{Pe_{SL}} = 217$.

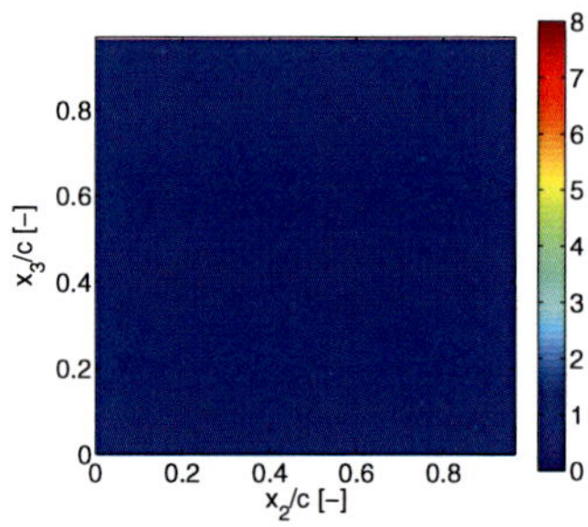

(b) $\mathrm{Re_{SL}} = 0{,}01$, $\mathrm{St_{SL}} = 5{,}85 \times 10^{-4}$ und $\mathrm{Pe_{SL}} = 217$.

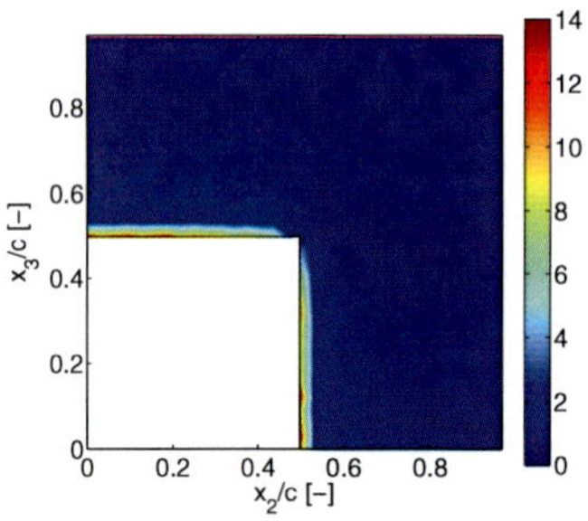

(c) $\mathrm{Re_{SL}} = 0{,}1$, $\mathrm{St_{SL}} = 5{,}85 \times 10^{-3}$ und $\mathrm{Pe_{SL}} = 2167$.

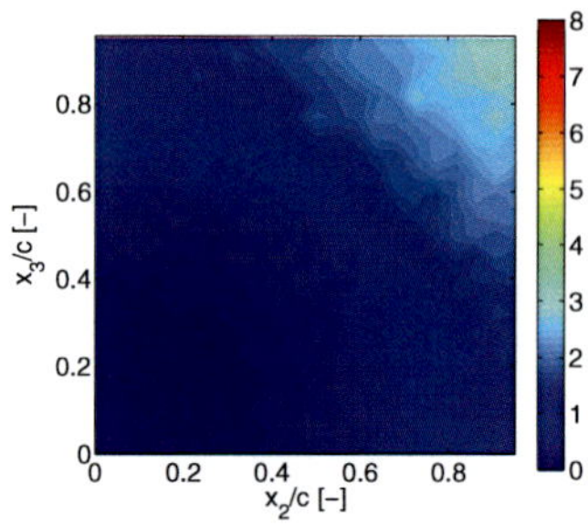

(d) $\mathrm{Re_{SL}} = 0{,}1$, $\mathrm{St_{SL}} = 5{,}85 \times 10^{-3}$ und $\mathrm{Pe_{SL}} = 2167$.

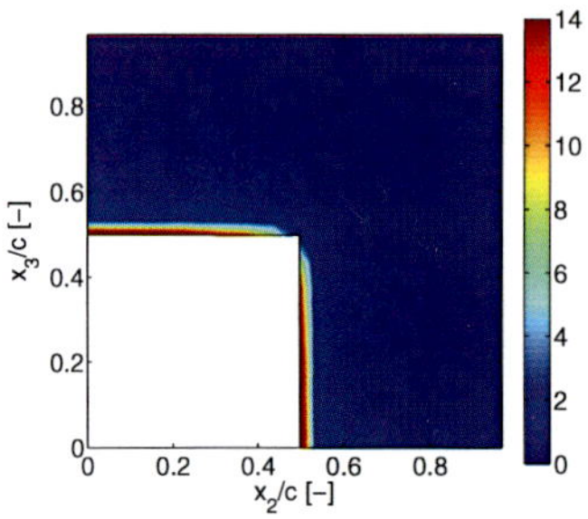

(e) $\mathrm{Re_{SL}} = 1$, $\mathrm{St_{SL}} = 5{,}85 \times 10^{-2}$ und $\mathrm{Pe_{SL}} = 21673$.

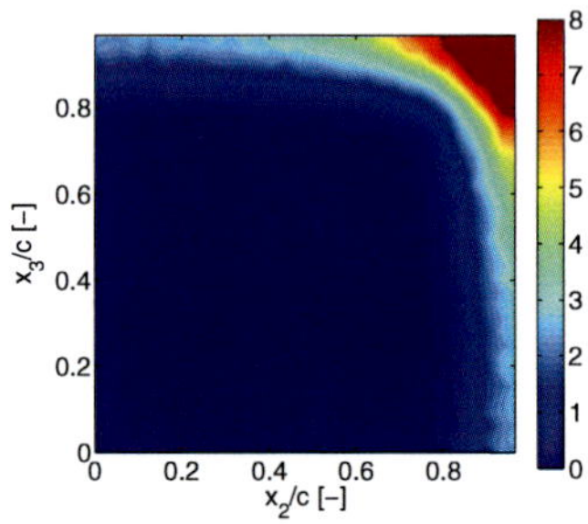

(f) $\mathrm{Re_{SL}} = 1$, $\mathrm{St_{SL}} = 5{,}85 \times 10^{-2}$ und $\mathrm{Pe_{SL}} = 21673$.

Abbildung 8.11: Variation der Anströmgeschwindigkeit für $d_\mathrm{P} = 100\,\mathrm{nm}$, $d_\mathrm{SL} = 4\,\mathrm{\mu m}$ und $\mathrm{In_{SL}} = 0{,}025$. Rechts ist jeweils die Anzahldichte der angelagerten Partikel auf der Stirnfläche des Porenverengung und links die Anzahldichte der Aufgabeorte der deponierten Partikel im Einlass dargestellt. Berechnungsgebiet siehe Abbildung 8.5, Parameter siehe Tabelle C.9.

8.3 Zeitliche Entwicklung der Filtrationseffizienz und des Druckverlusts

Nach den Analysen zur initialen Partikelanlagerung im vorangegangenen Abschnitt stehen an dieser Stelle die Filtrationseffizienz und der Druckverlust für die zunehmende Beladung mit Partikeln im Mittelpunkt der Untersuchungen. Hierzu werden neben den experimentellen Resultaten auch die Ergebnisse der Simulationen diskutiert. Insbesondere wird der Einfluss numerischer Parameter auf die Simulationsergebnisse vorgestellt. Abschließend werden die numerischen und experimentellen Resultate miteinander verglichen.

8.3.1 Experimentelle Untersuchungen

Nachdem im Abschnitt 8.2.1 die experimentellen und numerischen Ergebnisse bzgl. der initialen Abscheideeffizienz für verschiedene Betriebspunkte verglichen wurden, werden in diesem Teil der Arbeit die experimentellen Resultate der Entwicklung von Filtrationseffizienz und Druckabfall in Abhängigkeit von der filtrierten Rußmasse vorgestellt.

Variation des Partikeldurchmessers

In diesem Abschnitt wird der mittlere Durchmessers der vom CAST erzeugten Rußpartikel zwischen 84 nm und 232 nm für Mikrosiebe mit einer Öffnungskantenlänge von 4,4 µm variiert (siehe Versuchsreihe E2 in Abschnitt 8.2.1).

Nimmt der Partikeldurchmesser zu, d. h. steigt die Stokes- bzw. die Péclet-Zahl an, sinkt die initiale Abscheideeffizienz, wie in den Abschnitten 8.2.1 und 8.2.2 bereits diskutiert wurde. Kurz nach Beginn der Beladung der Probe mit Rußpartikeln kehrt sich dieser Zusammenhang jedoch um, wie in Abbildung 8.12(a) deutlich wird. Der Zeitpunkt, an dem eine Filtrationseffizienz von 90 % vorliegt, wird für größer werdende Partikel immer früher erreicht. Dieses Verhalten lässt darauf schließen, dass zu Beginn der Beladung das Anlagerungsverhalten diffusionsdominiert ist, weil die Abscheideeffizienz mit zunehmendem Partikeldurchmesser sinkt. Größere Partikel versperren jedoch bei gleicher abgeschiedener Rußmasse rascher die Öffnungen des Prüflings als kleinere Partikel, und deshalb setzt die Verblockung der Öffnungen früher ein.

Die Mikrosiebe werden in allen Versuchen in dieser Arbeit laminar durchströmt, d. h. der Druckverlust ist proportional zur Anströmgeschwindigkeit. Die Werte der

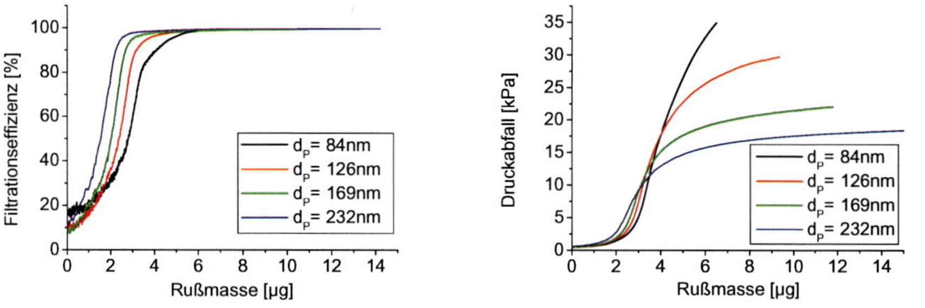

(a) Abscheidegrad. (b) Druckabfall.

Abbildung 8.12: Versuchsreihe E2, Filtrationsverhalten: Variation des Partikeldurchmessers für $d_{\mathrm{SL}} = 4{,}4\,\mu\mathrm{m}$ und $\mathrm{Re}_{\mathrm{SL}} = 0{,}526$. Für die Stokes- bzw. Péclet-Zahlen gilt: $0{,}0206 \leq \mathrm{St}_{\mathrm{SL}} \leq 0{,}0838$ und $8689 \leq \mathrm{Pe}_{\mathrm{SL}} \leq 44336$. Parameter siehe Tabelle C.12.

Gegendrücke werden deshalb für die Darstellung in Abbildung 8.12(b) auf den Druckabfall bei $\mathrm{Re}_{\mathrm{SL}} = 1$ normiert. Hierdurch können im Weiteren die Ergebnisse mit Experimenten, für die eine andere Anströmgeschwindigkeit gewählt wurde, direkt verglichen werden. Bis zu einer filtrierten Rußmasse von etwa $m_{\mathrm{P}} = 3\,\mu\mathrm{g}$ nimmt der Druckabfall mit zunehmendem Partikeldurchmesser leicht zu, weil die Abscheideeffizienz für größere Partikel entsprechend schneller einen Wert von $\eta = 90\,\%$ erreicht. Nachdem der charakteristische Wendepunkt im Verlauf des Druckabfalls erreicht ist, steigt der Druckverlust mit kleiner werdendem Durchmesser bei konstanter filtrierter Rußmasse deutlich an. Der Grund hierfür ist, dass die auf den Öffnungen aufwachsende Rußschicht deutlich kompakter wird, wenn die Partikel kleiner werden. Dieses Verhalten wird bei der Beladung von Einzelfasern mit Latexpartikeln von Rembor in [103] wie auch bei der Simulation der Partikelabscheidung an einer Einzelfaser von Przekop et al. [101] ebenfalls beobachtet.

Als eine weitere Möglichkeit zur Ergebnisauswertung wird an dieser Stelle die abgeschiedene Rußmasse und der Druckabfall, wenn eine Filtrationseffizienz von 90 % erreicht wird, betrachtet. In der Abbildung 8.13 sind für die drei Versuchsreihen E1, E2 und E3 sowohl die Rußmasse als auch der Druckabfall für diesen Punkt in Abhängigkeit von der Stokes-Zahl aufgetragen. Jede der drei Versuchsreihen besteht aus vier Einzelexperimenten, wobei die Anströmgeschwindigkeit für alle Versuche konstant gehalten wird. Für jede der drei Reihen wurden Siebe einer anderen Größenklasse verwendet, sodass sich drei verschiedene Reynolds-Zahlen einstellen. Innerhalb einer Versuchsreihe wird zudem der Partikeldurchmesser von 84 nm bis 232 nm variiert.

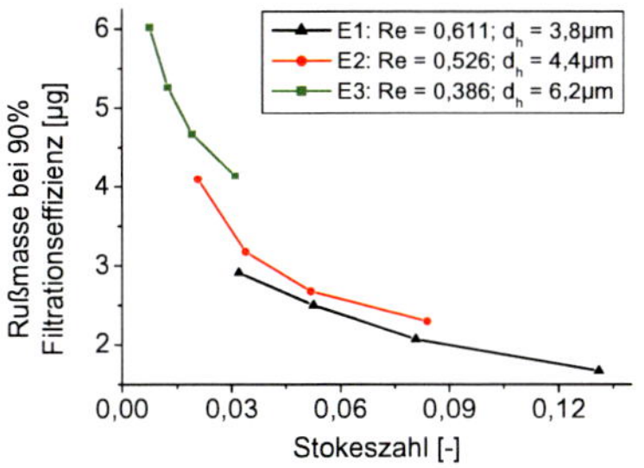

(a) Filtrierte Rußmasse bis ein Abscheidegrad von 90 % erreicht ist.

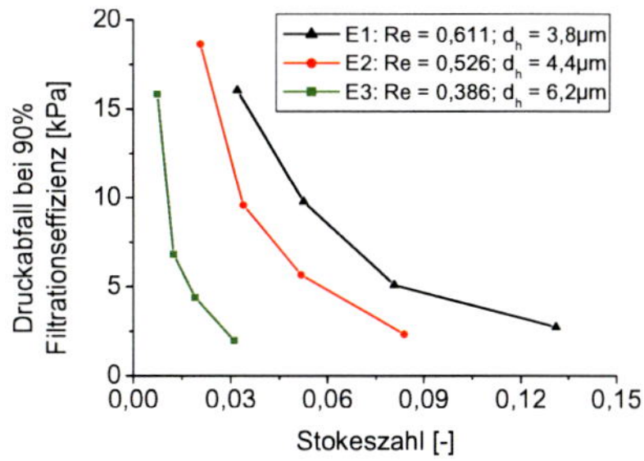

(b) Druckabfall über die Probe, wenn ein Abscheidegrad von 90 % erreicht ist.

Abbildung 8.13: Versuchsreihe E: Vergleich der Filtrationseigenschaften für drei verschiedene Kantenlängen der Öffnungen d_{SL}, wobei jeweils der Partikeldurchmesser d_{P} variiert wird. Die Péclet-Zahl nimmt dabei Werte zwischen $\mathrm{Pe}_{\mathrm{SL}} = 6380$ und $\mathrm{Pe}_{\mathrm{SL}} = 51518$ an. Parameter siehe Tabelle C.12.

Jede der drei Reihen basiert auf einer anderen Kantenlänge der Sieböffnungen, d. h. es liegen verschiedene Beladungssituationen zugrunde. Aus diesem Grund bilden die Verläufe in Abbildung 8.13(a) nicht zwangsläufig eine geschlossene Kurve. Je nach Größe der quadratischen Öffnungen in den Proben und bei konstanter Stokes-Zahl werden unterschiedliche Rußmassen filtriert, bevor ein Abscheidegrad von 90 % erreicht wird.

Wie schon in Abbildung 8.12 beobachtet und anschließend erklärt, nehmen sowohl die abgeschiedene Rußmasse als auch der Druckabfall für jede der drei Reihen ab, wenn die Stokes- und Péclet-Zahl steigen. Die zweite Feststellung ist, dass die Öffnungen bei kleiner werdenden Kantenlängen immer früher verblocken. D. h. bei konstanter Stokes-Zahl und kleinerer Kantenlänge sinkt die Rußmasse, die nötig ist, um 90 % Filtrationseffizienz zu erreichen. Für die initiale Abscheideeffizienz bei konstanter Anströmgeschwindigkeit in den Einzelexperimenten wurde bereits in Abschnitt 8.2.1 der gleiche Zusammenhang erkannt. Offensichtlich spielt die größer werdende Anzahl der Partikel in Wandnähe des Mikrosiebs bei kleiner werdenden Öffnungen eine größere Rolle als die zunehmende Geschwindigkeit, mit der die Partikel durch die Öffnungen transportiert werden.

In Abbildung 8.13(b) sind für die Versuche der drei Reihen E1, E2 und E3 die Werte des Druckabfalls, wenn eine Filtrationseffizienz von 90 % erreicht wird, in Abhängigkeit von der Stokes-Zahl dargestellt. Bei einer konstanten Stokes-Zahl steigt der Druckabfall um ein Vielfaches, wenn die Kantenlänge der Öffnungen kleiner wird. Wie bereits diskutiert, nimmt gleichzeitig die filtrierte Rußmasse ab,

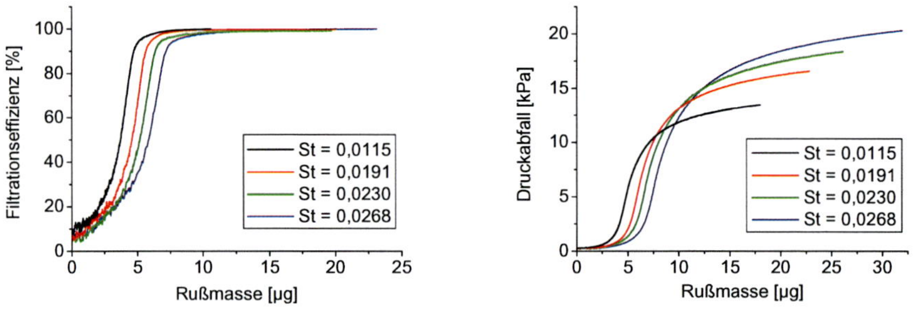

(a) Abscheidegrad.

(b) Druckabfall.

Abbildung 8.14: Versuchsreihe G2, Filtrationsverhalten: Variation der Anströmgeschwindigkeit für $d_{\mathrm{P}} = 169\,\mathrm{nm}$ und $d_{\mathrm{SL}} = 6{,}2\,\mu\mathrm{m}$. Für die Reynolds- bzw. Péclet-Zahl gilt: $0{,}232 \leq \mathrm{Re}_{\mathrm{SL}} \leq 0{,}540$ und $12160 \leq \mathrm{Pe}_{\mathrm{SL}} \leq 28372$. Parameter siehe Tabelle C.13.

wie in Abbildung 8.13(a) zu sehen ist. Die Kompaktheit der bis zu diesem Zeitpunkt aufgewachsenen Strukturen steigt, wenn die Kantenlänge der Öffnungen kleiner wird, d. h. die Reynolds-Zahl zunimmt.

Variation der Anströmgeschwindigkeit für zwei verschiedene Mikrosiebgruppen

In diesem Teil der Arbeit wird die Anströmgeschwindigkeit für Mikrosiebe zweier Mikrosiebgruppen variiert. Für die beiden Versuchsreihen werden die Versuchskonfigurationen der Reihen F2 und G2, für die in Abschnitt 8.2.1 die Ergebnisse der initialen Anlagerung vorgestellt wurden, verwendet.

Die Resultate der Entwicklung bzgl. Abscheidegrad und Druckverlust sind für die Reihe G2 in Abbildung 8.14 zusammengefasst. In den vier Experimenten dieser Reihe werden sowohl der Partikeldurchmesser $d_{\mathrm{P}} = 169\,\mathrm{nm}$ als auch die Kantenlänge $d_{\mathrm{SL}} = 6{,}2\,\mu\mathrm{m}$ konstant gehalten.

Aus den Analysen der initialen Filtrationseffizienz aus Abschnitt 8.2.1 resultierte, dass für zunehmende Stokes-Zahlen die initiale Filtrationseffizienz sinkt. In Abbildung 8.14(a) kann man erkennen, dass sich für größer werdende Stokes-Zahlen die filtrierte Rußmasse, bei der eine Effizienz von 90 % erreicht wird, vergrößert. In den Versuchen mit hoher Stokes-Zahl steigt damit die benötigte Rußmasse, bis die vollständige Verblockung der Öffnungen des Prüflings einsetzt. Das Filtrationsverhalten zu Beginn der Beladung ändert sich während der Beladung der Prüflinge

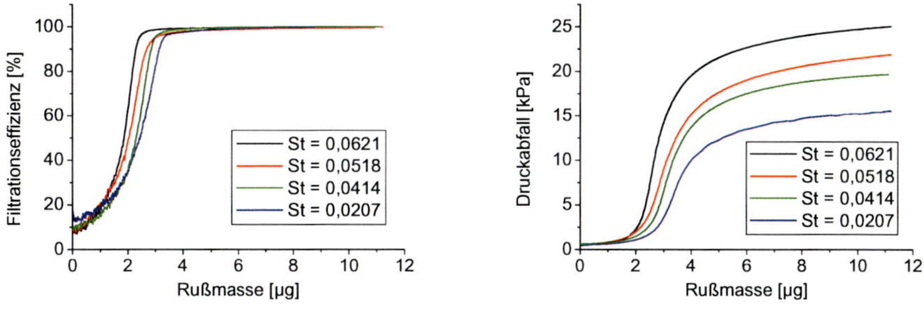

(a) Abscheidegrad. (b) Druckabfall.

Abbildung 8.15: Versuchsreihe F2, Filtrationsverhalten: Variation der Reynolds-Zahl $\mathrm{Re}_{\mathrm{SL}}$ für $d_{\mathrm{P}} = 169\,\mathrm{nm}$ und $d_{\mathrm{SL}} = 4{,}4\,\mathrm{\mu m}$. Für die Reynolds- bzw. Péclet-Zahl gilt: $0{,}210 \leq \mathrm{Re}_{\mathrm{SL}} \leq 0{,}631$ und $11039 \leq \mathrm{Pe}_{\mathrm{SL}} \leq 33118$. Parameter siehe Tabelle C.12.

damit nicht. Die Entwicklung des zugehörigen Druckabfalls in Abbildung 8.14(b) zeigt das gleiche Verhalten, weil die Druckverluste mit kleineren Stokes-Zahlen deutlich früher steigen. Ab einer abgeschiedenen Rußmasse von etwa $m_{\mathrm{P}} = 14\,\mathrm{\mu g}$ wächst der Druckverlust annähernd linear an.

Im Unterschied zur Versuchsreihe G2 werden für die zweite Variation der Anströmgeschwindigkeit für die vier Experimente der Reihe F2 Prüflinge mit einer Öffnungskantenlänge von $d_{\mathrm{SL}} = 4{,}4\,\mathrm{\mu m}$ verwendet und der Partikeldurchmesser $d_{\mathrm{P}} = 169\,\mathrm{nm}$ konstant gehalten. Die Resultate bzgl. Filtrationseffizienz und Druckabfall sind in Abbildung 8.15 zu sehen. Aus den Analysen der initialen Filtrationseffizienz ergab sich, dass für zunehmende Stokes-Zahlen in diesem Bereich die initiale Abscheideeffizienz sinkt. In der Abbildung 8.15(a) kann man erkennen, dass sich die Kurven für die Filtrationseffizienz kurz nach Beginn der Beladung mit Rußpartikeln schneiden. Im Gegensatz zur vorherigen Stokes-Zahl-Variation für Prüflinge mit $d_{\mathrm{SL}} = 6{,}2\,\mathrm{\mu m}$ kehrt sich das initiale Filtrationsverhalten kurz nach dem Beginn der Beladung mit Rußpartikeln um. Die Zeitspanne bzw. die filtrierte Rußmasse, bei der eine Effizienz von 90 % erreicht wird, verkleinert sich mit steigenden Stokes-Zahlen.

Die Kurven der vier Druckverluste (Abbildung 8.15(b)) zeigen ebenfalls, dass mit steigender Stokes-Zahl die Verblockung der Öffnungen früher einsetzt, weil diese Kurven für größere Stokes-Zahlen bereits zu früheren Zeitpunkten ansteigen. Außerdem ist zu beobachten, dass der Druckabfall über den jeweiligen Proben bei gleich bleibender filtrierter Rußmasse mit steigender Stokes-Zahl zunimmt, ohne dass sich die einzelnen Kurven schneiden.

Die Erklärung für diesen vom initialen Abscheideverhalten abweichenden Effekt ist, dass die Stokes-Zahl mit steigender Partikelbeladung zunimmt. Für den unbeladenen Zustand in Gleichung (5.39) bezieht sich die Stokes-Zahl auf die Kantenlänge der Sieböffnungen. Sie ist für quadratische Öffnungen umgekehrt proportional zur dritten Potenz der Kantenlänge, weil die mittlere Geschwindigkeit bei einem konstanten Volumenstrom $\dot{V}$ proportional zum Quadrat der Kantenlänge ist:

$$|\bar{\boldsymbol{v}}_{\mathrm{SL}}| = \frac{\dot{V}}{A_{\mathrm{SL}}} = \frac{\dot{V}}{d_{\mathrm{SL}}^2} \Rightarrow \mathrm{St}_{\mathrm{SL}} = \frac{\tau_{\mathrm{P}}|\boldsymbol{v}_{\mathrm{SL}}|}{d_{\mathrm{SL}}} \propto \frac{1}{d_{\mathrm{SL}}^3}. \tag{8.5}$$

Wenn die Sieböffnungen mit Rußpartikeln zuwachsen und sich der frei durchströmbare Querschnitt A_{SL} verringert, steigt die Stokes-Zahl im Laufe des Experiments an. Damit verschiebt sich noch während des Versuchs das Abscheideregime von der diffusions- zur trägheitsdominierten Abscheidung.

Die Ergebnisse der Versuchsreihen F2 (d_{SL} = 4,4 µm) und G2 (d_{SL} = 6,2 µm) haben gemeinsam, dass die Druckverluste in Abhängigkeit von der abgeschiedenen Rußmasse zum Ende der Experimente mit steigender Stokes-Zahl zunehmen. Dies legt den Schluss nahe, dass die aufgewachsenen Partikelschichten mit steigender Anströmgeschwindigkeit und der gleichen filtrierten Rußmasse eine kompaktere Struktur aufweisen. Dieser Zusammenhang konnte durch bisher veröffentlichte Arbeiten belegt werden. Zum einen wurde dieser Effekt wie auch schon die Abhängigkeit von der Kompaktheit der Strukturen vom Partikeldurchmesser von Rembor in [103] bei der Abscheidung von Latex-Partikeln an einer Einzelfaser in Experimenten beobachtet. Zum anderen stellten Przekop et al. in Simulationen der Partikelabscheidung an Fasern [101] diesen Zusammenhang fest.

8.3.2 Numerische Untersuchungen

Im Kapitel 4 wurde bereits der Einfluss von Modellparametern (z. B. die Gitterauflösung oder Fluid-Relaxationszeit) auf die Ergebnisse der Strömungsberechnung untersucht. Zur Simulation aufwachsender Partikelstrukturen sind u. a. aus Effizienzgründen zusätzliche Parameter erforderlich, deren Einfluss auf die Resultate in diesem Abschnitt geklärt wird.

Einfluss der zufälligen Partikelaufgabe und Brownschen Partikelbewegung

Die Simulation aufwachsender Partikelstrukturen beinhaltet zwei stochastische Prozesse. Sowohl für die Bestimmung der Partikelaufgabeorte am Einlass als auch für die Brownsche Bewegung der Partikel wird ein Zufallszahlengenerator verwendet. Abhängig von der Initialisierung dieses Generators werden verschiedene Folgen von

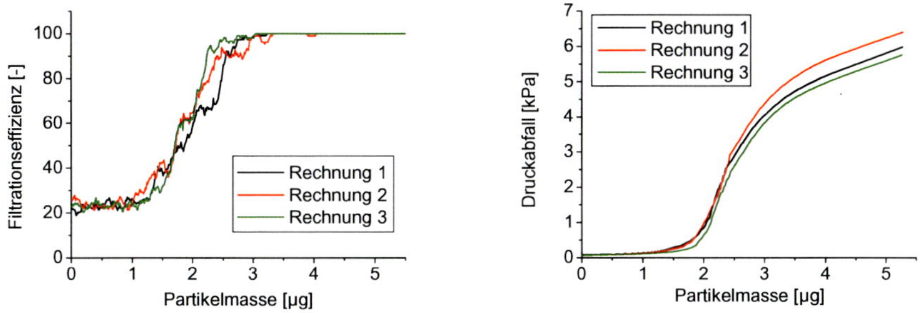

(a) Filtrationseffizienz. (b) Druckabfall.

Abbildung 8.16: Einfluss der zufälligen Partikelaufgabe am Einlass und Brownschen Partikelbewegung auf die Simulationsergebnisse. Berechnungsgebiet siehe Abbildung 8.5, Parameter siehe Tabelle C.9.

Zufallszahlen erzeugt. Wird diese Initialisierung für identische Randbedingungen variiert, ergeben sich unterschiedliche Simulationsergebnisse, weil sich an verschiedenen Stellen im Berechnungsgebiet Anlagerungskeime ausbilden. Abhängig von der Lage und Anzahl dieser Keime wird die Entwicklung des Druckabfalls mit zunehmender Beladung beeinflusst, und es stellt sich die grundsätzliche Frage nach der Reproduzierbarkeit der Ergebnisse. In den Abbildungen 8.16(a) und 8.16(b) sind die Filtrations- und Gegendruckverläufe für drei verschiedene Simulationen mit identischen Randbedingungen visualisiert.

Der Mittelwert der filtrierten Partikelmasse beträgt $\overline{m}_{\mathrm{P},90} = 2{,}52\,\mu\mathrm{g}$, wenn 90 % Filtrationseffizienz erreicht sind. Die maximale Differenz der Werte für $m_{\mathrm{P},90}$ der drei Simulationen beträgt bezogen auf den Mittelwert 9,12 %. Bei Erreichen von 90 % Filtrationseffizienz ist die maximale Differenz des Druckabfalls $\Delta p_{\mathrm{P},90}$ kleiner als 8,95 % bzgl. des Mittelwerts. Zum Ende der Simulation weicht der Druckabfall um maximal 10,35 % vom Mittelwert ab. Die Erklärung für diese hohe Abweichung liegt darin, dass in der Simulation lediglich ein Viertel einer Sieböffnung simuliert wird. Im Experiment werden dagegen gleichzeitig 240.000 Sieböffnungen mit Partikeln beladen, und deshalb ist die Streuung der Versuchsergebnisse geringer als die der numerischen Resultate (siehe Abbildung 3.5).

Wird in den Simulationen eine Filtrationseffizienz von 100 % erreicht, liegt die maximale Abweichung der Steigungen der Gegendruckverläufe bei 1,26 % bezogen auf den Mittelwert. Die Steigung der Druckabfallkurven unterliegt damit einer wesentlich geringeren Streuung als die Werte für die abgeschiedene Masse und den erreichten Druckabfall, wenn ein Abscheidegrad von 90 % erreicht ist.

Der Grund für diese vergleichsweise geringen Abweichungen der Steigungen vom Mittelwert liegt im Wechsel der Anlagerungscharakteristik. Sobald die aufwachsenden Partikeldendriten, deren Entstehungsorte einer hohen Streuung unterliegen, eine dünne geschlossene Schicht auf der Sieböffnung gebildet haben, wird die Steigung der Druckabnahme maßgeblich durch das Aufwachsen der Partikelschicht beeinflusst. Für dieses Aufwachsen sind jedoch nicht die Positionen einiger weniger Anlagerungskeime ausschlaggebend, sondern die Anlagerung einer vergleichsweise hohen Anzahl von Partikeln.

Insgesamt ergibt sich, dass das Filtrationsverhalten und die Entwicklung des Gegendrucks zu Beginn des Beladungsvorgangs relativ hohen Schwankungen unterliegen. Hierfür sind sowohl die zufällige Partikelaufgabe am Einlass als auch die Brownsche Partikelbewegung verantwortlich. Der weitere Aufbau einer Partikelschicht und der resultierende Druckverlust über diese Schicht werden hiervon nur unwesentlich beeinflusst.

Einfluss der Aktualisierungsrate

Wesentlicher Bestandteil dieser Arbeit ist die Untersuchung der Rückwirkung abgeschiedener Partikel auf die Strömung und damit auch auf nachfolgende Partikel. Die Partikel deponieren während einer Simulation i. a. nicht nur direkt an einer einzigen Stelle im Berechnungsgebiet. Stattdessen verteilen sich die Anlagerungskeime über einen bestimmten Bereich des Berechnungsgebiets. Damit ändert sich das Strömungsfeld mit einer zunehmenden Anzahl von angelagerten Partikel an mehreren Stellen in einem geringen Maß. Aus diesem Grund wird erst nach einer bestimmten Anzahl angelagerter Partikel die Strömung angepasst, wobei diese Anzahl im Weiteren mit N_{AP} bezeichnet wird.

In Abbildung 8.17 sind die Verläufe der Filtrationseffizienz und des Druckabfalls für verschiedene Aktualisierungsraten $1/N_{\mathrm{AP}}$ zusammengefasst. In Abbildung 8.17(a) ist zu erkennen, dass mit zunehmender Aktualisierungsrate $1/N_{\mathrm{AP}}$ der Verlauf der Filtrationseffizienz konvergiert. In Abbildung 8.17(b) sind die Gegendrücke in Abhängigkeit von der filtrierten Partikelmasse für die verschiedenen Aktualisierungsraten visualisiert. Zieht man die Lösung für $1/N_{\mathrm{AP}} = 1/20$ als Referenz heran, steigt die relative Abweichung des Gegendrucks am Ende der Simulation bezogen auf die Referenzlösung mit abnehmender Rate auf bis zu 50 %. Der Einfluss der Aktualisierungsrate auf die Steigungen der Druckverläufe ist allerdings gering.

Insgesamt lässt sich ableiten, dass die Wahl der Aktualisierungshäufigkeit auf das Anlagerungsverhalten erheblichen Einfluss haben kann. Zur Validierung der numerischen Ergebnisse mit experimentell bestimmten Verläufen der Abscheidegrade

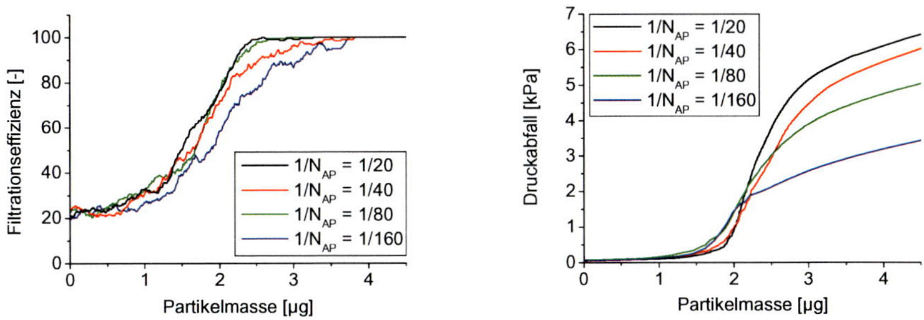

(a) Filtrationseffizienz. (b) Druckabfall.

Abbildung 8.17: Einfluss der Aktualisierungsrate $1/N_{\mathrm{AP}}$ des Strömungsfelds auf die Simulationsergebnisse. Berechnungsgebiet siehe Abbildung 8.5, Parameter siehe Tabelle C.9.

und Gegendrücke ist es deshalb nötig, das Strömungsfeld bereits nach 20 abgeschiedenen Partikel anzupassen. Für die Simulation aufwachsender Strukturen und die Untersuchung der Morphologie reicht es aus, die Strömung nach 40 angelagerten Partikeln anzupassen. Für die Morphologie ist die Steigung der Druckverläufe ausschlaggebend.

Einfluss der Konvergenzbedingung

Bei dem verwendeten Lattice-Boltzmann-Verfahren handelt es sich um einen instationären Strömungslöser. Im Rahmen dieser Arbeit wird angenommen, dass sich ein stationärer Zustand des Strömungsfelds nach einer Aktualisierung einstellt, wenn innerhalb einer Berechnung die Änderung des Strömungsfelds eine bestimmte Grenze unterschreitet. Für die Simulation aufwachsender Partikelstrukturen an einer Sieböffnung bietet es sich an, die Änderung des Druckabfalls zwischen Ein- und Auslass als Referenz für die Konvergenzbedingung heranzuziehen. Wird die Strömungsaktualisierung bei einer filtrierten Partikelmasse von $\hat{m}_{\mathrm{P}}$ ausgelöst, dient der zugehörige Druckverlust $\Delta p\,(\hat{m}_{\mathrm{P}})$ als Referenzgröße für den Abbruch der Aktualisierung. Unterscheiden sich die Druckverluste zwischen 10 Fluiditerationen um weniger als den Wert r in Bezug auf den Referenzdruckverlust $\Delta p\,(\hat{m}_{\mathrm{P}})$ wird angenommen, dass wieder ein stationärer Zustand erreicht ist.

Diese Konvergenzbedingung hat unmittelbaren Einfluss auf den Verlauf der Filtrationseffizienz und des Gegendruckverhaltens, wie in Abbildung 8.18 visualisiert wird. Die Kurvenverläufe für $r = 10\,\%$ und $r = 5\,\%$ weisen den größten Unterschied

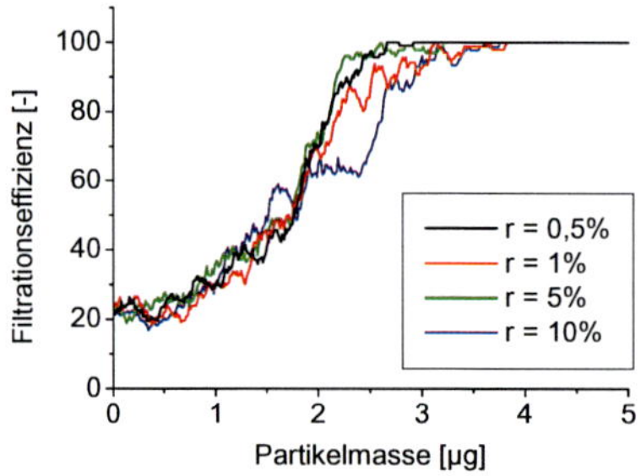

(a) Filtrationseffizienz.

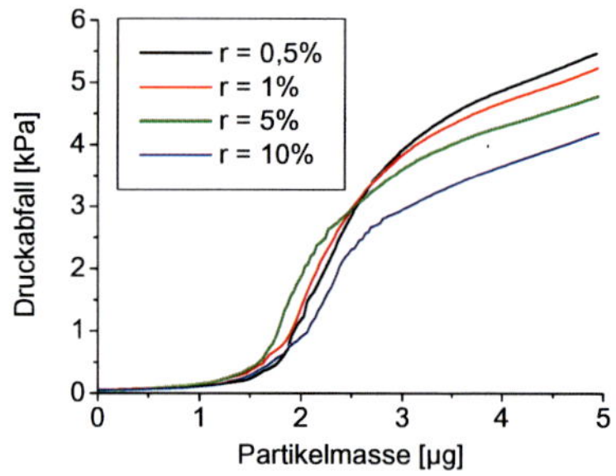

(b) Druckabfall.

Abbildung 8.18: Einfluss Konvergenzbedingung auf die Simulationsergebnisse. Berechnungsgebiet siehe Abbildung 8.5, Parameter siehe Tabelle C.9.

bzgl. Filtrationseffizienz und Druckverlust auf. In Bezug auf die Werte am Ende der Simulation nach 5 µg filtrierter Rußmasse weicht der Druckverlust für $r = 10\,\%$ um 23,7 % von der Lösung für $r = 0{,}5\,\%$ ab. Zwischen dem Resultat für $r = 1\,\%$ und $r = 0{,}5\,\%$ fällt diese Abweichung deutlich geringer aus.

Die Steigungen der Druckverlustkurven für verschiedene Konvergenzbedingungen weisen nach dem Zuwachsen der Sieböffnung wie im vorangegangenen Abschnitt geringere Unterschiede auf. Die Steigung der Kurve für $r = 1\,\%$ weicht von der Referenzlösung mit $r = 0{,}5\,\%$ ab einer abgeschiedenen Partikelmasse von 3,5 µg um weniger als vier Prozent ab.

Für den direkten Vergleich mit den experimentellen Untersuchungen ist es deshalb erforderlich, als Konvergenzbedingung $r = 0{,}5\,\%$ zu wählen. Soll die Morphologie der aufgewachsenen Partikelstruktur analysiert werden, reicht es aus, die Konvergenzbedingung auf $r = 1\,\%$ zu setzen.

8.3.3 Vergleich der numerischen und experimentellen Analysen

Die experimentellen Untersuchungen dienen u. a. zur Validierung der implementierten Simulationsmodelle. Neben dem qualitativen Vergleich von REM-Aufnahmen und FIB-Analysen bietet sich auch ein direkter Vergleich der Entwicklung von Filtrationseffizienz und Druckabfall in Abhängigkeit von der filtrierten Rußmasse an. Sowohl den Experimenten als auch den Simulationen liegen in diesem Abschnitt Siebe mit $d_{\mathrm{SL}} = 4{,}4\,\mu\mathrm{m}$ und ein Partikeldurchmesser von 169 nm zugrunde. Durch eine geeignete Wahl der Anströmgeschwindigkeiten im Experiment und in der Si-

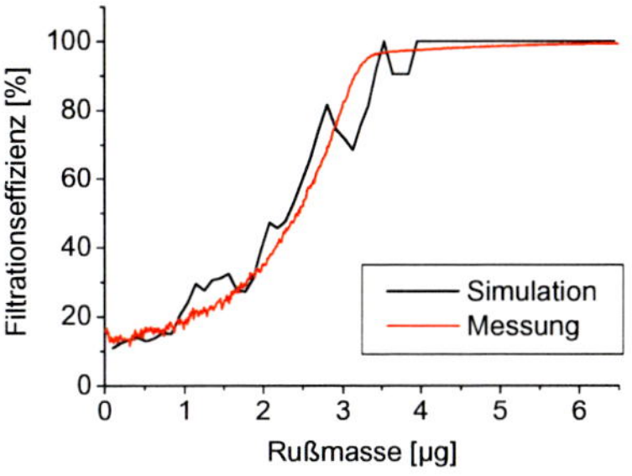

(a) $\mathrm{Re}_{\mathrm{SL}} = 0{,}210$.

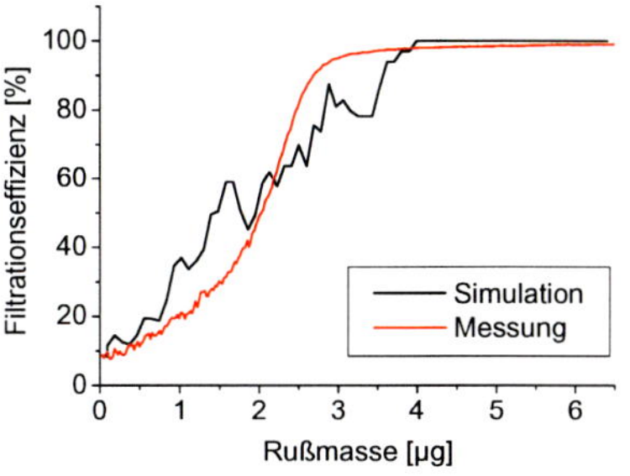

(b) $\mathrm{Re}_{\mathrm{SL}} = 0{,}526$.

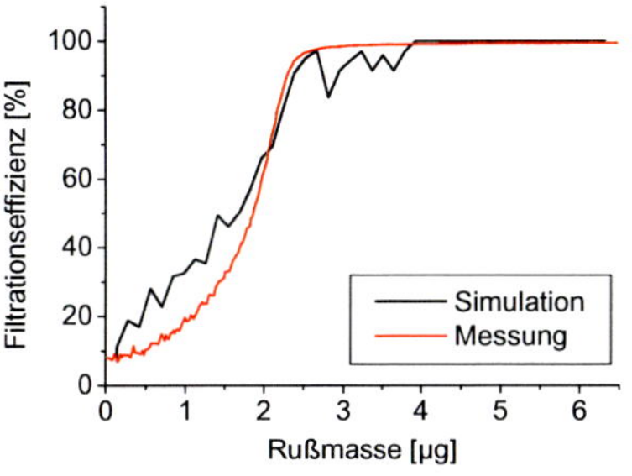

(c) $\mathrm{Re}_{\mathrm{SL}} = 0{,}631$.

Abbildung 8.19: Vergleich der numerischen und experimentellen Ergebnisse für den Abscheidegrad in Abhängigkeit von der filtrierten Rußmasse bei einer Kantenlänge der Sieböffnungen von $d_{\mathrm{SL}} = 4{,}4\,\mu\mathrm{m}$, einem Partikeldurchmesser von $d_{\mathrm{P}} = 169\,\mathrm{nm}$ und drei Anströmgeschwindigkeiten. Parameter siehe Tabelle C.9 und C.13.

mulation wird sichergestellt, dass die gleiche sieblochbezogene Reynolds-Zahl (siehe Gleichungen (2.5) und (2.6)) vorliegt.

In den Abbildungen 8.19 und 8.20 sind die experimentellen Resultate dreier Versuche der Reihe F2 (siehe Abschnitt 8.2.1) und die Ergebnisse der zugehörigen Simulationen dargestellt. Die Verläufe der Filtrationseffizienz unterliegen in den Simulationen einer deutlich größeren Streuung als in den Versuchen. In den Experimenten befindet sich in den Proben eine große Anzahl von Öffnungen, die gleichzeitig mit Ruß beladen werden. In den Simulationen wird aufgrund der beschränkten Rechenkapazität lediglich ein Viertel einer Sieböffnung abgebildet, sodass eine erheblich kleinere Anzahl von Partikeln in die Auswertung der numerischen Ergebnisse eingeht. Insgesamt ist dennoch eine gute Übereinstimmung der experimentellen und numerischen Ergebnisse bzgl. der Filtrationseffizienz festzustellen.

Für den Druckverlust reicht die angelagerte Anzahl der Partikel in den numerischen Analysen aus, um einen ähnlich glatten Verlauf wie im Experiment zu

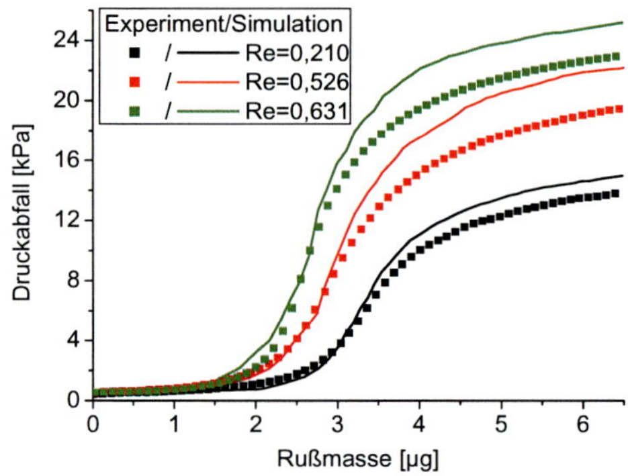

Abbildung 8.20: Vergleich der numerischen und experimentellen Ergebnisse für den Druckabfall bei einer Kantenlänge der Sieböffnungen von $d_{\mathrm{SL}} = 4{,}4\,\mu\mathrm{m}$, einem Partikeldurchmesser von $d_{\mathrm{P}} = 169\,\mathrm{nm}$ und drei Anströmgeschwindigkeiten. Parameter siehe Tabelle C.9 und C.13.

erhalten (siehe Abbildung 8.20). Vergleicht man den numerisch und experimentell bestimmten Druckverlust, stellt man fest, dass der Druckabfall in der Simulation überschätzt wird. Die Stellen der Wendepunkte und die Steigung der Kurven werden allerdings sehr gut wiedergegeben. Ein Grund für die Abweichung der Simulationsergebnisse von den experimentellen Resultaten liegt in der Verwendung von Kugeln anstatt von Rußagglomeraten in den Simulationen. Diese Kugeln sind im Gegensatz zu Rußagglomeraten nicht durchströmbar und die Verblockung der Sieböffnungen wird im Vergleich zum Experiment überbewertet.

Für den weiteren Vergleich der experimentellen und numerischen Resultate werden die relativen Abweichungen

$$m_{\mathrm{P},90}^{\mathrm{rel}} = \frac{|m_{\mathrm{P},90}^{\mathrm{exp}} - m_{\mathrm{P},90}^{\mathrm{num}}|}{m_{\mathrm{P},90}^{\mathrm{exp}}} \qquad \Delta p_{\mathrm{Probe},90}^{\mathrm{rel}} = \frac{|\Delta p_{\mathrm{P},90}^{\mathrm{exp}} - \Delta p_{\mathrm{P},90}^{\mathrm{num}}|}{\Delta p_{\mathrm{P},90}^{\mathrm{exp}}} \tag{8.6}$$

bestimmt. Hierbei bezeichnet $m_{\mathrm{P},90}$ den Wert der abgeschiedenen Rußmasse und $\Delta p_{\mathrm{Probe},90}$ den Wert des Druckverlusts, wenn im Experiment ein Abscheidegrad von 90 % erreicht wurde.

Nachdem bei einem Partikeldurchmesser von $d_{\mathrm{P}} = 169\,\mathrm{nm}$ und drei Reynolds-Zahlen bei einer Öffnungskantenlänge von $d_{\mathrm{SL}} = 4{,}4\,\mu\mathrm{m}$ bereits eine gute Übereinstimmung der Kurvenverläufe bzgl. Filtrationseffizienz und Druckabfall festgestellt wurde, sind in Tabelle 8.2 die relativen Abweichungen $m_{\mathrm{P},90}^{\mathrm{rel}}$ und $p_{\mathrm{Probe},90}^{\mathrm{rel}}$ für verschiedene Partikeldurchmesser zusammengefasst. Die Abweichung fällt für $d_{\mathrm{P}} = 169\,\mathrm{nm}$ am geringsten aus, und steigt für kleiner und größer werdende Partikel deutlich an.

d_P [nm]	Relative Abweichung $m_{P,90}^{rel}$ [%]	Relative Abweichung $\Delta p_{Probe,90}^{rel}$ [%]
84	56,12	44,42
126	37,18	31,96
169	10,21	8,07
232	23,37	21,63

Tabelle 8.2: Relative Abweichungen bzgl. der Rußmasse und des Druckabfalls bei Erreichen eines Abscheidegrads von 90 %.

Der Grund für die hohe Abweichung für kleine Partikeldurchmesser liegt an der zu geringen Auflösung der kleinen Partikel durch das Berechnungsgitter. Die Auflösung ist durch die verfügbare Rechenkapazität auf $\Delta x_{min} = 25\,\mathrm{nm}$ beschränkt. Partikel mit $d_P = 169\,\mathrm{nm}$ werden noch mit mindestens sechs Zellen bzgl. des Durchmessers aufgelöst. Um auch kleinere Partikel mit einer Zellanzahl von mindestens sechs Zellen bzgl. des Partikeldurchmessers aufzulösen, würde sich die Zellanzahl verachtfachen und die Rechenzeit von 1200 CPUh[1] erheblich vergrößern. Liegt ein Partikeldurchmesser von $d_P = 232\,\mathrm{nm}$ vor, reicht die Auflösung durch das Gitter zwar für eine gute Genauigkeit des Simulationsresultats aus, aber es tritt wie schon für Partikel mit $d_P = 169\,\mathrm{nm}$ eine Überschätzung der Verblockung auf. Diese nimmt mit größer werdenden Partikeln zu.

Insgesamt folgt, dass die Resultate des implementierten Berechnungsschemas für einen Partikeldurchmesser von 169 nm durch experimentelle Untersuchungen bestätigt werden können. Auf der Basis dieses Partikeldurchmessers werden in Abschnitt 8.5 die morphologischen Untersuchungen der Partikelschicht durchgeführt.

8.4 Qualitative Charakterisierung der Anlagerungsstrukturen

In diesem Abschnitt werden aufwachsende Partikelstrukturen anhand qualitativer Größen charakterisiert. Hierzu werden die wesentlichen Stadien der Partikelbeladung erstmals sowohl durch Experimente als auch Simulationen dargestellt. Dabei wird u. a. die bereits vorgestellte FIB-Analyse verwendet, um das Innere der angelagerten Strukturen optisch zu analysieren.

[1]Auf Basis eines Systems mit AMD Opteron K9 Prozessor (2 GHz Taktfrequenz) und 4 GB Arbeitsspeicher pro Prozessorkern.

8.4.1 Experimentelle Untersuchungen

Wird ein Mikrosieb im Prüfstand der rußpartikelbeladenen Strömung ausgesetzt, ist das Stadium der Partikelbeladung an der zunehmenden Schwarzfärbung des Prüflings zu erkennen. In Abbildung 8.21 ist der Beladungszustand zu drei Zeitpunkten visualisiert. Die Partikel lagern sich nur in dem kreisförmigen angeströmten Bereich der Probe an. Die aufgewachsenen Rußpartikelstrukturen können dabei leicht mechanisch von der Probe entfernt werden.

Im Gegensatz zum Experiment liegt der Vorteil der Simulation darin, dass die Visualisierung des Beladungszustands zu beliebigen Zeitpunkten leicht möglich ist. Bei der FIB-Analyse werden die Proben zerstört. Somit ist es erforderlich, für jede optische Beladungsuntersuchung eine separate Messung mit einer neuen Probe durchzuführen. Deshalb wurden mehrere Experimente unter gleichen Randbedingungen durchgeführt, die zu unterschiedlichen Zeitpunkten unterbrochen wurden. Hierdurch soll der Anlagerungsprozess beginnend von der ersten Anlagerung über das Verblocken der Öffnung bis zum Aufwachsen einer Rußschicht visualisiert werden. Insgesamt wurden in drei Reihen Mikrosiebe zu jeweils zwei bzw. drei Beladungszuständen durch REM-Aufnahmen und FIB-Untersuchungen analysiert. Die dimensionslosen Kennzahlen, die die drei Versuchsreihen charakterisieren, sind in Tabelle 8.3 zusammengefasst. In der Reihe H und I werden Partikel mit einem Durchmesser von 126 nm verwendet, wobei sich die Anströmgeschwindigkeiten unterscheiden. Im Vergleich zur Reihe H wird in der Reihe J der Partikeldurchmesser bei gleicher Anströmgeschwindigkeit auf 232 nm vergrößert.

In Abbildung 8.22 sind die zu den drei Einzelexperimenten zugehörigen Verläufe der Filtrationseffizienz und des Druckabfalls in Abhängigkeit von der filtrierten

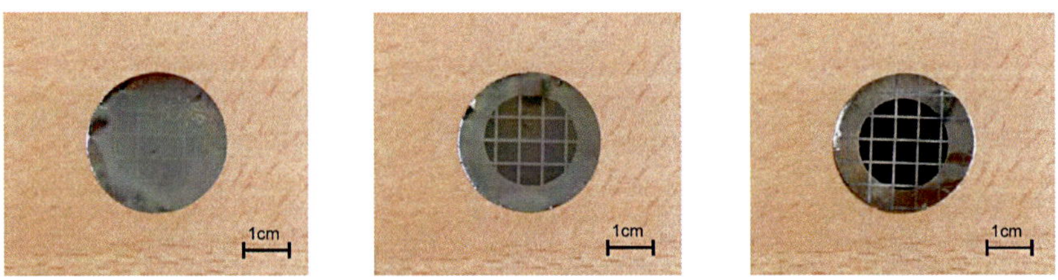

(a) Geringe Rußbeladung, abgeschiedene Rußmasse 3 µg.

(b) Mittlere Rußbeladung, abgeschiedene Rußmasse 6 µg.

(c) Starke Rußbeladung, abgeschiedene Rußmasse 9 µg.

Abbildung 8.21: Drei Beladungszustände von Mikrosiebproben mit einer Kantenlänge der Öffnungen von 4 µm und einem Partikeldurchmesser von 126 nm.

Versuchsreihe	d_P $[nm]$	Re_{SL} [−]	St_{SL} [−]	Pe_{SL} [−]	In_{SL} [−]
H, Abb. 8.23	126	0,1739	0,0138	5570	0,0315
I, Abb. 8.25	126	0,5218	0,0413	16710	0,0315
J, Abb. 8.27	232	0,1739	0,0138	14453	0,0580

Tabelle 8.3: Aufwachsende Rußstrukturen: Werte der Stokes-, Péclet- und Interzeptions-Zahl für verschiedene Partikeldurchmesser d_P bzw. Anströmgeschwindigkeiten. Parameter siehe Tabelle C.13.

Rußmasse dargestellt. Der Druckabfall ist auch hier auf $Re_{SL} = 1$ normiert, um eine bessere Basis für den Vergleich mit den anderen Versuchsreihen zu schaffen. Die REM-Aufnahmen und Ergebnisse der FIB-Analysen werden in Abbildung 8.23 gezeigt. An der Unterseite der Rußschicht ist bei allen FIB-Analysen eine Belegung der Partikelstruktur mit Gallium zu beobachten, die beim Schneiden der Probe nicht verhindert werden kann. In den Abbildungen 8.23(b) und 8.23(d) fällt die Belegung besonders stark aus. Dieser Effekt wird bei der folgenden Auswertung berücksichtigt.

Das erste Experiment der Reihe H wurde in einem frühen Stadium beendet (siehe Abbildung 8.22). Die Filtrationseffizienz ist dabei von dem initialen Wert von etwa 11 % bereits auf 37 % gestiegen. Der Druckverlust hat sich dagegen zu diesem Zeitpunkt noch nicht wesentlich verändert. In Abbildung 8.23(a) ist bereits eine vermehrte Anlagerung von Rußpartikeln in der Sieböffnung zu erkennen. Die farbliche Veränderung in einem kreisscheibenförmigen Bereich um die Porenöffnung auf dem

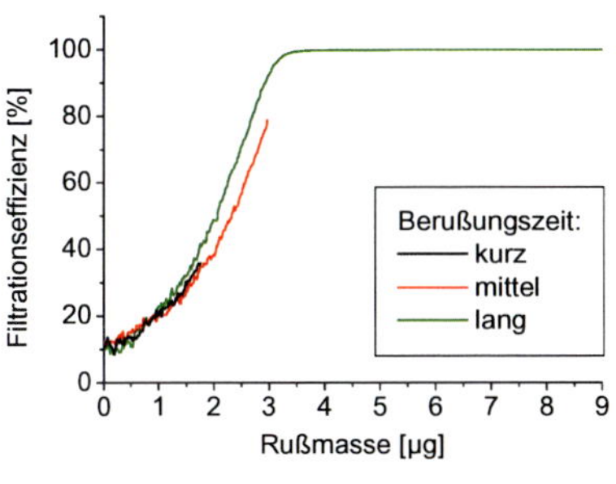

(a) Filtrationseffizienz.

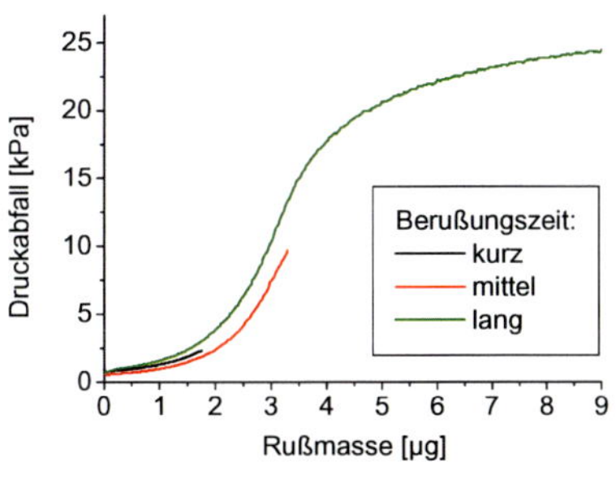

(b) Normierter Druckabfall.

Abbildung 8.22: Aufwachsende Strukturen, Reihe H. Rußpartikelbeladung von Mikrosieben. Abbruch des Experiments zu drei verschiedenen Zeitpunkten. Parameter siehe Tabelle C.13.

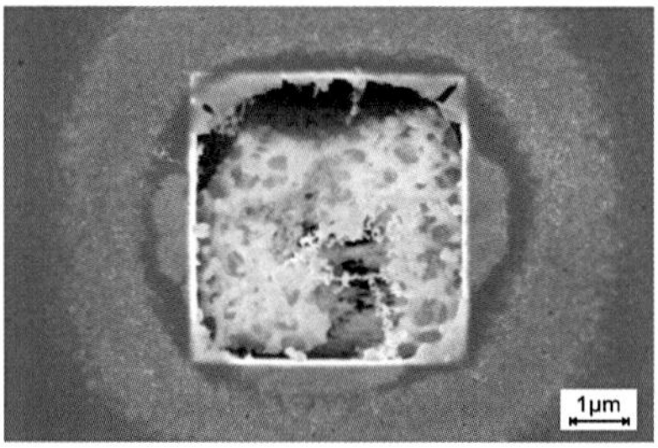

(a) REM-Aufnahme, kurze Beladung.

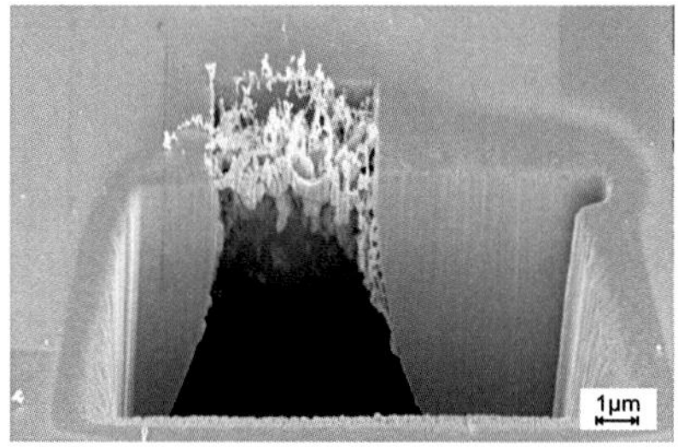

(b) FIB-Analyse, kurze Beladung.

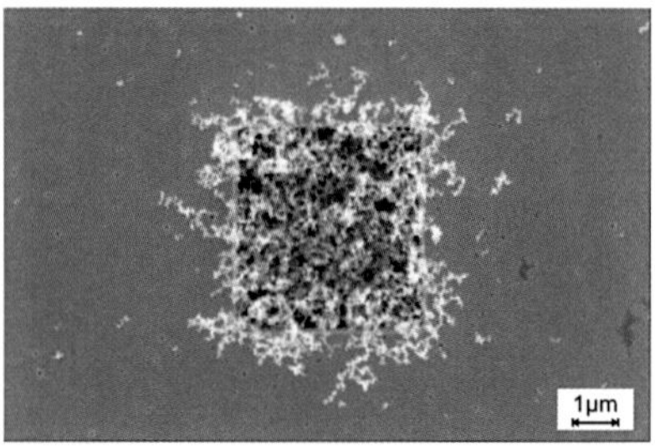

(c) REM-Aufnahme, mittlere Beladung.

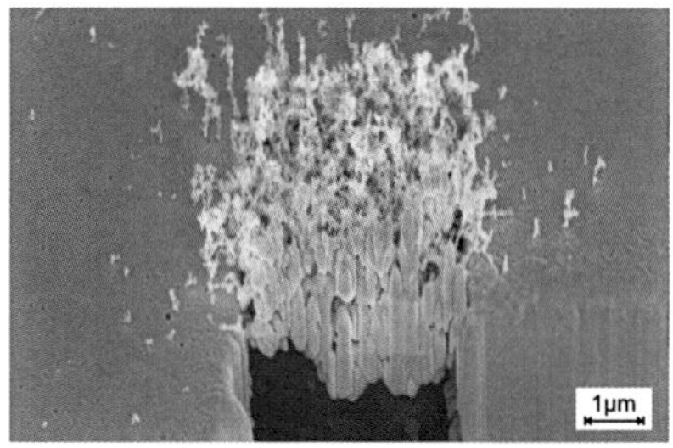

(d) FIB-Analyse, mittlere Beladung.

(e) REM-Aufnahme, lange Beladung.

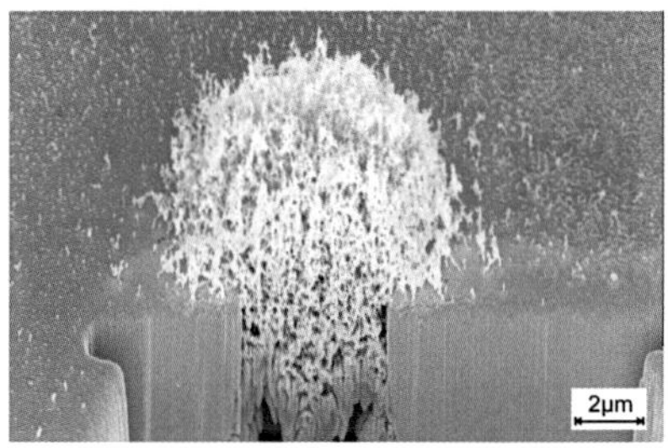

(f) FIB-Analyse, lange Beladung.

Abbildung 8.23: Aufwachsende Strukturen, Reihe H. REM-Aufnahmen und FIB-Analysen für drei unterschiedliche Berußungsgrade eines Mikrosiebs mit einer Kantenlänge von 4 µm und einem Partikeldurchmesser von 126 nm.

Mikrosieb ist herstellungsbedingt und hat keinen Einfluss auf die Struktur oder Kontur des Siebs. Die FIB-Analyse in Abbildung 8.23(b) bestätigt den Eindruck, dass sich bereits eine größere Anzahl von Partikeln in den Öffnungen angelagert hat.

Für den mittleren Beladungszustand ist die Filtrationseffizienz bereits auf etwa 80 % gestiegen, und auch der Druckverlust hat stark zugenommen. Die REM-

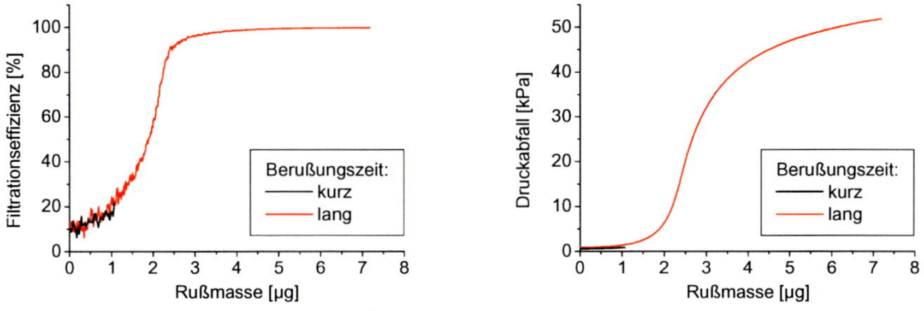

(a) Filtrationseffizienz. (b) Normierter Druckabfall.

Abbildung 8.24: Aufwachsende Strukturen, Reihe I. Rußpartikelbeladung von Mikrosieben. Abbruch des Experiments zu zwei verschiedenen Zeitpunkten. Parameter siehe Tabelle C.13.

Aufnahme in Abbildung 8.23(c) zeigt eine Sieböffnung, die fast vollständig verschlossen ist. Die FIB-Analyse in Abbildung 8.23(d) wurde an einer Öffnung, die vollkommen durch Partikel verblockt ist, durchgeführt.

Der dritte und letzte Versuch wurde bei einer Filtrationseffizienz von 100 % unterbrochen. Dabei steigt der Druckverlust bereits linear mit der gefilterten Rußmasse an. In den Abbildungen 8.23(e) und 8.23(f) ist ersichtlich, dass eine halbkugelförmige Rußschicht auf der Sieböffnung aufgewachsen ist. In der Draufsicht nimmt die Kontur der Rußstruktur im Gegensatz zur Sieböffnung eine annähernd kreisförmige Form an.

Es ist weiterhin festzustellen, dass sich nur wenige Partikel auf der Stirnseite des Prüflings anlagern. Im Bereich der Querschnittserweiterung deponiert nur eine geringe Anzahl von Rußagglomeraten. Lediglich an den Kanten und im vorderen Bereich der Verengung kommt es zur Partikelabscheidung. Damit ist in den Experimenten das gleiche Anlagerungsverhalten wie in den Simulationen in Abschnitt 8.1 zu beobachten.

Für die Versuchsreihe I wird im Vergleich zur Reihe H die Anströmgeschwindigkeit verdreifacht. Bezogen auf die Reihe H ergeben sich dementsprechend größere Reynolds-, Stokes- und Péclet-Zahlen, wohingegen die Interzeptions-Zahl gleich bleibt, wie in Tabelle 8.3 zu erkennen ist. Die Filtrationseffizienz und der auf $\mathrm{Re_{SL}} = 1$ normierte Druckabfall für zwei Beladungszustände sind in Abbildung 8.24 dargestellt. In dem frühen Stadium der Beladung steigen sowohl die Filtrationseffizienz als auch der Druckabfall nur moderat an, obwohl sich der frei durchströmbare Querschnitt bereits verkleinert hat (Abbildung 8.25(a) und 8.25(b)).

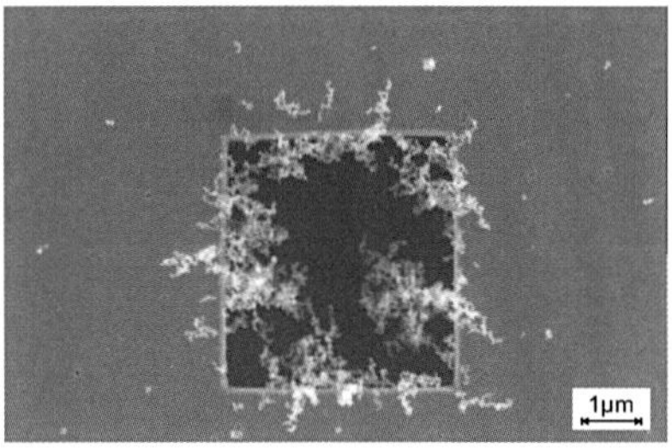

(a) REM-Aufnahme, kurze Beladung.

(b) FIB-Analyse, kurze Beladung.

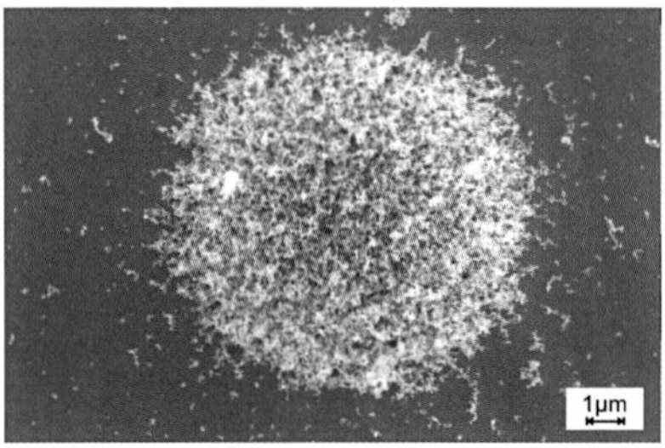

(c) REM-Aufnahme, lange Beladung.

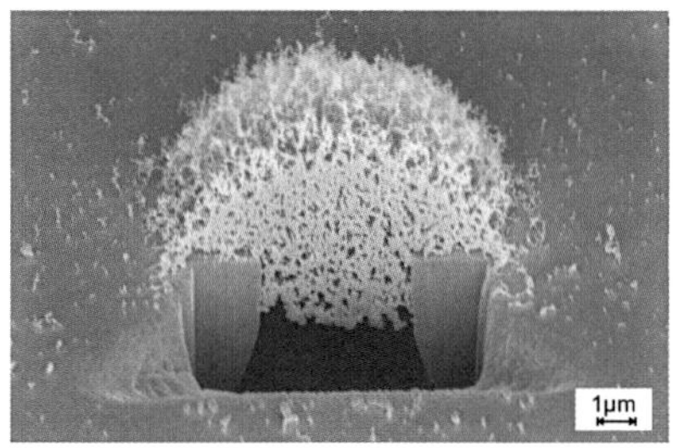

(d) FIB-Analyse, lange Beladung.

Abbildung 8.25: Aufwachsende Strukturen, Reihe I. REM-Aufnahmen und FIB-Analysen für zwei unterschiedliche Berußungsgrade eines Mikrosiebs mit einer Kantenlänge von 4 µm und einem Partikeldurchmesser von 126 nm.

Vergleicht man die Filtrations- und Druckverlustkurven der am längsten berußten Proben aus den Versuchsreihen H und I miteinander, fällt auf, dass mit höherer Anströmgeschwindigkeit eine Filtrationseffizienz von 100 % entsprechend früher erreicht wird. Zusätzlich stellt sich mit höherer Anströmgeschwindigkeit ein höherer Druckverlust bei jeweils gleicher filtrierter Rußmasse ein. Dies lässt darauf schließen, dass die auf den Öffnungen aufgewachsenen Rußkuchen in der Reihe I kompakter sind, d. h. die Porosität des Rußkuchens mit steigender Anströmgeschwindigkeit abnimmt. Während die REM-Aufnahme in Abbildung 8.25(c) keinen signifikanten Unterschied zur Struktur in Abbildung 8.23(e) erkennen lässt, wird eine leichte Abnahme der Porosität in der FIB-Analyse deutlich, wie in den Abbildungen 8.23(f) und 8.25(d) ersichtlich wird.

Durch die REM-Aufnahme in Abbildung 8.25(a) bestätigen sich auch die Ergebnisse der Simulationen zur Bestimmung der initialen Filtrationseffizienz. Zu Beginn der Beladung lagern sich Partikel bevorzugt an den Porenkanten an. Die Partikelabscheidung in den Ecken ist weniger stark ausgeprägt. Nachdem sich die ersten

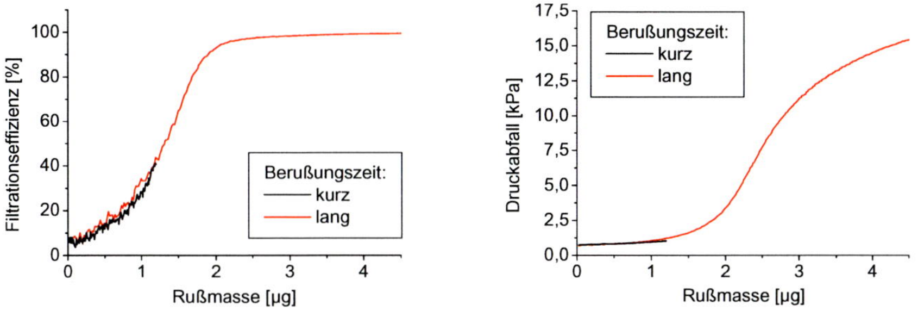

(a) Filtrationseffizienz. (b) Normierter Druckabfall.

Abbildung 8.26: Aufwachsende Strukturen, Reihe J. Rußpartikelbeladung von Mikrosieben. Abbruch des Experiments zu zwei verschiedenen Zeitpunkten. Parameter siehe Tabelle C.13.

Anlagerungskeime gebildet haben, wachsen die Rußdendriten beginnend von den Kanten quer zur Hauptströmungsrichtung auf die Mitte der Öffnung zu. Dieses Verhalten ist in Abbildung 8.25(b) zu beobachten. Ein Dendritwachstum entgegen der Strömung ist im frühen Stadium der Rußpartikelbeladung nicht festzustellen. Wenn die Sieböffnung vollständig verschlossen ist, bilden sich Partikelstrukturen mit einer kreisförmigen Kontur auf der Sieböffnung. Partikel scheiden sich an der Oberfläche dieser Struktur homogen ab, sodass es zu einem gleichmäßigen Wachstum kommt.

Für die dritte Versuchsreihe J wird ausgehend von den Parametern der Reihe H der Partikeldurchmesser auf 232 nm vergrößert, wobei die mittlere Anströmgeschwindigkeit nicht geändert wird. Die Ergebnisse sind in den Abbildungen 8.26 und 8.27 dargestellt. Bei gleicher abgeschiedener Rußmasse ergibt sich im Vergleich zur Versuchsreihe H ein insgesamt kleinerer Wert für den Druckabfall und ein früheres Erreichen einer Filtrationseffizienz von 100 %. Dieses Verhalten lässt darauf schließen, dass eine Vergrößerung des Partikeldurchmessers eine höhere Porosität der Rußstruktur zur Folge hat. Dies kann durch die Ergebnisse der FIB-Analysen in den Abbildungen 8.23(f) und 8.27(d) in der Tendenz bestätigt werden.

Auch in der Versuchsreihe J deponieren die Rußpartikel vorrangig an den Porenkanten. Die einzelnen Partikeldendriten wachsen wie schon in den anderen beiden Versuchsreihen in dem frühen Stadium der Beladung quer zur Hauptströmungsrichtung. Die Dendriten an den Kanten der Öffnungen verhindern das Eindringen nachfolgender Rußpartikel in die Öffnung, und aus diesem Grund bildet sich die Rußschicht auch hier nur anströmseitig aus.

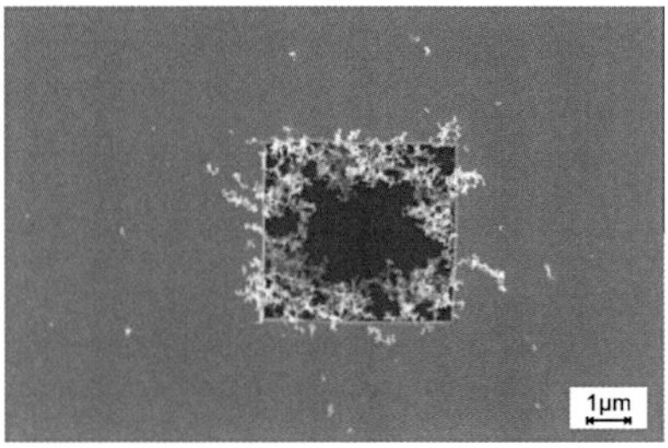

(a) REM-Aufnahme, kurze Beladung.

(b) FIB-Analyse, kurze Beladung.

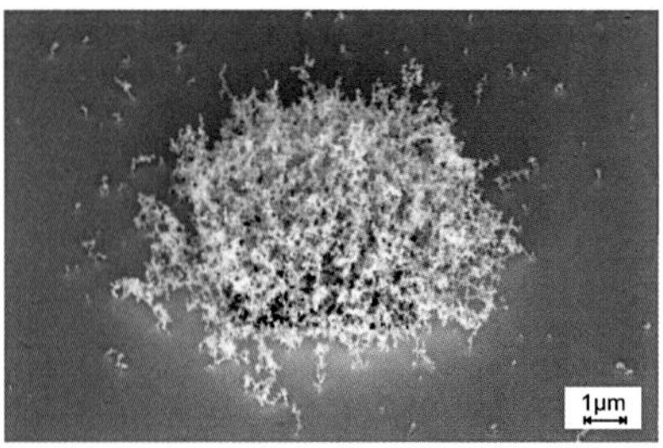

(c) REM-Aufnahme, lange Beladung.

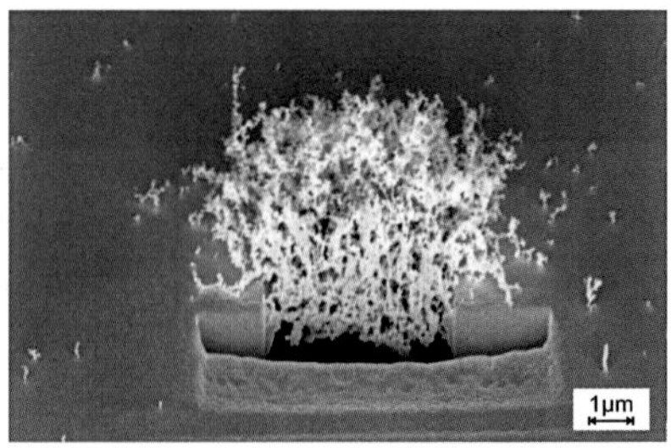

(d) FIB-Analyse, lange Beladung.

Abbildung 8.27: Aufwachsende Strukturen, Reihe J. Zwei unterschiedliche Beladungsgrade mit Rußpartikeln für ein Mikrosieb mit einer Kantenlänge von 4 µm und einem Partikeldurchmesser von 232 nm.

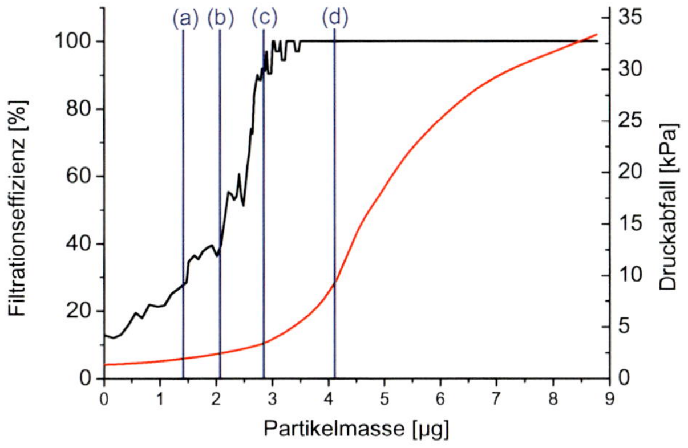

Abbildung 8.28: Filtrationseffizienz und Druckabfall in Abhängigkeit von der Beladung für einen Partikeldurchmesser von $d_P = 126\,\mathrm{nm}$ und einer Kantenlänge der Öffnung von $d_{SL} = 4\,\mu\mathrm{m}$. Markierungen: vier Beladungszustände, die in Abbildung 8.29 dargestellt sind. Berechnungsgebiet siehe Abbildung 8.5, Parameter siehe Tabelle C.10.

8.4.2 Numerische Untersuchungen

In diesem Abschnitt wird ein Beispiel für ein Simulationsergebnis einer aufwachsenden Partikelstruktur präsentiert. Hierfür wird die Anlagerungsstruktur zu unterschiedlichen Beladungszuständen visualisiert. Das zugrunde liegende Berechnungsgebiet ist in Abbildung 8.5 dargestellt, und die Parameter der Simulation sind in Tabelle C.10 zusammengefasst. Die Anströmgeschwindigkeit wird dabei so gewählt, dass analog zur Versuchsreihe H im vorherigen Abschnitt eine Reynoldszahl von 0,1739 vorliegt, wobei der Partikeldurchmesser 126 nm beträgt. Die initiale Filtrationseffizienz liegt für diesen Fall bei etwa 12 %.

In Abbildung 8.28 ist der Druckabfall im Berechnungsgebiet in Abhängigkeit von der filtrierten Partikelmasse abgebildet. In der Abbildung sind die vier hier näher untersuchten Beladungszustände mit den zugehörigen Werten der Filtrationseffizienz markiert. Im Folgenden werden diese vier Punkte anhand dieser Kurve und Abbildung 8.29 näher erläutert.

Der erste Beladungszustand, der in Abbildung 8.28 mit (a) gekennzeichnet ist, wird durch die Abbildungen 8.29(a), 8.29(b) und 8.29(c) veranschaulicht. Es hat sich eine Partikelmasse von 1,41 µg an der Sieböffnung angelagert und der Abscheidegrad liegt bei 25 %. In diesem Stadium sind Partikel sowohl an der Stirnseite, in

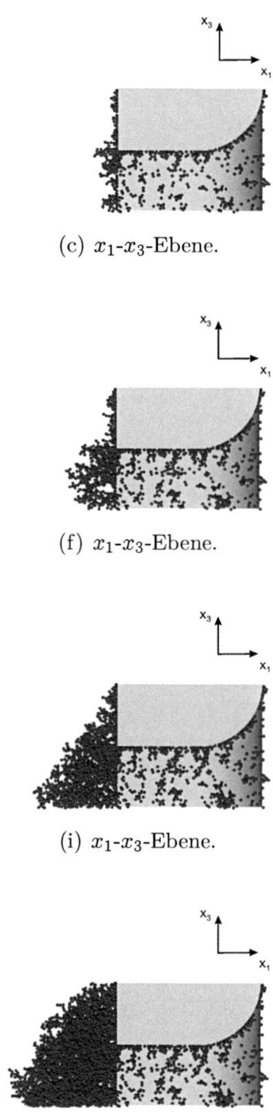

(a) 1,41 µg angel. Partikel. (b) x_2-x_3-Ebene. (c) x_1-x_3-Ebene.

(d) 2,11 µg angel. Partikel. (e) x_2-x_3-Ebene. (f) x_1-x_3-Ebene.

(g) 2,81 µg angel. Partikel. (h) x_2-x_3-Ebene. (i) x_1-x_3-Ebene.

(j) 4,22 µg angel. Partikel. (k) x_2-x_3-Ebene. (l) x_1-x_3-Ebene.

Abbildung 8.29: Simulation einer aufwachsenden Partikelstruktur für d_P = 126 nm und d_{SL} = 4 µm. Dargestellt ist der Beladungszustand für vier verschiedene Zeitpunkte. Hauptströmungsrichtung in positiver x_1-Achse. Berechnungsgebiet siehe Abbildung 8.5, Parameter siehe Tabelle C.10.

der Verengung und auch abströmseitig entlang der Querschnittserweiterung abgeschieden worden und wirken für nachfolgende Partikel als Keime zur Dendritenbildung. Vor allem die Anlagerung der Partikel an der Stirnseite der Öffnung und in der Querschnittserweiterung lässt darauf schließen, dass der diffusive Transport einen erheblichen Einfluss bei der Partikelbewegung hat. Gleichzeitig erhöht sich in der Verengung allerdings auch die mittlere Strömungsgeschwindigkeit und somit nimmt hier der diffusive Transport gegenüber dem konvektiven Transport ab. Für diesen Betriebspunkt ergibt sich im frühen Stadium der Beladung eine leicht erhöhte Abscheidung in der Verengung und der Querschnittserweiterung. An der Stirnseite lagern dagegen etwas weniger Partikel an.

An den beiden Kanten der Verengung ist eine im Vergleich zum übrigen Gebiet vermehrte Bildung von Partikeldendriten zu beobachten. Die Dendriten wachsen hierbei jeweils an den Mittelpunkten der beiden Kanten stärker als in der Ecke, in der die Kanten zusammentreffen (siehe Abbildung 8.29(b)). Eine Gegenüberstellung dieser Resultate mit den Ergebnissen der initialen Partikelanlagerung ergibt bzgl. der bevorzugten Anlagerungsgebiete eine sehr gute Übereinstimmung (siehe Abschnitte 8.2.3 und 8.2.4). Auch dort gab es in der Mitte der Öffnungskanten für alle untersuchten Betriebspunkte ein Maximum der Anzahldichte angelagerter Partikel.

Das zweite Stadium ist in den Abbildungen 8.29(d) bis 8.29(f) abgebildet. Nach 2,11 µg abgeschiedener Partikelmasse hat der frei durchströmbare Querschnitt weiter abgenommen und die Dendriten beginnen entgegen der Strömung zu wachsen. In diesem Zustand liegt der Abscheidegrad bei etwa 40 % und es lagern sich immer noch Partikel an der Querschnittserweiterung an.

Im dritten Stadium der Partikelbeladung in den Abbildungen 8.29(g) bis 8.29(i) ist bereits eine Masse von 2,81 µg abgeschieden worden. Zu diesem Zeitpunkt ist die Öffnung durch die aufgewachsene Struktur fast vollständig überdeckt, sodass es für nachfolgende Partikel bis auf wenige Ausnahmen zu einem Kontakt mit abgeschiedenen Partikeln oder der Wand kommen wird. In der Draufsicht in Abbildung 8.29(i) ist zu erkennen, dass die aufgewachsene Struktur eine annähernd kreisrunde Kontur besitzt. Die Filtrationseffizienz liegt für diesen Zeitpunkt bei 90 %. Des Weiteren haben sich zwischen den Vorderkanten und dem hinteren Abschluss des Siebs nur wenige Partikel im Vergleich zum zuerst betrachteten Zeitpunkt zusätzlich angelagert.

Im letzten abgebildeten Stadium in den Abbildungen 8.29(j) bis 8.29(l) ist eine Masse von 4,22 µg abgeschieden worden. Die Struktur wächst primär entgegen der Hauptströmungsrichtung und bildet eine kreisrunde Kontur auf der Sieböffnung.

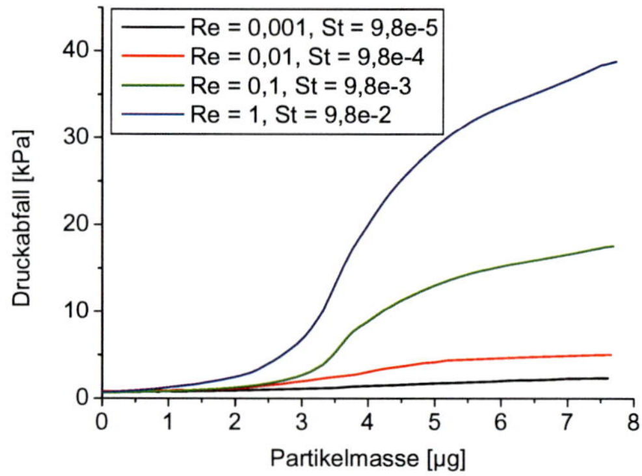

Abbildung 8.30: Simulationsreihe K: Druckabfall in Abhängigkeit von der Beladung für eine Öffnungskantenlänge von 4,4 µm, einen Partikeldurchmesser von 169 nm und verschiedenen Reynolds-Zahlen. Berechnungsgebiet siehe Abbildung 8.5, Parameter siehe Tabelle C.10.

Der Hauptteil der Partikel scheidet sich unmittelbar an den bereits deponierten Partikeln über der Sieböffnung ab.

Insgesamt stimmen trotz der Abweichung des beladungsabhängigen Druckabfalls diese Ergebnisse der Simulation mit den experimentellen Resultaten der Versuchsreihe H gut überein.

8.5 Quantitative Charakterisierung der Strukturen durch Simulationen

In diesem Abschnitt wird die Morphologie für unterschiedliche Strömungsgeschwindigkeiten und Kantenlängen der Sieböffnungen bei einem konstanten Partikeldurchmesser von 169 nm analysiert. Hierbei soll ein Zusammenhang zwischen Porosität und Permeabilität für die hier betrachteten Rußstrukturen erarbeitet werden.

8.5.1 Einfluss der Anströmgeschwindigkeit

Zunächst wird der Einfluss der Anströmgeschwindigkeit auf die Morphologie der aufgewachsenen Strukturen untersucht (Simulationsreihe K). Für die Berechnungen wurde eine Kantenlänge der Sieböffnung von 4,4 µm gewählt.

In Abbildung 8.30 sind die auf $\mathrm{Re}_{\mathrm{SL}} = 1$ normierten Druckverläufe in Abhängigkeit von der filtrierten Partikelmasse dargestellt. Die Kurvenverläufe sind konsistent zu den experimentellen Untersuchungen in Abschnitt 8.3.1, wobei die Anströmgeschwindigkeit für die Simulationen in einem größeren Bereich variiert wird. Mit steigender Reynolds-Zahl, d. h. größer werdender Stokes-Zahl, kommt es hierbei zu einer entsprechend früher einsetzenden Verblockung der Sieböffnungen. In der Simulation für $\mathrm{Re}_{\mathrm{SL}} = 0{,}001$ ist eine abgeschiedene Partikelmasse von 3,56 µg erforderlich, bis ein Abscheidegrad von 90 % erreicht ist. Wird die Reynolds-Zahl auf eins vergrößert, sinkt diese Partikelmasse auf 2,11 µg. Hierbei gewinnt die Partikelträgheit in Relation zur Partikeldiffusion zunehmend an Bedeutung. Sobald sich Partikel angelagert haben, sinkt der frei durchströmbare Querschnitt, und die Stokes-Zahl steigt dementsprechend an (siehe Gleichung (8.5)). Des Weiteren steigt bei gleicher abgeschiedener Partikelmasse mit zunehmender Anströmgeschwindigkeit der Druckverlust.

Die aufgewachsenen Partikelstrukturen sind in Abbildung 8.31 visualisiert. Bereits der äußere Eindruck der Ergebnisse deutet darauf hin, dass sich die Strukturen bzgl. der Porosität und Permeabilität signifikant unterscheiden. Die Kompaktheit der Partikelstrukturen nimmt für eine steigende Anströmgeschwindigkeit zu. Diesen Effekt zeigten auch schon die experimentellen Untersuchungen in Abschnitt 8.3.1.

Die Durchströmung der extrahierten Partikelschichten bestätigt diese Beobachtung. Die Resultate der Morphologieuntersuchung sind in Abbildung 8.32 zusammengefasst, wobei die Graphen für die Porosität 8.32(a) und die Permeabilität 8.32(b) in Abhängigkeit von der Stokes-Zahl dargestellt sind. Die Cunningham-Korrektur nach Gleichung (5.15) wird in der Ergebnisdarstellung bereits berücksichtigt. Die Porositäten der Strukturen für $\mathrm{St}_{\mathrm{SL}} = 9{,}8 \times 10^{-5}$ und $\mathrm{St}_{\mathrm{SL}} = 9{,}8 \times 10^{-4}$ weichen am wenigstens voneinander ab und liegen bei über 95 %. Für $\mathrm{St}_{\mathrm{SL}} = 9{,}8 \times 10^{-2}$ nimmt die Porosität auf etwa 81 % ab. Die Permeabilität der Partikelstrukturen nimmt ebenfalls mit steigender Anströmgeschwindigkeit ab. Für die hochporöse Struktur in Abbildung 8.31(a) liegt die Permeabilität bei etwa $K = 0{,}1\,\mathrm{D}$ und für die kompakte Struktur in Abbildung 8.31(d) ergibt sich eine Permeabilität von $K = 6{,}56 \times 10^{-4}$ D.

8.5.2 Variation der Sieböffnungsgröße und Vergleich der Ergebnisse mit Modellen aus der Literatur

In diesem Abschnitt wird in den Simulationen aufwachsender Partikelstrukturen die Kantenlänge der Sieböffnung bei einem konstanten Partikeldurchmesser von

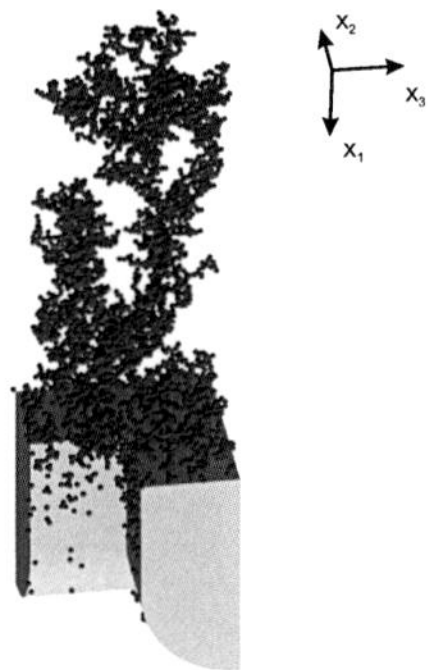

(a) $Re_{SL} = 0{,}001$, $St_{SL} = 9{,}8 \times 10^{-5}$, $Pe_{SL} = 51$.

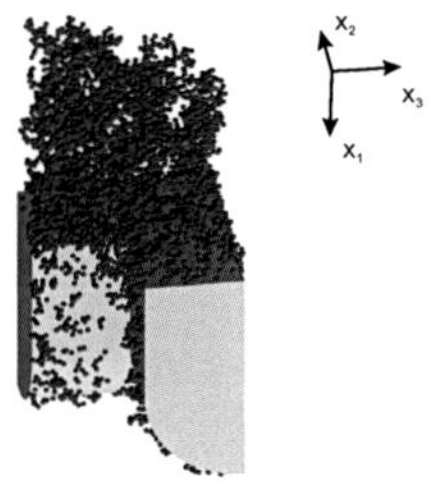

(b) $Re_{SL} = 0{,}01$, $St_{SL} = 9{,}8 \times 10^{-4}$, $Pe_{SL} = 514$.

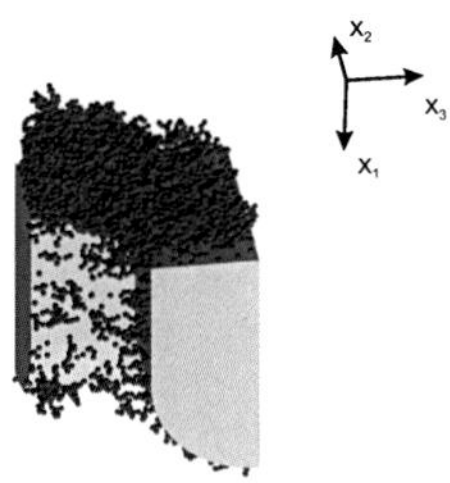

(c) $Re_{SL} = 0{,}1$, $St_{SL} = 9{,}8 \times 10^{-3}$, $Pe_{SL} = 5140$.

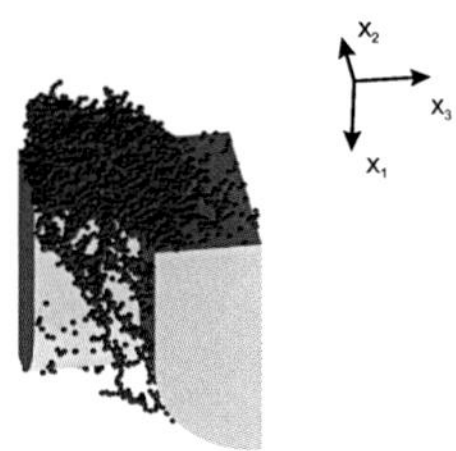

(d) $Re_{SL} = 1$, $St_{SL} = 0{,}098$, $Pe_{SL} = 51395$.

Abbildung 8.31: Simulationsreihe K: Aufgewachsene Partikelstruktur nach 12,74 µg abgeschiedener Partikelmasse bei einem Partikeldurchmesser von 169 nm und einer Kantenlänge der Öffnung von $d_{SL} = 4{,}4\,\mu m$. Variation der Anströmgeschwindigkeit. Parameter siehe Tabelle C.10.

169 nm und einer festen Reynolds-Zahl von 0,1 variiert. Hierbei werden die Partikelstrukturen für die Kantenlängen 3,8 µm, 4,4 µm und 6,2 µm bzgl. Porosität und Permeabilität charakterisiert (Simulationsreihe L). In Tabelle 8.4 sind die Mittelwerte der Ergebnisse dieser Reihe aufgeführt.

Die auf die Sieböffnung bezogene Reynolds-Zahl ist in den drei Simulationen konstant. Der Tabelle 8.4 ist zu entnehmen, dass sowohl die Porosität als auch die Permeabilität mit zunehmender Stokes- und abnehmender Interzeptions-Zahl sinken. Dies ist auf den geringeren Einfluss der Trägheitsabscheidung zurückzuführen. Gleichzeitig nimmt der Anteil der Interzeptionsabscheidung ab.

Die Ergebnisse der Morphologieanalyse werden in Abbildung 8.33 zusammen mit

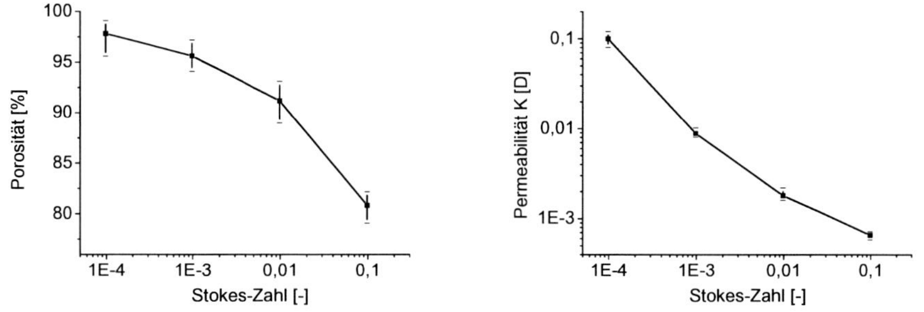

(a) Einfluss auf die Porosität der extrahierten Packung.

(b) Einfluss auf die Permeabilität der extrahierten Packung.

Abbildung 8.32: Simulationsreihe K: Variation der Anströmgeschwindigkeit bei der Berechnung aufwachsender Partikelstrukturen. Es sind die Mittelwerte der Untersuchungen bzgl. der Morphologie dargestellt.

den Ergebnissen aus dem vorangegangenen Abschnitt mit ausgewählten semi-empirischen und analytischen Modellen aus dem Anhang B verglichen. In den Modellen ist jeweils die Cunningham-Korrektur nach Gleichung (5.15) berücksichtigt, wobei der Korrekturfaktor für einen Partikeldurchmesser von 169 nm den Wert 2,06 annimmt. Die Verläufe der Modelle sind als Linien gekennzeichnet, und die numerischen Resultate sind durch Symbole markiert. Neben den Resultaten der Simulationsreihe L sind auch die Werte der Permeabilität in Abhängigkeit von der Porosität für die Reihen F2 (Abschnitt 8.3.3) und K eingetragen. Durch diese Darstellung ist es möglich, die Permeabilität der Partikelpackung durch eine Funktion in Abhängigkeit von der Porosität zu beschreiben. Die Datenpunkte werden durch die Funktion

$$f(\varepsilon) = K_0 + \frac{K_1}{4(\varepsilon - \varepsilon_0)^2 + \varepsilon_1} \tag{8.7}$$

Kantenlänge d_{SL} [μm]	St_{SL} [−]	In_{SL} [−]	ε [%]	K [m D]
3,8	5×10^{-3}	0,0469	89,07	3,08
4,4	$9{,}8 \times 10^{-3}$	0,0384	91,18	1,81
6,2	0,0147	0,0273	92,59	1,05

Tabelle 8.4: Simulationsreihe L: Variation der Kantenlänge der Sieböffnung bei einem konstanten Partikeldurchmesser von 169 nm und einer konstanten Reynolds-Zahl von 0,1. Ergebnisse für die mittlere Porosität und Permeabilität der extrahierten Teilgebiete. Parameter siehe Tabelle C.10.

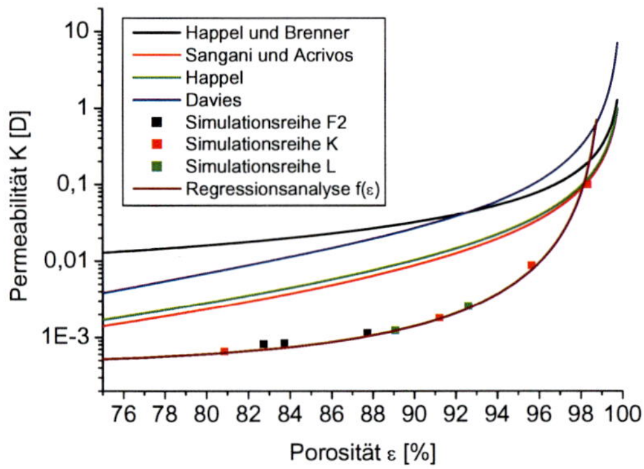

Abbildung 8.33: Permeabilität in Abhängigkeit von der Porosität. Ergebnisse der Simulationsreihen F2, K und L im Vergleich zu verschiedenen Modellen in Anhang B. Simulationsparameter siehe Tabelle C.9 und C.12.

sehr gut angenähert, wobei für die Referenzporositäten

$$\varepsilon_0 = 0{,}983 \qquad \varepsilon_1 = 1{,}952 \tag{8.8}$$

und die Referenzpermeabilitäten

$$K_0 = 4{,}22 \times 10^{-4}\ \mathrm{D} \qquad K_1 = 2{,}822 \times 10^{-1}\ \mathrm{D} \tag{8.9}$$

gilt. Die beiden Parameter ε_0 und K_0 können als Versatz interpretiert werden, der von der Kugelpackung mit der maximalen Porosität bzw. minimalen Permeabilität abhängig ist. ε_1 erfüllt in diesem Zusammenhang die Funktion eines Korrekturterms bzgl. der Porosität und K_1 die Funktion eines Skalierungsfaktors.

Zunächst ist festzustellen, dass die Ergebnisse der drei verschiedenen Simulationsreihen für unterschiedliche Anströmgeschwindigkeiten und Kantenlängen durch die Annäherung (8.7) sehr gut wiedergegeben werden. Hieraus folgt, dass für einen Partikeldurchmesser von 169 nm die Durchlässigkeit der Partikelstruktur in den Regime, die in dieser Arbeit betrachtet werden, durch eine Funktion der Porosität beschrieben werden kann.

Wie in Abbildung 8.33 zu erkennen ist, liegen die Werte der Permeabilität für Packungsporositäten für $\varepsilon < 97\,\%$ um etwa eine Größenordnung unter den Werten der Vergleichsmodelle aus Anhang B. Erst ab einer Porosität von 98 % liegen die Ergebnisse der Simulationen und der Modelle in der gleichen Größenordnung. Hierbei stimmt die Permeabilität für $\varepsilon = 98{,}32$ sehr gut mit den beiden Werten nach den

Modellen von Sangani und Acrivos bzw. Happel überein. Die Extrapolation der Simulationsergebnisse nach Gleichung (8.7) schneidet dabei den Verlauf des Modells nach Happel und Brenner. Dieses Modell beschreibt den Grenzfall der Einzelkugelumströmung. Für größere Porositäten liegt die extrapolierte Permeabilität nach Gleichung (8.7) in der Größenordnung der Werte nach Davies, d. h. die Gültigkeitsgrenze für den hier vorgestellten funktionalen Zusammenhang ist erreicht.

Die große Abweichung der Simulationsergebnisse zu den veröffentlichten Modellen lässt sich durch die Struktur der Partikelpackungen erklären. In den Modellen liegt der Packung eine regelmäßige Struktur zugrunde, wie in Abbildung B.1(a) dargestellt ist. Die Porosität dieser Packung wird erhöht, indem der Kugelradius bei konstantem Abstand der Kugelmittelpunkte verkleinert wird. Falls eine Porosität gewählt wird, die über dem Wert der minimalen Porosität von 47,6 % liegt, berühren sich die Kugeln nicht mehr. Für Werte der Porosität von über 70 % liegt der minimale Abstand zwischen den Kugeloberflächen bereits bei etwa 3/10 des Kugelradius.

Im Gegensatz hierzu gibt es in den simulierten Strukturen zwischen jeweils zwei Partikel immer einen Kontakt. Hierdurch wird die Permeabilität der Struktur deutlich gesenkt. Erst wenn eine sehr hohe Porosität erreicht ist (siehe Abbildung 8.31(a)) nähern sich die Permeabilitäten der beiden Strukturtypen an.

8.6 Zusammenfassung der Ergebnisse zur Partikelabscheidung an einem Mikrosieb

In diesem Teil der Arbeit wurde mit der strömungszugewandten Porenverengung derjenige Teilbereich einer Pore identifiziert, an dem Partikel vorrangig deponieren. Alle anderen Bereiche sind für die Anlagerung erheblich weniger relevant. Damit konnte die komplexe Geometrie der keramischen Porenstruktur auf eine einfache Modellgeometrie reduziert werden. Außerdem wurde das Anlagerungsverhalten von Partikeln an der Modellgeometrie charakterisiert.

Das Aufwachsen von Partikelstrukturen wurde des Weiteren sowohl numerisch als auch experimentell untersucht. Es wurden dabei sehr gute Übereinstimmungen bzgl. qualitativer Größen festgestellt. Darüber hinaus wurden die Ergebnisse für den zeitlichen Verlauf der Filtrationseffizienz und des Druckabfalls erfolgreich anhand von Experimenten für Partikel mit einem Durchmesser von 169 nm validiert. Abschließend wurde ein analytischer Zusammenhang zwischen Porosität und Permeabilität aus Simulationen gewonnen.

Kapitel 9

Zusammenfassung

In der vorliegenden Arbeit wurden Filtrationsprozesse unter Verwendung von Modellgeometrien experimentell und numerisch untersucht. Hierbei stand die Anlagerung von Rußpartikeln der Größenordnung $\mathcal{O}\,(100\,\text{nm})$ auf der Porenskala, d. h. in Poren der Größenordnung $\mathcal{O}\,(10\,\mu\text{m})$, im Mittelpunkt.

Für die Experimente wurde ein Prüfstand aufgebaut und Mikrosiebe als geeignete Prüflinge für die Analysen identifiziert. Im Rahmen einer detaillierten Analyse wurde die Funktion des Prüfstands umfangreich überprüft. Dazu wurden im relevanten Bereich die Zusammenhänge zwischen Strömungsgeschwindigkeit, Rußkonzentration und Größenverteilung der Partikel quantifiziert. Die Prüflinge wurden charakterisiert und die Reproduzierbarkeit von Beladungsversuchen wurde nachgewiesen.

Die Rußbeladung verschiedener Proben wurde anhand von qualitativen und quantitativen Messgrößen ausgewertet. Zu den quantitativen Messgrößen gehörten die zeitliche Entwicklung der Filtrationseffizienz und des Druckverlusts über der Probe während der Beladung. Die angelagerten Rußstrukturen wurden mittels REM-Aufnahmen und FIB-Untersuchungen analysiert. Damit konnte ausgehend von der Entstehung erster Anlagerungskeime bis zum Verblockungsprozess der Sieböffnungen die unterschiedlichen Stadien der Rußbeladung auf der Porenskala erstmals optisch veranschaulicht werden. Insbesondere war es möglich, die Bildung von ersten Dendritkeimen experimentell zu beobachten. Hierdurch konnte der Einfluss verschiedener Effekte wie z. B. der Diffusion auf die beginnende Partikelanlagerung klar abgeschätzt werden.

Für die theoretische Behandlung wurde ein Berechnungsprogramm für numerische Analysen implementiert. Die Simulation der partikelbeladenen Strömung wurde mit einem Lattice-Boltzmann-Verfahren in Kombination mit einem Lagrangeschen Ansatz zur Berechnung des Partikeltransports durchgeführt. Die Strömungsberechnung basiert auf einem nicht-äquidistanten Gitter, wobei zur Laufzeit der Simulation die Gitterauflösung den aufwachsenden Strukturen angepasst wird. Es wurden unterschiedliche Anlagerungsmodelle implementiert, um den Einfluss der Rückwirkung abgeschiedener Partikel auf die Strömung und nachfolgende Partikel hochaufgelöst analysieren zu können.

In einem ersten Schritt wurde die Funktionalität des Strömungslösers mittels Abgleich an analytischen Testfällen und Ergebnissen des kommerziellen CFD-Programms CFX 11.0 [2] erfolgreich validiert. Darüber hinaus erfolgte ein Vergleich der Ergebnisse zur Partikelabscheidung an einer Einzelfaser mit Ergebnissen aus der Literatur. Auf dieser Basis wurde aus den betrachteten Anlagerungsmodellen dasjenige ausgewählt, für das eine sehr gute Übereinstimmung der Resultate mit den Daten aus der Literatur für alle betrachteten Regime festgestellt werden konnte. Durch diese Analysen konnten bisher publizierte Resultate ergänzt werden.

Nach der erfolgten Validierung wurden durch die erstmalige Untersuchung der Partikelabscheidung in einer Pore die Porenhälse als diejenigen Teilbereiche identifiziert, in denen eine Partikelabscheidung im Wesentlichen stattfindet. Alle weiteren Analysen wurden zur Vereinfachung auf diese bisher im wissenschaftlichen Umfeld nicht betrachteten Bereiche reduziert.

Die numerisch ermittelten Druckabfälle und Abscheidegrade für die Beladung von Mikrosieben mit Partikeln wurden den Experimenten gegenüber gestellt. Es wurde dabei ein Parameterbereich identifiziert, für den lediglich geringe Abweichungen zwischen den numerischen und experimentellen Resultaten vorlagen. Über den Kenntnisstand in der Literatur hinaus konnten die Regime für die Rußpartikelanlagerung an Mikrosieben in den relevanten Wertebereichen mithilfe von Simulationen exakt charakterisiert werden. Der Einfluss der Anströmgeschwindigkeit und der Sieblochgröße auf die Morphologie der aufwachsenden Strukturen wurde durch Simulationen analysiert. Es zeigte sich ein eindeutiger Einfluss der Anströmgeschwindigkeit auf die Porosität und Permeabilität der Partikelstruktur was die experimentellen Ergebnisse gut bestätigt.

Durch diese Arbeiten war es erstmalig möglich, einen Zusammenhang zwischen Porosität und Permeabilität unabhängig von der Anströmgeschwindigkeit bzw. vom Sieblochdurchmesser basierend auf Simulationen auf der Porenskala zu formulieren. Dieser Zusammenhang ermöglicht im Vergleich zu bisher bekannten Modellen eine deutlich genauere Aussage über die Morphologie von angelagerten Rußstrukturen.

Die erzielten Ergebnisse dieser Arbeit können u. a. dazu dienen, so genannte Mikromodelle zur Simulation der Rußpartikelabscheidung in Keramiksubstraten zu parametrisieren. Es ist damit möglich, funktionale Zusammenhänge zwischen den Substrateigenschaften wie Porosität und Permeabilität und den Zielgrößen wie Filtrationseffizienz und Gegendruckverhalten auch während der Beladung mit Rußpartikeln mit geringer Unsicherheit zu identifizieren. Damit können vorliegende Substrate hinsichtlich der Zielgrößen erstmalig mit hoher Genauigkeit numerisch bewertet und verglichen werden, wodurch die Auslegung von Filtersubstraten maßgeblich unterstützt wird. Basierend auf den Analysen in dieser Arbeit kann das entwickelte Berechnungsprogramm des Weiteren dazu eingesetzt werden, komplexe Porengeometrien auszulegen und zu optimieren.

Kapitel 10

Summary

In the present thesis, filtration processes were analyzed experimentally and numerically using model geometries. Particular focus was placed on the deposition of soot particles with typical sizes $\mathcal{O}(100\,\mathrm{nm})$ on the pore scale, i. e. in pores with typical sizes $\mathcal{O}(10\,\mu\mathrm{m})$.

For the experiments, a test bench was constructed and micro sieves were identified as appropriate test samples for the analysis. The functionality of the test bench was extensively verified. To this end, the cause effect relationships between fluid velocity, particle size distributions and soot concentration were quantitatively investigated. The sieves were characterized and the reproducibility of the experiments was shown.

The agglomeration of soot on different test samples was characterized by both qualitative and quantitative indicators, the latter including the temporal evolution of the collection efficiency and the pressure drop over the sample during the loading process. The deposited soot structures were analyzed visually via SEM recordings and FIB measurements. In this way, the different stages of the loading process - starting from the initial formation of agglomeration up to the final plugging of the sieve pores - could be visualized on the pore scale for the first time. In particular onset of particle deposition and the growth of particle dendrites were experimentally observed. In this way, the influence of different effects like diffusion on the early stage of particle deposition could be quantitatively estimated.

For the theoretical treatment of the agglomeration problem a simulation tool was implemented. The simulation of the particle-laden flow was carried out using a Lattice-Boltzmann procedure combined with a Lagrangian approach to describe the particle transport. The flow calculation was based on a non-equidistant numerical mesh that was dynamically adapted to the shape of the deposited particle structures during runtime. Different deposition models were implemented to analyze the influence of the deposited particles on the fluid flow and subsequent particles with a high resolution.

In a first step, the functionality of the implemented solver was successfully verified by comparing its output with analytical test cases and results produced with the commercial CFD tool CFX 11.0 [2]. In addition, for the special case of particle deposition on an isolated fiber a comparison with the results of other authors was performed. In this way one deposition model was identified which produced the most satisfying agreement with previously published data for all flow regimes under investigation. These results extend previously puplished findings.

After the validation procedure, by analyzing the deposition process in single pores on a fine spatial scale it was found that particle agglomeration essentially takes place in the pore neck. Consequently, all further analysis was restricted to this region.

The numerically obtained pressure drops and deposition rates for the loading of micro sieves were compared with experimental findings. A certain range of parameters were identified in which the experimental and numerical data agree very well. Exceeding the current state of research, the different regimes of soot agglomeration on micro sieves could be exactly characterized via numerical simulations. In particular, it was possible to record the initial formation of dendrite nuclei, allowing to clearly estimating the influence of different effects like diffusion on the beginning particle deposition. Following the successful validation of the simulation procedure, the influence of the inlet velocity and the sieve hole size on the morphology of the agglomerated structures was studied in detail. It was found that the inlet velocity has an essential influence on the porosity and permeability of the particle structures, thereby confirming experimental findings.

By the above studies it was possible for the first time to determine a functional relation between porosity and permeability independent of inlet velocity and pore diameter. Compared to previous models, this relationship allows for much more precise statements on the morphology of the deposited soot.

The results of the present work may serve to generate so-called parameterized micro models to simulate the deposition of soot in ceramic substrates. In this way, it becomes possible to identify functional relations between substrate properties like porosity and permeability on the one hand and design goals like filtration efficiency and pressure profiles on the other hand with high exactness also during the loading process. Different substrates can be evaluated and compared on a numerical basis, which will strongly enhance the development of filter substrates in the future. Based on the analysis in this work, the developed software tools can also be used to design and optimize complex pore geometries.

Teil IV

Anhang

Anhang A

Historischer Ursprung des Lattice-Boltzmann-Verfahrens

Das Lattice-Boltzmann-Verfahren hat seinen historischen Ursprung in den so genannten zellulären Automaten, wie in der Arbeit von Chopard und Droz [19] ausgeführt wird. Diese Verfahren sind durch eine Diskretisierung von Ort und Zeit unter Verwendung identischer Zellen, auf denen binäre Zustandsvariablen definiert sind, charakterisiert. Ein wesentliches Merkmal zellulärer Automaten ist die für alle Zellen gleichzeitig durchgeführte Aktualisierung der Zustände in Abhängigkeit der Zustände in den unmittelbaren Nachbarzellen. In zahlreichen Arbeiten wie z. B. von Frisch et al. [36], Wolfram [135] und Rothmann [105] wurde die Anwendung der zellulären Automaten auf Strömungen erweitert (zelluläre Gas-Automaten). In diesem Ansatz wird die Dynamik von Teilchen, die sich wie bei zellulären Automaten auf einem Orts- und Zeitgitter bewegen und kollidieren, beschrieben. Das Verfahren besteht somit aus zwei nacheinander auszuführenden Schritten. In dem ersten Schritt, der Propagation, werden die Teilchen von einem Gitterpunkt zu einem benachbarten Gitterpunkt transportiert. Anschließend werden im Kollisionsschritt den Teilchen neue Werte für die Geschwindigkeit unter Beachtung der Impulserhaltung zugewiesen. Mit dieser Geschwindigkeit bewegen sich die Teilchen dann in der nachfolgenden Propagation. Jeweils eine Kollision und anschließende Propagation definieren einen Iterationszyklus auf der mikroskopischen Ebene. Durch eine geeignete Mittelung über das Verhalten der Teilchen auf dieser mikroskopischen Ebene werden die makroskopischen Werte für Dichte und Geschwindigkeit des zugrunde liegenden Fluids bestimmt.

Der wesentliche Vorteil der zellulären Gas-Automaten ist, dass unter bestimmten Voraussetzungen an die Symmetrie des Gitters aus dem Verfahren die numerische Lösung der Navier-Stokes-Gleichungen resultiert, wie von Körner et al. [70] und Hänel [41] ausgeführt wird. Des Weiteren sprechen die hohe Stabilität der zellulären Gas-Automaten und die leichte Implementierbarkeit von Randbedingungen für den Einsatz dieses Verfahren.

Allerdings führt diese Simulationsstrategie auch zu erheblichen Einschränkungen. Zum einen kann wegen der lediglich isothermen Betrachtung die Energieerhaltung nicht sichergestellt werden. Zum anderen werden an den Gitterpunkten nur einzelne Teilchen betrachtet. Somit entstehen zwangsläufig große Schwankungen der makroskopischen Werte wie Dichte und Geschwindigkeit, weil zu wenig Teilchen in die statistische Mittelung einfließen. Eine erhöhte Auflösung dämpft zwar diese Schwankungen, erfordert jedoch auch mehr Rechenkapazität.

Eine alternative Herangehensweise ist die Einführung der statistischen Behandlung der mikroskopischen Ebene vor der Anwendung des numerischen Schemas von Propagation und Kollision. So ersetzen McNamara und Zanetti [82] für zelluläre Automaten einzelne Teilchen durch eine Verteilungsfunktion, die die Wahrscheinlichkeit angibt, dass die Gitterzelle einen bestimmten Zustand annimmt. Damit wird auch der binäre Wertebereich der Zustände auf reellwertige Verteilungsfunktionen ausgedehnt.

Ausgehend von zellulären Automaten kann damit das Lattice-Boltzmann-Verfahren für die numerische Berechnung von Strömungen motiviert werden. Durch eine zusätzliche Vereinfachung des Kollisionsoperators mit Hilfe des so genannten BGK-Ansatzes nach Bhatnagar und Krook [7] gewinnt das Lattice-Boltzmann-Verfahren gegenüber des zellulären Gas-Automaten für die Berechnung von Strömungen mit kleinen Mach-Zahlen

$$\mathrm{Ma} = \frac{|\boldsymbol{V}|}{c_s} \tag{A.1}$$

deutlich an Attraktivität. Hierbei bezeichnet $\boldsymbol{V}$ eine charakteristische Geschwindigkeit und c_s die isotherme Schallgeschwindigkeit nach Gleichung (4.7).

Anhang B

Charakterisierung von Kugelpackungen

Faser- und Kugelpackungen können durch die Porosität ε und Permeabilität $\boldsymbol{K}$ charakterisiert werden. Beide Größen sind, wie in der Einleitung ausgeführt, zunächst unabhängig voneinander. Mögliche Zusammenhänge von Porosität und Permeabilität ergeben sich allerdings in Abhängigkeit z. B. der geometrischen Eigenschaften der durchströmten Packung. Hierzu gibt es zahlreiche Arbeiten, in denen homogene Packungen bzw. Schüttungen von Partikeln oder auch Fasern sowohl analytisch als auch empirisch mittels verschiedener Herangehensweisen analysiert worden sind. Ein Überblick wird hierzu in Tabelle B.1 gegeben, wobei der Feststoffanteil der Packung mit $\varphi = 1 - \varepsilon$ bezeichnet wird. Wenn alle Partikel der betrachteten Packung den gleichen Durchmesser und die Form von Kugeln haben, entspricht der Durchmesser d_{P} dem Kugeldurchmesser. In realen Schüttungen sind die Partikel allerdings nicht gleich groß. Zudem weicht die Form der Partikel immer in einem bestimmten Maß von Kugeln ab, sodass für reale Packungen der Durchmesser d_{P} in Tabelle B.1 durch den Sauterdurchmesser ersetzt wird [114].

Für diese Arbeit sind vor allem Modelle für Kugelpackungen mit hoher Porosität $\varepsilon > 50\,\%$ relevant, wobei sich für größer werdende Packungsporosität die Strömung durch die Packung dem Grenzfall der Stoke'schen Einzelkugelumströmung annähert. Dieser Fall wird in der Arbeit von Happel und Brenner [44] behandelt: Zunächst wird eine Kräftebilanz für die Durchströmung der Packung aufgestellt und alle Kräfte bis auf die Widerstandskraft $\boldsymbol{F}_{\mathrm{W}}$ und die Druckkraft $\boldsymbol{F}_{\mathrm{D}}$ werden vernachlässigt. Beide Kräfte, wie auch die Cunningham-Korrektur $\mathrm{Cun}(d_{\mathrm{P}})$ nach Gleichung (5.15), wurden in dem Abschnitt 5.2.3 diskutiert. Unter Verwendung des Partikelvolumens V_{P} resultiert damit für die Stoke'sche Umströmung die Gleichung:

$$-\nabla p = (1-\varepsilon)\,\frac{\boldsymbol{F}_{\mathrm{W}}}{V_{\mathrm{P}}} = 18\varphi\frac{\mu\boldsymbol{v}_{\infty}}{\mathrm{Cun}(d_{\mathrm{P}})d_{\mathrm{P}}^2}. \tag{B.1}$$

Setzt man diesen Ausdruck für den Druckgradienten in das Gesetz von Darcy (4.53) ein, folgt für die Permeabilität, die im Weiteren mit K_0 bezeichnet wird, unmittelbar

$$K_0 = -\frac{\mu\,|\boldsymbol{v}_{\infty}|}{\frac{\partial p}{\partial x_1}} = \mathrm{Cun}(d_{\mathrm{P}})\frac{d_{\mathrm{P}}^2}{18\varphi}. \tag{B.2}$$

Quelle	Zusammenhang	
Happel und Brenner [44]	$K_0 = \mathrm{Cun}(d_\mathrm{P})\frac{d_\mathrm{P}^2}{18\varphi}$	
Sangani und Acrivos [109]	$K = K_0\hat{S}^{-1}(\varepsilon)$	siehe B.9
Carman-Kozeny [17]	$K = K_0\frac{\varepsilon^3}{k(\varepsilon)\varphi}$	$k(\varepsilon) \approx 10$
Blake-Kozeny [10]	$K = K_0\frac{\varepsilon^3}{k(\varepsilon)\varphi}$	$k(\varepsilon) \approx 75/9$
Rumpf und Gupte [107]	$K = \frac{d_\mathrm{P}^2}{5{,}6}\varepsilon^{5{,}5}$	
Molerus et al. [88]	$K = K_0\frac{45}{56}\varepsilon^{4{,}55}$	
Happel [43]	$K = K_0\frac{6-9\varphi^{1/3}+9\varphi^{5/3}-6\varphi^2}{6+4\varphi^{5/3}}$	
Davies [24]	$K = \frac{d_\mathrm{P}^2}{64\varphi^{3/2}(1+56\varphi^3)}$	

Tabelle B.1: Analytische und semi-empirische Modelle zur Bestimmung der Permeabilität von Kugel- und Faserpackungen.

Eine Erweiterung dieses Ansatzes auf regelmäßig angeordnete Packungen von jeweils gleich großen Kugeln wurde von Sangani und Acrivos in [109] bzw. Hasimoto in [46] präsentiert. Der gesamten Packung liegt hierbei eine äquidistante kubische Gitterstruktur zugrunde, wobei sich die Kugeln in jeder der kubischen Zelle an jeweils den gleichen Stellen befinden. Die Topologie der Packung ist durch die Position der Kugeln in einer Gitterzelle vollständig beschrieben. Die Kantenlänge der Zellen wird dabei mit a bezeichnet. Ein wesentlicher Punkt ist, dass sich die Kugeln bei dieser Herangehensweise i. a. nicht berühren, und damit der Wertebereich, den die Packungsporosität annimmt, nicht eingeschränkt wird. Ausgehend von der kubischen Gitterstruktur sind bei dem so genannten **S**imple **C**entered **C**ubic **A**rray (SCCA, $F^*_{\mathrm{W,SCCA}}$) acht Kugeln an den Eckpunkten der einzelnen Gitterzellen angeordnet (siehe Abbildung B.1(a)). Bei dem **B**ody **C**entered **C**ubic **A**rray (BCCA, $F^*_{\mathrm{W,BCCA}}$) ist zusätzlich in der Mitte der Gitterzelle eine Kugel platziert (siehe Abbildung B.1(b)).

Neben der Packungstopologie fließt der Kugeldurchmesser und die Kantenlänge der zugrunde liegenden Gitterzellen in die Bestimmung der Permeabilität ein. Für die

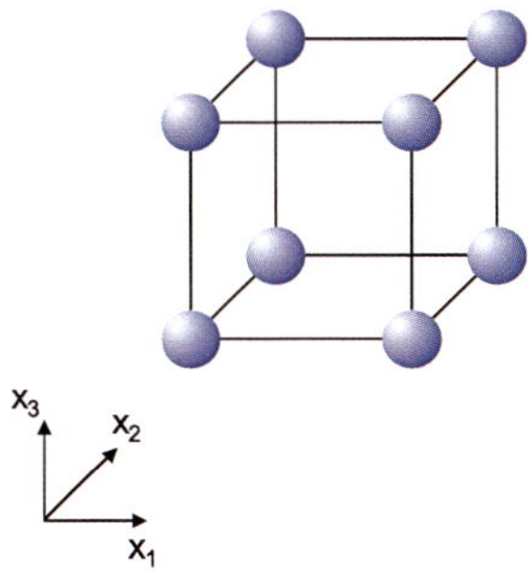

(a) SCCA.

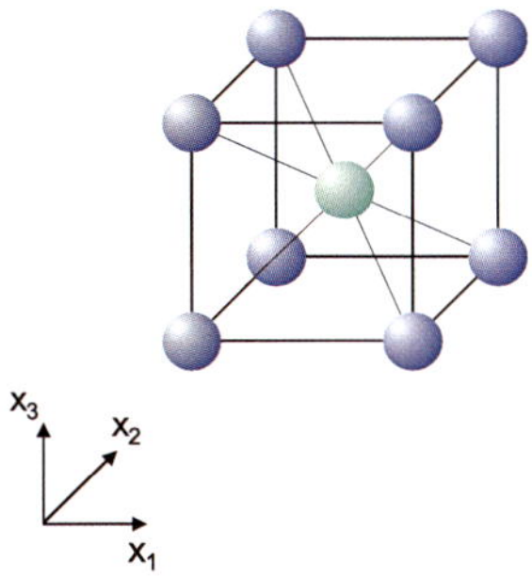

(b) BCCA.

Abbildung B.1: Zwei verschiedene regelmäßige Kugelpackungen.

Porosität ε_i gilt bzgl. der zwei hier betrachteten Packungen $i = \mathrm{SCCA}, \mathrm{BCCA}$:

$$\varepsilon_i = 1 - \gamma_i \frac{\pi \left(d_\mathrm{P}/2\right)^3}{a^3} \qquad \text{und} \qquad \varphi_i = 1 - \varepsilon_i, \tag{B.3}$$

wobei für die Koeffizienten γ_i und die minimal realisierbaren Porositäten $\varepsilon_{i,\min}$ die Beziehungen

$$\text{SCCA:} \quad \gamma_i = \frac{4}{3} \qquad \text{und} \qquad \varepsilon_{i,\min} = 1 - \frac{\pi}{6} \approx 0{,}476 \tag{B.4}$$

$$\text{BCCA:} \quad \gamma_i = \frac{8}{3} \qquad \text{und} \qquad \varepsilon_{i,\min} = 1 - \frac{\sqrt{3}\pi}{8} \approx 0{,}3198 \tag{B.5}$$

gelten.

Der zentrale Ansatz von Sangani und Acrivos ist eine Reihenentwicklung der dimensionslosen Widerstandskraft, die sich bei der Durchströmung einer Kugelpackung ergibt:

$$F_\mathrm{W}^* = \frac{F_\mathrm{W}}{3\pi\mu d_\mathrm{P} \left|\boldsymbol{v}_\infty\right| \mathrm{Cun}(d_\mathrm{P})}. \tag{B.6}$$

Die Reihenentwicklung nach dem Term

$$\frac{1 - \varepsilon_i}{\varepsilon_{i,\min}} \tag{B.7}$$

für F_W^* ist damit von der Topologie der Packung abhängig. Man erhält mit Gleichung (B.2) für jede der beiden Packungen eine Gleichung für die Permeabilität K_i, die vom Partikeldurchmesser

$$d_{\mathrm{P},i} = 2\left(\frac{1}{\gamma_i \pi}\varphi_i a^3\right)^{1/3}, \tag{B.8}$$

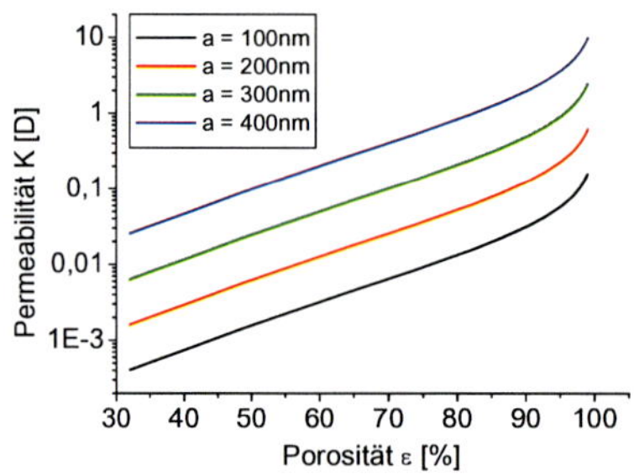

(a) Permeabilitäten eines Body-Centered-Cubic-Array für verschiedene Kantenlängen a der Gitterzellen in Abhängigkeit der Porosität nach Gleichung (B.9).

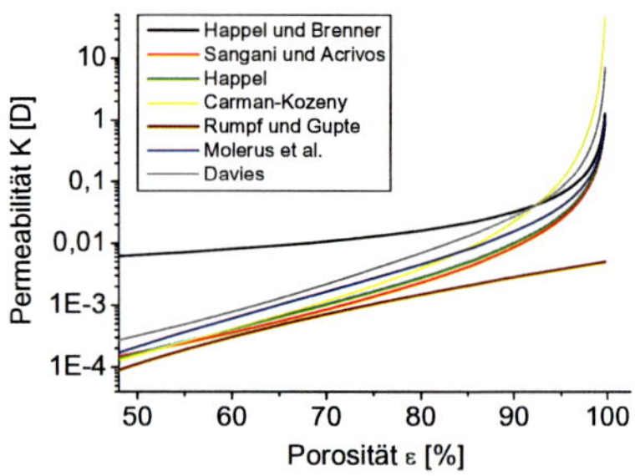

(b) Vergleich der Modelle zur Bestimmung der Permeabilität von Kugel- und Faserpackungen auf Basis eines SCCAs aus Tabelle B.1.

Abbildung B.2: Permeabilitäten für verschiedene strukturierte Kugelpackungen.

der Porosität $\varepsilon_i = 1 - \varphi_i$ und der Kantenlänge a einer Gitterzelle abhängig ist:

$$K_i = K_0 S_i^{-1} = \frac{2\mathrm{Cun}(d_\mathrm{P})}{9} \frac{\left(\frac{1}{\gamma_i \pi}\varphi_i a^3\right)^{\frac{2}{3}}}{\varphi_i S_i} \qquad \text{mit} \qquad S_i = \sum_{j=0}^{30} \alpha_{i,j} \left(\frac{1-\varepsilon_i}{\varepsilon_{i,\min}}\right)^{\frac{j}{3}}. \tag{B.9}$$

Hierbei gilt $i = \mathrm{SCCA}, \mathrm{BCCA}$. Die Koeffizienten $\alpha_{i,j}$ wurden von Sangani und Acrivos in [109] angegebenen.

In Abbildung B.2(a) sind die Werte der Permeabilität für verschiedene Kantenlängen der Gitterzellen a in Abhängigkeit der Porosität abgebildet. a variiert hierbei zwischen 100 nm bis 400 nm. Die Durchlässigkeit ist in dem Modell proportional zu $(1-\varepsilon)^{(-1/3)}$ und zu a^2, d. h. wenn die Porosität für eine feste Kantenlänge a steigt, nimmt auch die Permeabilität zu. Für eine feste Porosität ε und eine wachsende Kantenlänge a vergrößert sich die Durchlässigkeit der Packung ebenfalls. Insbesondere wird durch Abbildung deutlich, dass die Permeabilität über mehrere Größenordnungen für die hier relevanten Fälle variieren kann.

In den Arbeiten von Carman [17] wird die Permeabilität einer Schüttung von beliebig geformten Partikeln in Abhängigkeit der Porosität $0{,}3 < \varepsilon < 0{,}65$ und des oberflächengemittelten Partikeldurchmessers d_{32} durch einen semi-empirischen Ansatz bestimmt. Das entsprechende Modell ist in Tabelle B.1 aufgeführt, wobei der Wert für $k(\varepsilon)$ experimentell ermittelt wird. Für den Bereich $0{,}35 < \varepsilon < 0{,}45$ und annähernd kugelförmiger Partikel gleichen Durchmessers kann man nach Carman annehmen, dass die Ausgleichsfunktion $k(\varepsilon)$ konstant ist, und den Wert $k(\varepsilon) = 10$

annimmt. Bird et al. [10] geben in der so genannten Blake-Kozeny-Gleichung den gleichen Zusammenhang an, wobei der Wert von $k(\varepsilon)$ signifikant abweicht. Hierdurch wird deutlich, dass für ähnliche experimentelle Randbedingungen erhebliche Unterschiede bzgl. der Modelle resultieren können, wobei der Einfluss der Ursachen wie z. B. Inhomogenitäten der Packung oder Form- und Größenabweichungen nicht eindeutig geklärt sind.

Ein empirischer Ansatz für annähernd gleich große Kugeln und kleine Reynolds-Zahlen wird von Gupte und Rumpf in [107] vorgestellt, wobei auch hier der Porositätsbereich auf $0{,}35 < \varepsilon < 0{,}7$ eingeschränkt ist. In der Arbeit von Molerus et al. [88] wird eine ähnliche Beziehung präsentiert, die auch für $\varepsilon > 0{,}7$ gültig ist und insbesondere für $\varepsilon \rightarrow 1$ im Vergleich zu analytischen Modellen konsistent bleibt. Neben dem eingeschränkten Porositätsbereich der meisten empirischen Modelle kommt hinzu, dass die Packungsstruktur und damit die Porosität von Haftkräften zwischen den Kugeln dominiert werden, falls der Durchmesser klein genug ist. Müller gibt in [87] einen Kugeldurchmesser von $d_\mathrm{P} = 50\,\mu\mathrm{m}$ als untere Schranke für die Gültigkeit der obigen Beziehungen an, der allerdings von dem Material der Kugeln abhängig ist.

In Abbildung B.2(b) sind die Werte für die Permeabilität verschiedener Modelle für ein SCCA dargestellt. Der Partikeldurchmesser ist konstant gewählt ($d_\mathrm{P} = 169\,\mathrm{nm}$) und zur Variation der Porosität wurde die Kantenlänge a des zugrunde liegenden Gitters entsprechend geändert. Grundsätzlich weisen alle Modelle ein ähnliches Verhalten auf, wobei die Permeabilität für den Grenzfall einer einzelnen Kugelumströmung nach Happel und Brenner deutlich über den Werten der anderen Permeabilitäten liegt. Der Grund hierfür ist der zunehmende Einfluss der benachbarten Kugeln auf die Strömung, der die Durchlässigkeit der Packung deutlich reduziert und nicht mehr durch den Grenzfall abgedeckt wird. Für eine zunehmende Porosität und insbesondere $\varepsilon \rightarrow 1$ nähern sich die Werte des Modells von Sangani und Acrivos an den Grenzfall an, wobei auch die Permeabilitäten nach Molerus et al. und Happel für $\varepsilon > 0{,}95$ hiermit sehr gut übereinstimmen. Erwartungsgemäß weichen die Werte des Modells von Rumpf und Gupte für große Porositäten um ein bis zwei Größenordnungen von den anderen ab, und damit kann dieser Zusammenhang nicht zur Voraussage von Permeabilitäten herangezogen werden. Des Weiteren liegen die Werte des Modells von Carman und Kozeny für $\varepsilon > 0{,}90$ über den Permeabilitäten des Grenzfalls nach Happel und Brenner, und somit ist dieses Modell für große Porositäten nicht geeignet. Außerdem ist anzumerken, dass die Permeabilität der Kugelpackung mit dem Modell von Rumpf und Gupte unterschätzt wird, weil in dem Zusammenhang zwischen Porosität und Permeabilität die Cunningham-Korrektur nach Gleichung (5.15) nicht eingeht.

Zum Vergleich ist in Abbildung B.2(b) auch die Permeabilität einer Faserpackung nach Davies [24] in Abhängigkeit der Porosität eingetragen. Sie liegt für $\varepsilon < 0{,}92$ leicht oberhalb der Ergebnisse der anderen Modelle, jedoch deutlich unter der Permeabilität des Grenzfalls der Einzelkugelumströmung. Für $\varepsilon > 0{,}92$ wird die Durchlässigkeit im Vergleich zum Modell nach Happel und Brenner überschätzt, liegt allerdings unter der Permeabilität, die mit dem Zusammenhang nach Carman und Kozeny berechnet wird.

Insgesamt können damit sowohl das Modell von Sangani und Acrivos als auch die Modelle von Happel und Molerus et al. zum Vergleich mit den in dieser Arbeit untersuchten Kugelpackungen dienen. Der funktionale Zusammenhang nach Happel und Brenner ist dabei nur für sehr große Porositäten $\varepsilon > 98\,\%$ von Interesse, die in dieser Arbeit allerdings keine Rolle spielen.

Anhang C

Numerische und experimentelle Parameter

Parameter	Abb. 4.6(a)	Abb. 4.6(b)	Abb. 4.7
Re [−]	0,1	0,1	0,1
Kanallänge l_{K} [µm]	80	80	80
Kanalhöhe h_{K} [µm]	20	20	20
τ [−]	0,58-2	0,6	0,6
Δx [µm]	0,5	0,125; 0,25; 0,5; 1	0,125; 0,25; 0,5; 1
Anzahl Fluidzellen [−]	3200	800-51000	800-51000
Dimension	2D	2D	2D
Äquidistant?	ja	ja	ja
Adaptiv?	nein	nein	nein

Tabelle C.1: Simulation: Poiseuille-Strömung

Parameter	Abb. 4.9(a)	Abb. 4.9(b)	Abb. 4.10	Tab. 4.1
Re [−]	0,1	0,1	0,1	0,1
Kanallänge l_K [μm]	80	80	80	80
Kanalhöhe h_K [μm]	20	20	20	20
Kanalbreite b_K [μm]	20	20	20	4-20
τ [−]	0,58-2	0,6	0,6	0,6
Δx [μm]	0,5	0,125; 0,25; 0,5; 1	0,25; 0,5; 1	0,5
Anzahl Fluidzellen [−]	32000	8000-5,1 $\times 10^5$	8000-1,3 $\times 10^5$	32000
Dimension	3D	3D	3D	3D
Äquidistant?	ja	ja	ja	ja
Adaptiv?	nein	nein	nein	nein

Tabelle C.2: Simulation: Durchströmung eines Kanals mit rechteckigem Querschnitt.

Parameter	Tab. 4.2	Tab. 4.3 Symm.-RB	Tab. 4.3 Haft-RB	Abb. 4.13
Re [−]	-	-	0,1	0,1
$\boldsymbol{v}$ [m/s]	0,1-10	0,1	-	-
Permeabilität K [D]	1	0,01-100	0,01-100	0,1-10
Kanallänge l_K [μm]	-	-	80	80
Gebietslänge l_G [μm]	80	80	-	-
Kanalhöhe h_K [μm]	-	-	20	20
Gebietshöhe h_G [μm]	20	20	-	-
Länge perm. Gebiets a [μm]	20	20	80	80
τ [−]	0,6	0,6	0,6	0,6
Δx [μm]	0,25	0,25	0,25	0,25
Anzahl Fluidzellen [−]	12800	12800	12800	12800
Dimension	2D	2D	2D	2D
Äquidistant?	ja	ja	ja	ja
Adaptiv?	nein	nein	nein	nein

Tabelle C.3: Simulation: Durchströmung von Gebieten mit erhöhtem Strömungswiderstand.

Parameter	Abb. 4.18 LBM	Abb. 4.18 CFX	Abb. 4.19(a)	Abb. 4.19(b)
Re_F [−]	0,1	0,1	0,1	0,001-1
Gebietslänge l_G [µm]	76,8	76,8	76,8	76,8
Gebietshöhe h_G [µm]	25,6	25,6	25,6	25,6
Faserdurchmesser d_F [µm]	3,2	3,2	3,2	3,2
τ_max [−]	0,6	0,6	0,6	0,6
Δx_min [µm]	0,04; 0,08; 0,16	$\mathcal{O}$ (0,2 µm)	0,02; 0,04; 0,08; 0,16; 0,32	0,04
Δx_max [µm]	0,64	0,64	0,64	0,64
Anzahl Fluidzellen [−]	21300-95000	2×10^5	21300-2×10^5	95000
Dimension	2D	2D	2D	2D
Äquidistant?	nein	nein	nein	nein
Adaptiv?	nein	nein	nein	nein

Tabelle C.4: Simulation: Faserumströmung.

Parameter	Abb. 4.21 LBM	Abb. 4.21 CFX	Abb. 4.22(b)	Abb. 4.22(a)
Re_h [−]	0,1	0,1	0,1	0,001-1
Einlauflänge l_{EL} [µm]	20	20	20	20
Länge Verengung l_V [µm]	10	10	10	10
Breite Verengung d_h [µm]	4	4	4	4
Abstand Verengungen a [µm]	4	4	4	4
τ_{max} [−]	0,6	0,6	0,6	0,6
Δx_{min} [µm]	0,05; 0,1; 0,2	$\mathcal{O}$ (0,1 µm)	0,025; 0,05; 0,1; 0,2	0,1
Δx_{max} [µm]	0,4	0,4	0,4	0,4
Anzahl Fluidzellen [−]	30300-5,6 × 10^5	2,3 × 10^5	30300-1,1 × 10^6	1,9 × 10^5
Dimension	3D	3D	3D	3D
Äquidistant?	nein	nein	nein	nein
Adaptiv?	nein	nein	nein	nein

Tabelle C.5: Simulation: Drosselanströmung.

Parameter	Abb. 7.2	Abb. 7.4(a)	Abb. 7.4(b)	Abb. 7.5	Abb. 7.7	Abb. 7.8
Re_F [−]	0,1	0,1	0,1	0,1	1	0,001-1
l_G [µm]	76,8	76,8	76,8	76,8	76,8	76,8
h_G [µm]	25,6	25,6	12,8; 25,6; 51,2	25,6	25,6	25,6
d_F [µm]	1	1	1	1	1	1
d_P [nm]	10; 50; 100; 200; 300; 400	100	100	50; 100; 200; 400	100; 200; 400; 600	100
Poly-/Monodisp.	m	m	m	m	m	m
τ_{max} [−]	0,6	0,6	0,6	0,6	0,6	0,6
Δx_{min} [nm]	25	25; 50; 100	25	25	25	25
Δx_{max} [nm]	400	400	400	400	400	400
Anzahl Fluidzellen [−]	81900	23500-81900	81900	81900	81900	81900
Dimension	2D	2D	2D	2D	2D	2D
Äquidistant?	nein	nein	nein	nein	nein	nein
Adaptiv?	nein	nein	nein	nein	nein	nein

Tabelle C.6: Simulation: Initiale Filtrationseffizienz.

Parameter	Abb. 7.10	Abb. 7.11	Abb. 7.12	Abb. 7.13 & 7.14	Abb. 7.15	Abb. 7.16	Abb. 7.17
Re_F [–]	0,013	0,013	0,013-0,13	0,13	0,013	0,13	$1{,}3 \times 10^{-4}$ -0,13
K [D]	-	-	- & 0,0026	$2{,}6 \times 10^{-5}$ -0,26	-	-	
l_G [µm]	210	210	210	210	210	210	210
h_G [µm]	70	70	70	70	70	70	70
d_F [µm]	3	3	3	3	3	3	3
d_P [nm]	500	100	100-500	100	20-500	100-500	100
Poly-/monodisp.	m	m	m	m	m	m	m
τ_{max} [–]	0,6	0,6	0,6	0,6	0,6	0,6	0,6
Δx_{min} [nm]	7,8125	7,8125	7,8125	7,8125	7,8125	7,8125	7,8125
Δx_{max} [µm]	1	1	1	1	1	1	1
Anzahl Fluidzellen [–]	92800	92800	92800	92800	92800	92800	92800
Dimension	2D	2D	2D	2D	2D	2D	2D
Äquidistant?	nein	nein	nein	nein	nein	nein	nein
Adaptiv?	ja	ja	ja	ja	ja	ja	ja

Tabelle C.7: Simulation: Aufwachsende Strukturen.

Parameter	Abb. 2.6	Abb. 8.3	Abb. 8.4(a)	Abb. 8.4(b)	Abb. 8.6(a)	Abb. 8.6(a)	Abb. 8.6(a)	Abb. 8.6(b)	Abb. 8.6(b)	Abb. 8.6(b)
Reihe	-	-	-	-	E1	E2	E3	F1	F2	F3
Re_h [−]	0,229 - 0,123	0,1	1	0,2-1	0,611	0,526	0,386	0,24-0,73	0,21-0,63	0,23-0,54
l_{EL} [µm]	30	7	7	7	30	30	30	30	30	30
l_{AL} [µm]	30	0	0	0	30	30	30	30	30	30
l_{Pore} [µm]	0	10	10	10	0	0	0	0	0	0
l_V [µm]	0	2	2	2	0	0	0	0	0	0
r_V [µm]	14,25 - 12,75	0	0	0	14,1	13,8	12,9	14,1	13,8	12,9
d_h bzw. d_{SL} [µm]	3,5 - 6,5	4	4	4	3,8	4,4	6,2	3,8	4,4	6,2
c [µm]	16	8	8	8	16	16	16	16	16	16
d_P [nm]	-	100	100-400	100	84; 126; 169; 232	84; 126; 169; 232	84; 126; 169; 232	169	169	169
Poly-/monod.	-	m	m	m	p	p	p	p	p	p
τ_{max} [−]	0,6	0,6	0,6	0,6	0,6	0,6	0,6	0,6	0,6	0,6
Δx_{min} [nm]	50	50	50	50	50	50	50	50	50	50
Δx_{max} [nm]	200	200	200	200	200	200	200	200	200	200
Anzahl Fluidzellen [−]	$1{,}3 \times 10^5$	$1{,}3 \times 10^5$	$1{,}3 \times 10^5$	$1{,}3 \times 10^5$	$1{,}3 \times 10^5$	$1{,}3 \times 10^5$	$1{,}3 \times 10^5$	$1{,}3 \times 10^5$	$1{,}3 \times 10^5$	$1{,}3 \times 10^5$
Dimension	3D	3D	3D	3D	3D	3D	3D	3D	3D	3D
Äquidistant?	nein	nein	nein	nein	nein	nein	nein	nein	nein	nein
Adaptiv?	nein	nein	nein	nein	nein	nein	nein	nein	nein	nein

Tabelle C.8: Simulation: Klassifizierung der Proben und aufwachsende Strukturen.

Parameter	Abb. 8.7	Abb. 8.7	Abb. 8.7	Abb. 8.8	Abb. 8.9 & 8.10	Abb. 8.11	Abb. 8.16	Abb. 8.17	Abb. 8.18	Abb. 8.19 & 8.20
Reihe	G1	G2	G3	-	-	-	-	-	-	-
Re_h [−]	0,15-0,46	0,23-0,54	0,23-0,62	0,1-1	0,1	0,01-1	0,1	0,1	0,1	0,21-0,63
l_{EL} [µm]	30	30	30	30	30	30	30	30	30	30
l_{AL} [µm]	30	30	30	30	30	30	30	30	30	30
l_V [µm]	0	0	0	0	0	0	5	5	5	5
r_V [µm]	12,9	12,9	12,9	14	14	14	2	2	2	1,8
d_h bzw. d_{SL} [µm]	6,2	6,2	6,2	4	4	4	4	4	4	4,4
c [µm]	16	16	16	16	16	16	4	4	4	4
d_P [nm]	126	169	232	20-600	20-600	100	100	100	100	169
Poly-/monod.	p	p	p	p	p	p	m	m	m	m
τ_{max} [−]	0,6	0,6	0,6	0,6	0,6	0,6	0,6	0,6	0,6	0,6
Δx_{min} [nm]	50	50	50	50	50	50	25	25	25	25
Δx_{max} [nm]	200	200	200	200	200	200	200	200	200	200
Anzahl Fluidzellen [−]	$1{,}3 \times 10^5$	$1{,}3 \times 10^5$	$1{,}3 \times 10^5$	$1{,}3 \times 10^5$	$1{,}3 \times 10^5$	$1{,}3 \times 10^5$	$2{,}6 \times 10^5$	$2{,}6 \times 10^5$	$2{,}6 \times 10^5$	$2{,}6 \times 10^5$
Dimension	3D	3D	3D	3D	3D	3D	3D	3D	3D	3D
Äquidistant?	nein	nein	nein	nein	nein	nein	nein	nein	nein	nein
Adaptiv?	nein	nein	nein	nein	nein	nein	ja	ja	ja	ja
r [%]	-	-	-		-	-	0,5	0,5	0,5-10	0,5
N_{AP}	-	-	-		-	-	20	20	20	20

Tabelle C.9: Simulation: Aufwachsende Strukturen.

Parameter	Abb. 8.28 & 8.29	Abb. 8.30 & 8.31	Tab. 8.4
Reihe	-	K	L
$\mathrm{Re_h}$ [−]	0,17	0,001-1	0,1
l_{EL} [µm]	30	30	30
l_{AL} [µm]	30	30	30
l_{V} [µm]	5	5	5
r_{V} [µm]	2	1,8	4,2-2,9
d_{h} bzw. d_{SL} [µm]	4	4,4	3,8-6,2
c [µm]	4	4	6
d_{P} [nm]	126	169	169
Poly-/monodisp.	m	m	m
$\tau_{\max}$ [−]	0,6	0,6	0,6
$\Delta x_{\min}$ [nm]	25	25	25
$\Delta x_{\max}$ [nm]	200	200	200
Anzahl Fluidzellen [−]	$2{,}6 \times 10^5$	$2{,}6 \times 10^5$	$2{,}6 \times 10^5$
Dimension	3D	3D	3D
Äquidistant?	nein	nein	nein
Adaptiv?	ja	ja	ja
r [%]	1	1	1
N_{AP}	40	40	40

Tabelle C.10: Simulation: Aufwachsende Strukturen.

Parameter	Tabelle 2.1	Tabelle 2.1	Tabelle 2.1	Tabelle 2.1
Gruppe	1. Gruppe	2. Gruppe	3. Gruppe	4. Gruppe
$\mathrm{Re_{SL}}$ [−]	0,131	0,182	0,201	0,213
a [µm]	32	32	32	32
d_{SL} [µm]	6,2	4,4	4,0	3,8
d_{P} [nm]	-	-	-	-
Poly-/monodisp.	-	-	-	-
$\dot{V}_{\mathrm{CAST}}$ [l/min]	-	-	-	-
$\dot{V}_{\mathrm{Probe}}$ [l/min]	0,22	0,22	0,22	0,22
$\alpha_{\mathrm{RV},1} = \alpha_{\mathrm{RV},2}$ [−]	-	-	-	-

Tabelle C.11: Experiment: Klassifizierung der Proben.

Parameter	Abb. 3.5	Abb. 8.6(a) & 8.13	Abb. 8.6(a) & 8.12 & 8.13	Abb. 8.6(a) & 8.13	Abb. 8.6(b)	Abb. 8.6(b) & 8.15	Abb. 8.6(b)
Reihe		E1	E2	E3	F1	F2	F3
Re_{SL} [−]	0,611	0,611	0,526	0,386	0,24-0,73	0,21-0,63	0,23-0,54
a [µm]	32	32	32	32	32	32	32
d_{SL} [µm]	3,8	3,8	4,4	6,2	3,8	4,4	6,2
d_P [µm]	126	84; 126; 169; 232	84; 126; 169; 232	84; 126; 169; 232	169	169	169
Poly-/monodisp.	p	p	p	p	p	p	p
$\dot{V}_{CAST}$ [l/min]	14	14	14	14	14	14	14
$\dot{V}_{Probe}$ [l/min]	0,5	0,5	0,5	0,5	0,2; 0,3; 0,4; 0,5; 0,6	0,2; 0,3; 0,4; 0,5; 0,6	
$\alpha_{RV,1} = \alpha_{RV,2}$ [−]	68,2	68,2	68,2	68,2	68,2	68,2	68,2

Tabelle C.12: Experiment: Aufwachsende Strukturen.

Parameter	Abb. 8.7	Abb. 8.7 & 8.14	Abb. 8.7	Abb. 8.19 & 8.20	Abb. 8.22	Abb. 8.24	Abb. 8.26
Reihe	G1	G2	G3	-	H	I	J
Re_{SL} $[-]$	0,15-0,46	0,23-0,54	0,23-0,62	0,21-0,63	0,17	0,52	0,17
a [µm]	32	32	32	32	32	32	32
d_{SL} [µm]	6,2	6,2	6,2	4,4	4,0	4,0	4,0
d_P [nm]	126	169	232	169	126	126	232
Poly-/monodisp.	p	p	p	p	p	p	p
$\dot{V}_{CAST}$ [l/min]	14	14	14	14	14	14	14
$\dot{V}_{Probe}$ [l/min]	0,2; 0,3; 0,4; 0,5; 0,6	0,3; 0,4; 0,5; 0,6; 0,7; 0,8	0,3; 0,4; 0,5; 0,6; 0,7; 0,8	0,2; 0,5; 0,6	0,2	0,6	0,2
$\alpha_{RV,1} = \alpha_{RV,2}$ $[-]$	68,2	68,2	68,2	68,2	68,2	68,2	68,2

Tabelle C.13: Experiment: Aufwachsende Strukturen.

Literaturverzeichnis

[1] AFTOSMIS, M.J., M.J. BERGER und J.E. MELTON: *Adaptive Cartesian mesh generation.* Citeseer, 1999.

[2] ANSYS, INC.: *ANSYS CFX-Solver Theory Guide.* ANSYS CFX Release, 11, 2007.

[3] BARTHAZY, E., O. STETZER, C. DERUNGS, S. WAHLEN und U. LOHMANN: *Charakterisierung eines Propan-Russ-Generators.* Meteorologentagung DACH 2007, 1(DACH 2007-A-00115), 2007.

[4] BASSET, A.B.: *A Treatise on Hydrodynamics.* Deighton, Bell and Co., 1888.

[5] BECKER, C., B. REINSCH, M. STROBEL, H.P. FRISSE und A. FRITSCH: *Dieselpartikelfilter aus Cordierit-Aufbau und Regenerationsmanagement.* MTZ-Motortechnische Zeitschrift, 69(6):494–501, 2008.

[6] BELOV, E.B., S.V. LOMOV, I. VERPOEST, T. PETERS, D. ROOSE, R.S. PARNAS, K. HOES und H. SOL: *Modelling of Permeability of Textile Reinforcements: Lattice Boltzmann Method.* Composites Science and Technology, 64(7):1069–1080, 2004.

[7] BHATNAGAR, P. und M. KROOK: *A Model of Collision Processes in Gases.* Physical Review Letters, 94:511–525, 1954.

[8] BHATTACHARYA, P.: *Efficient Neighbor Finding Algorithms in Quadtree and Octree.* Diplomarbeit, Department of Computer Science and Engineering, India Institute of Technology, Kanpur, 2001.

[9] BIGGS, M.J., S.J. HUMBY, A. BUTS und U. TÜZÜN: *Explicit Numerical Simulation of Suspension Flow with Deposition in Porous Media: Influence of Local Flow Field Variation on Deposition Processes Predicted by Trajectory Methods.* Chemical Engineering Science, 58(7):1271–1288, 2003.

[10] BIRD, R. B., W. E. STEWART und E. N. LIGHTFOOT: *Transport Phenomena.* Wiley, New York, 1960.

[11] BLATT, N.: *Charakterisierung von Rußaerosolen durch thermische Analyse.* Diplomarbeit, Forschungszentrum Karlsruhe, Dezember 2002.

[12] BOCKHORN, H.: *Soot Formation in Combustion.* Springer, 1995.

[13] BOUZIDI, M., M. FIRDAOUSS und P. LALLEMAND: *Momentum Transfer of a Boltzmann-Lattice Fluid with Boundaries.* Physics of Fluids, 13(11):3452–3459, 2001.

[14] BRINKMANN, H. C.: *On the Permeability of Media Consisting of Closely Packed Porous Particles.* Applied Scientific Research, 1(1):81, 1947.

[15] BROWN, D.M., M.R. WILSON, W. MACNEE, V. STONE und K. DONALDSON: *Size-Dependent Proinflammatory Effects of Ultrafine Polystyrene Particles: A Role for Surface Area and Oxidative Stress in the Enhanced Activity of Ultrafines.* Toxicology and Applied Pharmacology, 175(3):191–199, 2001.

[16] BROWN, R.: *A Brief Account of Microscopical Observations Made in the Month on June, July and August 1828 on the Particles Contained in the Pollen of Plants and on the General Existence of Active Molecules in Organic and Inorganic Bodies.* Philosophical Magazine, 4:161–173, 1828.

[17] CARMAN, P. Z.: *Flow of Gases Through Porous Media.* Butterworths, 1956.

[18] CHAPMAN, S. und T. G. COWLING: *The Mathematical Theory of Non-Uniform Gases.* Cambridge University Press, 1990.

[19] CHOPARD, B. und M. DROZ: *Cellular Automata Modeling of Physical Systems.* Cambridge University Press, 1998.

[20] COURANT, R., K. FRIEDRICHS und H. LEWY: *Über die partiellen Differenzengleichungen der mathematischen Physik.* Mathematische Annalen, 100(1):32–74, 1928.

[21] CROUSE, B.: *Lattice-Boltzmann Strömungssimulationen auf Baumdatenstrukturen.* Doktorarbeit, Lehrstuhl fur Bauinformatik, Technische Universitat München, 2003.

[22] CROWE, C.T., M. SOMMERFELD und Y. TSUJI: *Multiphase Flows With Droplets and Particles.* CRC Press, 1998.

[23] DAVIES, C.N.: *Definitive Equations for the Fluid Resistance of Spheres.* Proceedings of the Physical Society, 57:259–270, 1945.

[24] DAVIES, C.N.: *The Separation of Airborne Dust and Particles.* Proceedings of the Institution of Mechanical Engineers, 1:185–213, 1952.

[25] DAVIES, C.N.: *Aerosol Science.* Academic Press, 1966.

[26] Dunnett, S.J. und C.F. Clement: *A Numerical Study of the Effects of Loading from Diffusive Deposition on the Efficiency of Fibrous Filters.* Journal of Aerosol Science, 37(9):1116–1139, 2006.

[27] Dunnett, S.J. und C.F. Clement: *A Study of the Effect of Particulate Deposit Upon Fibrous Filter Efficiency.* In: *Journal of Physics: Conference Series*, Band 151, 2009.

[28] Einstein, A.: *Über die von der molekularkinetischen Theorie der Wärme geforderte Bewegung von in ruhenden Flüssigkeiten suspendierten Teilchen.* Annalen der Physik, 322(8):549–560, 1905.

[29] Environmental Protection Agency: *Control of Air Pollution From New Motor Vehicles: Tier 2 Motor Vehicle Emissions Standards and Gasoline Sulfur Control Requirements*, February 2000.

[30] Europäisches Parlament und Rat der europäischen Union: *Richtlinie 98/69/EG*, Oktober 1998.

[31] Europäisches Parlament und Rat der europäischen Union: *Verordnung 2007/715/EC*, Juni 2007.

[32] Feller, W.: *An introduction to probability theory and its applications.* Wiley, 1966.

[33] Filippova, O. und D. Hänel: *Lattice-Boltzmann Simulation of Gas-Particle Flow in Filters.* Computers & Fluids, 26(7):697–712, 1997.

[34] Filippova, O. und D. Hänel: *Grid Refinement for Lattice-BGK Models.* Journal of Computational Physics, 147(1):219–228, 1998.

[35] Friedlander, S.K.: *Smoke, Dust, and Haze.* Wiley-Interscience, 2000.

[36] Frisch, U., B. Hasslacher und Y. Pomeau: *Lattice-Gas Automata for the Navier-Stokes Equation.* Physical Review Letters, 56(14):1505–1508, 1986.

[37] Gehrke, I.: *Metallische Mikrosiebe: Mikrotechnische Herstellung und filtertechnische Charakterisierung.* Doktorarbeit, Ruhr-Universität Bochum, 2007.

[38] Gimmler, M.: *Bestimmung der klimarelevanten Absorptions- und Streueigenschaften von Verbrennungsrußaerosolen.* Diplomarbeit, Forschungszentrum Karlsruhe, 2003.

[39] GSCHAIDER, B.F.W., C.C. HONEGER, C.E.P. REDL und J. LEIXNERING: *Soot Particle Deposition within Porous Structures Using a Method of Moments-Lattice Boltzmann Approach.* In: *Computational Science - ICCS*, Band 3039 der Reihe *Lecture Notes in Computer Science*, Kraków, Poland, 2004.

[40] HAMAKER, H.C.: *The London-van der Waals Attraction Between Spherical Particles.* Physica, 4(10):1058–1072, 1937.

[41] HÄNEL, D.: *Molekulare Gasdynamik.: Einführung in die kinetische Theorie der Gase und Lattice-Boltzmann-Methoden.* Springer, 2004.

[42] HANSEN, J. und L. NAZARENKO: *Soot Climate Forcing via Snow und Ice Albedos.* Proceedings of the National Academy of Sciences, 101(2):423–428, 2004.

[43] HAPPEL, J.: *Viscous Flow Relative to Arrays of Cylinders.* AIChE Journal, 5(2), 1959.

[44] HAPPEL, J. und H. BRENNER: *Low Reynolds Number Hydrodynamics: With Special Applications to Particulate Media.* Kluwer, 1983.

[45] HARRIS, S.J. und M.M. MARICQ: *Signature Size Distributions for Diesel and Gasoline Engine Exhaust Particulate Matter.* Journal of Aerosol Science, 32(6):749–764, 2001.

[46] HASIMOTO, H.: *On the Periodic Fundamental Solutions of the Stokes Equations and their Applications to Viscous Flow Past a Cubic Array of Cylinders.* Journal of Fluid Mechanics, 5:317–328, 1959.

[47] HAYASHI, H. und S. KUBO: *Computer Simulation Study on Filtration of Soot Particles in Diesel Particulate Filter.* Computers and Mathematics with Applications, 55(7):1450–1460, 2008.

[48] HE, X. und L.S. LUO: *Lattice Boltzmann Model for the Incompressible Navier-Stokes Equation.* Journal of Statistical Physics, 88(3):927–944, 1997.

[49] HILLER, R.: *Der Einfluß von Partikelstoß und Partikelhaftung auf die Abscheidung in Faserfiltern.* Doktorarbeit, Universität Karlsruhe, 1981.

[50] HILLER, R. und F. LÖFFLER: *Influence of Particle Impact and Adhesion on the Collection Efficiency of Fibre Filters.* Ger. Chem. Eng, 3:327–332, 1980.

[51] HOBBS, P.V. und M.P. MCCORMICK: *Aerosols and Climate.* A Deepak Pub, 1988.

[52] HOMANN, K.H.: *Fulleren- und Rußbildungs-Wege zu großen Teilchen in Flammen.* Angewandte Chemie, 110(18):2572–2590, 1998.

[53] ISRAELACHVILI, J.N.: *Intermolecular and Surface Forces.* Academic Press London, 1992.

[54] JACOB, D.J.: *Heterogeneous Chemistry und Tropospheric Ozone.* Atmospheric Environment, 34(12-14):2131–2159, 2000.

[55] JING, L.: *Neuer Russgenerator für Verbrennungsteilchen zur Kalibrierung von Partikelmessgeräten.* Ofmet, 7:1–5, 2000.

[56] JORDAN, F.: *Untersuchungen zum Partikelabscheideverhalten submikroner Partikel in Faserfiltern im elektrischen Feld.* Doktorarbeit, Gerhard-Mercator-Universität Duisburg, 2001.

[57] KANAOKA, C., H. EMI, S. HIRAGI und J. MYOJO: *Morphology of Particulate Agglomerates on a Cylindrical Fiber and a Collection Effciency of a Dust Loaded Fiber.* In: *Aerosol Conference*, Band 674, Berlin, 1986.

[58] KANAOKA, C., H. EMI und T. MYOJO: *Simulation of the Growing Process of a Particle Dendrite and Evaluation of a Single Fiber Collection Efficiency with Dust Load.* Journal of Aerosol Science, 11:377–389, 1980.

[59] KANAOKA, C., H. EMI und W. TANTHAPANICHAKOON: *Convective Diffusional Deposition and Collection Efficiency of Aerosol on a Dust-Loaded Fiber.* AIChE Journal, 29(6), 1983.

[60] KARADIMOS, A. und R. OCONE: *The Effect of the Flow Field Recalculation on Fibrous Filter Loading: A numerical simulation.* Powder Technology, 137(3):109–119, 2003.

[61] KIKKINIDES, E.S., K.A. STOITSAS, V.T. ZASPALIS und V.N. BURGANOS: *Simulation of Structural and Permeation Properties of Multi-Layer Ceramic Membranes.* Journal of Membrane Science, 243(1-2):133–141, 2004.

[62] KIRSCH, A.A. und I.B. STECHKINA: *The Theory of Aerosol Filtration with Fibrous Filters.* In: SHAW, D.T. (Herausgeber): *Fundamentals of aerosol science.* Wiley, 1978.

[63] KITTEL, C. und H. KRÖMER: *Thermodynamik.* Oldenbourg Wissenschaftsverlag, 2001.

[64] KOBLMILLER, U.: *Entwicklung von Messverfahren zur Charakterisierung von Cordierit-Wabenkörpern nach thermochemischer Vorschädigung.* Diplomarbeit, Universität Karlsruhe, 2005.

[65] KOCH, D. und J. HANSEN: *Distant Origins of Arctic Black Carbon: A Goddard Institute for Space Studies Model Experiment.* Journal of Geophysical Research, 110:4204, 2005.

[66] KONSTANDOPOULOS, A.G.: *Deposit Growth Dynamics: Particle Sticking and Scattering Phenomena.* Powder Technology, 109(1-3):262–277, 2000.

[67] KONSTANDOPOULOS, A.G., M. KOSTOGLOU, N. VLACHOS und E. KLADOPOULOU: *Progress in Diesel Particulate Filter Simulation.* SAE Paper, 2005-01-0946, 2005.

[68] KONSTANDOPOULOS, A.G., M. KOSTOGLOU, N. VLACHOS und E. KLADOPOULOU: *Advances in the Science and Technology of Diesel Particulate Filter Simulation.* Advances in Chemical Engineering, 33:214, 2008.

[69] KOSTOGLOU, M. und A.G. KONSTANDOPOULOS: *Particulate Deposit Shape Evolution on Cylinders in Cross-Flow at High Stokes Numbers.* Journal of Aerosol Science, 31(4):427–436, 2000.

[70] KÖRNER, C., T. POHL, U. RÜDE, N. THÜREY und T. ZEISER: *Parallel Lattice Boltzmann Methods for CFD Applications.* Lecture Notes in Computational Science and Engineering, 51:439, 2005.

[71] KRUPP, H.: *Particle Adhesion: Theory and Experiments.* Journal of Advances in Colloid, 1:111–239, 1967.

[72] KUWABARA, S.: *The Forces Experienced by Randomly Distributed Parallel Circular Cylinders or Spheres in a Viscous Flow at Small Reynolds Numbers.* Journal of the Physical Society of Japan, 14(4):527, 1959.

[73] LAMB, H.: *Hydrodynamics.* Dover Publications, 1945.

[74] LANTERMANN, U.: *Simulation der Transport- und Depositionsvorgänge von Nanopartikeln in der Gasphase mittels Partikel-Monte-Carlo-und Lattice-Boltzmann-Methoden.* Doktorarbeit, Universität Duisburg-Essen, 2006.

[75] LEHMANN, M.J.: *Untersuchung zur Struktur und zur Beladungskinetik von Tiefenfiltern.* Doktorarbeit, Universität Karlsruhe, 2005.

[76] LIFSHITZ, J.M.: *The Theory of Molecular Attractive Forces Between Solids.* Soviet Physics JETP, 2(1), 1956.

[77] MAGNAUDET, J.J.M.: *The Forces Acting on Bubbles and Rigid Particles.* In: *ASME Fluids Engineering Division Summer Meeting, FEDSM*, 1997.

[78] MATHIS, U., R. KAEGI, M. MOHR und R. ZENOBI: *TEM Analysis of Volatile Nanoparticles from Particle Trap Equipped Diesel and Direct-Injection Spark-Ignition Vehicles.* Atmospheric Environment, 38(26):4347–4355, 2004.

[79] MATTER ENGINEERING AG, CH-WOHLEN: *Raw Gas Dilution for Aerosols and Gases Type MD19-2E.* Operation Handbook, 2003.

[80] MATTER ENGINEERING AG, CH-WOHLEN: *CAST 2 Combustion Aerosol Standard.* Operation Handbook, 2005.

[81] MAXWELL, J.C.: *Illustrations of the Dynamical Theory of Gases.* Philosophical Magazine, 19:19–32, 1860.

[82] MCNAMARA, G. R. und G. ZANETTI: *Use of the Boltzmann Equation to Simulate Lattice Gas Automata.* Physical Review Letters, 61:2332–2335, 1988.

[83] MEI, R.: *An Approximate Expression for the Shear Lift Force on a Spherical Particle at Finite Reynolds Number.* International Journal of Mltiphase Flow, 18(1):145–147, 1992.

[84] MERKER, G.P. und G. STIESCH: *Technische Verbrennung, motorische Verbrennung.* Teubner, 1999.

[85] MESCHEDE, D. und H. VOGEL: *Gerthsen Physik.* Springer, 2006.

[86] MICHAELIDES, E.E.: *A Novel Way of Computing the Basset Term in Unsteady Multiphase Flow Computations.* Physics of Fluids A: Fluid Dynamics, 4:1579, 1992.

[87] MÜLLER, W.: *Mechanische Grundoperationen und ihre Gesetzmäßigkeiten.* Oldenbourg Wissenschaftsverlag, 2007.

[88] MOLERUS, O. und H. RUMPF: *Die Porositätsfunktion in empirischen Gleichungen für den Durchströmungswiderstand im Bereich* $\mathrm{Re} \leq 1$. Chemie Ingenieur Technik, 43(6):376–378, 1971.

[89] MUNTEAN, G., D. RECTOR, D. HERLING, M. KHALEEL und D.L. LESSOR: *Lattice-Boltzmann Diesel Particulate Filter Sub-Grid Modelling - A Progress Report.* SAE Paper, 2003-FL-46, 2003.

[90] OBERDORSTER, G., Z. SHARP, V. ATUDOREI, A. ELDER, R. GELEIN, W. KREYLING und C. COX: *Translocation of Inhaled Ultrafine Particles to the Brain.* Inhalation Toxicology, 16:437–445, 2004.

[91] ODAR, F.: *Verification of the Proposed Equation for Calculation of the Forces on a Sphere Accelerating in a Viscous Fluid.* Journal of Fluid Mechanics Digital Archive, 25(03):591–592, 2006.

[92] ODAR, F. und W.S. HAMILTON: *Forces on a Sphere Accelerating in a Viscous Fluid.* Journal of Fluid Mechanics Digital Archive, 18(02):302–314, 2006.

[93] OH, Y.W., K.J. JEON, A.I. JUNG und Y.W. JUNG: *A Simulation Study on the Collection of Submicron Particles in a Unipolar Charged Fiber.* Aerosol Science and Technology, 36(5):573–582, 2002.

[94] OPRIS, C.N.: *A Computational Model Based on the Flow, Filtration, Heat Transfer and Reaction Kinetics Theory in a Porous Ceramic Diesel Particulate Trap.* Doktorarbeit, Michigan Technological University, 1997.

[95] OSEEN, C.W.: *Neuere Methoden und Ergebnisse in der Hydrodynamik.* Akademische Verlagsgesellschaft m. b. H., 1927.

[96] PARK, K., F. CAO, D.B. KITTELSON und P.H. MCMURRY: *Relationship Between Particle Mass and Mobility for Diesel Exhaust Particles.* Environmental Science Technology, 37(3):577–583, 2003.

[97] PAYATAKES, A.C.: *Model of Transient Aerosol Particle Deposition in Fibrous Media with Dendritic Pattern.* AIChE Journal, 23(2):192–202, 1977.

[98] PAYATAKES, A.C. und L. GRADOŃ: *Dendritic Deposition of Aerosols by Convective Brownian Diffusion for Small, Intermediate and High Particle Knudsen Numbers.* AIChE Journal, 26(3), 1980.

[99] PECK, R.S.: *Experimentelle Untersuchung und dynamische Simulation von Oxidationskatalysatoren und Diesel-Partikelfiltern.* Doktorarbeit, Universität Stuttgart, 2006.

[100] PRZEKOP, R. und L. GRADOŃ: *Deposition and Filtration of Nanoparticles in the Composites of Nano- and Microsized Fibers.* Aerosol Science and Technology, 42(6):483–493, 2008.

[101] PRZEKOP, R., A. MOSKAL und L. GRADOŃ: *Lattice-Boltzmann Approach for Description of the Structure of Deposited Particulate Matter in Fibrous Filters.* Journal of Aerosol Science, 34(2):133–147, 2003.

[102] QUIAN, Y. H., D. D'HUMIERES und P. LALLEMAND: *Lattice BGK Models for Navier Stokes Equations.* Europhysics Letters, 17(6):479–484, 1992.

[103] REMBOR, H.J.: *Das Verhalten von Tiefenfiltern bei zunehmender Beladung.* Doktorarbeit, Universität Karlsruhe, 2002.

[104] ROBERT BOSCH GMBH: *Projekt: Thermochemisch residentes Cordierit für Dieselpartikelfilter (CorTRePa), Zentrale Forschung und Vorausentwicklung,* 2008.

[105] ROTHMAN, D.H. und S. ZALESKI: *Lattice Gas Cellular Autumata. Simple Models of Complex Hydrodynamics.* Cambridge University Press, 1997.

[106] RUBINOW, S.I. und J.B. KELLER: *The Transverse Force on a Spinning Sphere Moving in a Viscous Fluid.* Journal of Fluid Mechanics Digital Archive, 11(03):447–459, 2006.

[107] RUMPF, H. und A. R. GUPTE: *Einflüsse der Porosität und Korngrößenverteilung im Widerstandsgesetz der Porenströmung.* Chemie Ingenieur Technik, 43(6):367–375, 1971.

[108] SAFFMAN, P.G.: *The Lift on a Small Sphere in a Slow Shear Flow.* Journal of Fluid Mechanics Digital Archive, 22(02):385–400, 2006.

[109] SANGANI, A.S. und A. ACRIVOS: *Slow Flow Past Periodic Arrays of Cylinders with Application to Heat Transfer.* International Journal of Multiphase Flow, 8(3):193–206, 1982.

[110] SCHMIDT, K.: *Dreidimensionale Modellierung von Filtermedien und Simulation der Partikelabscheidung auf der Mikroskala im Dieselrußpartikelfilter.* Doktorarbeit, Technische Universität Kaiserslautern, In Vorbereitung.

[111] SCHOLLMEIER, S.: *Beladungskinetik von Faserfiltern - Beladungskinetik einzelner Filterfasern.* Doktorarbeit, Universität Karlsruhe, 2008.

[112] SHAN, X. und X. HE: *Discretization of the Velocity Space in Solution of the Boltzmann Equation.* Physical Review Letters, Seiten 65–68, 1998.

[113] SMOLUCHOWSKI, M. VON: *Zur kinetischen Theorie der Brownschen Molekularbewegung und der Suspensionen.* Annalen der Physik, 326(14):756–780, 1906.

[114] SOMMERFELD, M.: *Grundlagen der Mechanischen Verfahrenstechnik.* 2001.

[115] SPAID, M.A.A. und F.R. PHELAN: *Lattice Boltzmann Methods for Modeling Microscale Flow in Fibrous Porous Media.* Physics of Fluids, 9(9):2468–2474, 1997.

[116] SPAID, M.A.A. und F.R. PHELAN: *Modeling Void Formation Dynamics in Fibrous Porous Media with the Lattice Boltzmann Method.* Composites Part A: Applied Science and Manufacturing, 29(7):749–755, 1998.

[117] SPURK, J.: *Strömumgslehre.* Springer, Berlin, 1993.

[118] STAR-CD: *User Guide and Methology.* Computational Dynamics Ltd., 2001.

[119] Stewart, M., D. Rector, G. Muntean und G. Maupin: *Ceramics in Environment Applications-A Mechanistic Model for Particle Deposition in Diesel Particulate Filters Using the Lattice Boltzmann Technique.* In: *Ceramic Engineering and Science Proceedings*, Band 25, Seiten 437–446. American Ceramic Society, 2004.

[120] Succi, S.: *The Lattice Boltzmann Equation for Fluid Dynamics and Beyond.* Oxford University Press, 2001.

[121] Succi, S., I.V. Karlin und H. Chen: *Role of the H-Theorem in Lattice Boltzmann Hydrodynamic Simulations.* Reviews of Modern Physics, 74(4):1203–1220, 2002.

[122] Sydbom, A., A. Blomberg, S. Parnia, N. Stenfors, T. Sandstrom und S.E. Dahlen: *Health Effects of Diesel Exhaust Emissions.* European Respiratory Journal, 17(4):733–746, 2001.

[123] Tabor, D. und R.H.S. Winterton: *The Direct Measurement of Normal and Retarded van der Waals Forces.* Proceedings of the Royal Society of London. Series A, Mathematical and Physical Sciences, 312(1511):435–450, 1969.

[124] Tassopoulos, M., J.A. O'Brien und D.E. Rosner: *Simulation of Microstructure/Mechanism Relationships in Particle Deposition.* AIChE journal, 35(6):967–980, 1989.

[125] Tatom, F.B.: *The Basset Term as a Semiderivative.* Flow, Turbulence and Combustion, 45(3):283–285, 1988.

[126] Teike, G., M. Dietzel, B. Michaelis, H. Schomburg und M. Sommerfeld: *Multiscale Lattice-Boltzmann simulation of particle deposition on surfaces influenced by an electrical field.* In: *6th International Conference on Multiphase Flow*, Leipzig, 2007.

[127] Tölke, J.: *Gitter-Boltzmann-Verfahren zur Simulation von Zweiphasenströmungen.* Doktorarbeit, Technische Universität München, 2001.

[128] TSI Incorporated, USA: *Model 3080-Series Electrostatic Classifiers.* Operation Handbook, 2004.

[129] TSI Incorporated, USA: *Model 3785 Water-based Condensation Particle Counter.* Operation Handbook, 2004.

[130] Verband der Automobilindustrie e. V.: *Jahresbericht.* 2008.

[131] Vlachos, N. und A.G. Konstandopoulos: *Digital Materials Methods for DPF Development.* SAE Paper, 2006-01-0260, 2006.

[132] Warnatz, J., U. Maas und R.W. Dibble: *Verbrennung.* Springer, 2001.

[133] Wiener, N.: *Generalized Harmonic Analysis.* Acta Mathematica, 55(1):117–258, 1930.

[134] Wolf-Gladrow, D.: *A Lattice Boltzmann Equation for Diffusion.* Journal of Statistical Physics, 79(5):1023–1032, 1995.

[135] Wolfram, S.: *Cellular automaton fluids 1: Basic theory.* Journal of Statistical Physics, 45(3):471–526, 1986.

[136] Yamamoto, K., S. Satake und H. Yamashita: *Microstructure and Particle-Laden Flow in Diesel Particulate Filter.* International Journal of Thermal Sciences, 48(2):303–307, 2009.

[137] Yamamoto, K., S. Satake, H. Yamashita, N. Takada und M. Misawa: *Lattice Boltzmann Simulation on Porous Structure and Soot Accumulation.* Mathematics and Computers in Simulation, 72(2-6):257–263, 2006.

[138] Yamamoto, K., S. Satake, H. Yamashita, N. Takada und M. Misawa: *Lattice Boltzmann Simulation on Flow with Soot Accumulation in Diesel Particulate Filter.* International Journal of Modern Physics C, 18(4):528–535, 2007.

Lebenslauf

Persönliche Daten

Name:	Helmut Schomburg
Akademischer Grad:	Diplom-Mathematiker
Geburtsdatum:	09. Januar 1979
Geburtsort:	Aurich
Staatsangehörigkeit:	deutsch
Wohnsitz:	Walter-Helmes Weg 33 71229 Leonberg

Ausbildung

Schulbildung:	1985 bis 1989	Grundschule Loppersum
	1989 bis 1991	Orientierungsstufe Hinte
	1991 bis 1998	Johannes-Althusius-Gymnasium Emden
Studium:	10.1999 bis 01.2005	Studium an der Westfälischen Wilhelms-Universität, Fachbereich Mathematik, Institut für numerische Mathematik
Abschluss:	04.2005	Diplom-Mathematiker

Zivildienst

	08.1998 bis 08.1999	Hans-Susemihl Krankenhaus Emden

Berufstätigkeit

	02.2005 bis 12.2007	Promotion bei der Robert Bosch GmbH in Gerlingen und im Zentrum für Ingenieurwissenschaften (Lehrstuhl für Mechanische Verfahrenstechnik) an der Martin-Luther-Universität Halle-Wittenberg
	seit 01.2008	Forschungsingenieur bei der Robert Bosch GmbH in Gerlingen